轨道交通城市空间单元构建

于东飞 著

中国建筑工业出版社

图书在版编目（CIP）数据

轨道交通城市空间单元构建 / 于东飞著 . —北京：
中国建筑工业出版社，2021.12
ISBN 978-7-112-26683-8

Ⅰ.①轨… Ⅱ.①于… Ⅲ.①城市空间—空间规划—
研究 Ⅳ.① TU984.11

中国版本图书馆 CIP 数据核字（2021）第 208452 号

责任编辑：张幼平　费海玲
责任校对：赵听雨

轨道交通城市空间单元构建
于东飞　著
*
中国建筑工业出版社出版、发行（北京海淀三里河路9号）
各地新华书店、建筑书店经销
北京点击世代文化传媒有限公司制版
北京中科印刷有限公司印刷
*
开本：787 毫米 ×1092 毫米　1/16　印张：12¼　字数：245 千字
2022 年 2 月第一版　2022 年 2 月第一次印刷
定价：**58.00** 元
ISBN 978-7-112-26683-8
（38527）

前 言

轨道交通进入城市的初衷是为了满足高效、绿色、大容量交通出行的需求，但其作为重要的城市基础设施，必然会在提升城市品位、增强城市活力等方面发挥重要作用。一方面，轨道交通大大扩展了居民日常出行的可达界域，改变了目前城市既有的时空距离感知关系；另一方面，人们生理需求和心理特征的潜在约束，并不会因为轨道交通而有所减弱，仍然是影响人们日常出行基本时空范围的最重要因素。

首先，网络化轨道交通特有的“面域状”出行覆盖优势和“时间压缩”效应，使以往难以日常性通达的多个相邻区域出现了联系便捷与功能互补共享的可能，使过去难以均衡匹配的城市公共空间与公共服务设施，有望从资源集约化、环境友好化等层面获得整合。其次，基于人们生活中相对稳定的生理需求和心理特征，绝大多数城市居民对日常出行时间和空间环境的要求，并不会跟随交通技术的发展而急剧改变。因而，无论有无轨道交通，基于居民生理和心理要求的时空距离约束关系，始终都是宜居城市设计的关键限定因素。

这种变与不变，为城市空间整体性优化提供了新的契机，同时也从人性、宜居和公共资源公平共享的视角，对相关研究提出了两个方面的要求：一是轨道交通网络化城市新的时空距离约束关系的量化研究；二是新的时空距离约束下城市空间由站到城的整体性城市设计研究。例如，如何控制不同城市区域的尺度规模、职能定位，才能最有利于发挥轨道交通对局部区域的“稀缺性资源”优势，避免不必要的重复浪费开发；如何由站到城，统筹城市公共资源公平共享的机会与条件，才能更有利于提升全体居民的生活环境质量，引导城市建设向着以人为本、公平共享、职住平衡的人性化方向发展；如何在尺度规模、职能定位确定的情况下，进一步改善其空间形态、功能布局，才更有利于城市空间环境优化，等等。

依据城市分形原理和分层思想，城市整体空间关系或空间格局，取决于由“分形维度”决定的自相似图形和结构。由历史分形城市分析可见，组成分形城市的一系列边界明确、平滑顺畅、具有自相似特征的城市内部层级结构，最终终结于“人的尺度”限定的最小空间单元，也即分形城市的基本“分形维度”。根据这一认识，本书研究指出,轨道交通网络化城市能够利用新的时空距离约束关系,限定出一个用作“分形维度”的基本“城市空间单元”。通过“城市空间单元”的分层构建与分形组合规律研究，探讨影响范围固定的城市要素辐射范围有效放大、城市功能互补共享和空间品质提升的基本方法与模式，可为我国轨道交通网络化城市建设从高速发展转向高品质发展，为缓解城市空间相互分裂、孤立、破碎化发展的趋势，提供新的参考尺度和具有可操作性的综合调控与干预依据。因而，研究首先通过城市居民日常出行“时空距离约束规律”分析，界定了影响城市空间发展的“时间基因”和“城市空间单元”概念，探索分析了联系二者的时空距离约束规律，并在时空距离量化分析基础上，进行了轨道交通网络化发展背景下的理想“城市空间单元”构建研究。进而从“时间规划”角度入手,研究了“城市空间单元”的基本组合规律与模式,以及城市要素辐射范围有效放大、城市功能互补、共享的策略与方法。研究的目的在于探索轨道交通网络化城市空间高效利用与宜居设计的新的参考尺度与方法，探索改善城市空间及生活环境品质、解决职住分离等城市问题的新视角、新途径。

本书出版得到了以下资金项目的资助：

1. 陕西省社会科学基金项目：西安轨道站域街区空间优化设计研究（2016J055）

2. 陕西省软科学研究计划项目：轨道交通背景下基于时空可达性的城市空间单元绿色出行环境构建研究（2016KRM095）

3. 陕西省社科界重大理论与现实问题研究项目：基于时空可达性的西安地铁站域绿色出行环境设计研究（2016C042）

4. 国家自然科学基金面上项目：城市存量建设用地空间优化配置的规划计量方法（52078405）。

目 录

1 绪 论

20 世纪是一个城市化的世纪，交通变革在世界各地催生了大量大城市与特大城市，集聚效应增强了这些城市的优势和吸引力，但负面城市问题也同样积重难返。有报告指出，城市规划与设计不当造成的“职住分离”是问题的根本原因之一[1]。另一方面，交通技术的进步通过“时空压缩”效应，促使城市日常休闲和旅游出行频次大大提高，进一步增加了城市交通负担。由此呈现出来的事实与问题表明，已有宏观城市空间规划理论以及 TOD 模式等微观优化理论，与现代大城市发展的实际情况存在着一定的匹配困难。我国轨道交通相对其他国家起步较晚，近年发展却十分迅速，预期覆盖的城市范围与区域也更加广阔，明显具有提高居民日常出行环境质量、提升城市品位、增强城市活力的优势。但目前我国轨道交通城市区域发展不均，副中心、新城与边缘组团级别较低，功能单一等问题显著。因而，适应轨道交通网络化这一新趋势、新机遇的城市设计理论探索研究，对我国轨道交通快速发展城市，尤其是对发挥着重要战略性作用的国家中心城市，具有迫切而重要的现实意义。

1.1 研究背景

1.1.1 城市空间布局与日常出行需求之间的矛盾

根据国际城市发展的实际情况，现代城市规划导致的空间分离和交通拥堵等问题，很难通过优化交通来化解。美国等现代化国家，为应对交通拥堵而尝试推行交通改善以来，通勤距离没有缩短反而增加的事实，表明在居民出行需求与空间格局不匹配的情况下，通过增加或引进先进交通方式的办法，并不能从根本上解决问题。虽则如此，纵观城市与交通发展史，有一点却不容置疑，即交通技术的变革往往通过影响居民日常出行时空距离，间接作用于城市空间的变迁。因而，轨道交通网络化发展的城市，理应借助轨道交通建设的契机和轨道站点这一新的触媒元素，从城市日常出行需求本

[1] 报告称北京平均通勤时间达 97 分钟，为全国最长（http：//www.bj.xinhuannet.com）。

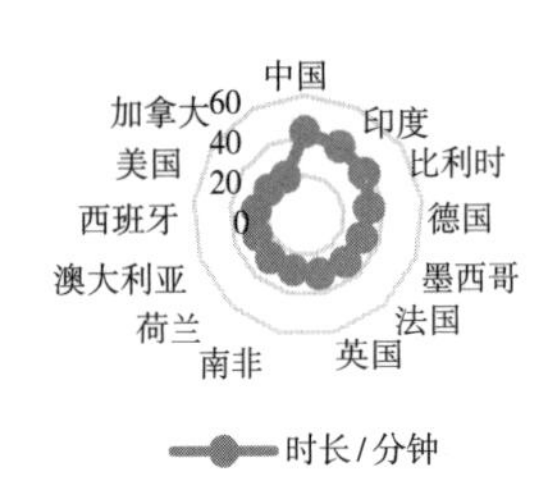

图 1-1　2009 年英国《经济学家》报道的各国通勤时间调查情况

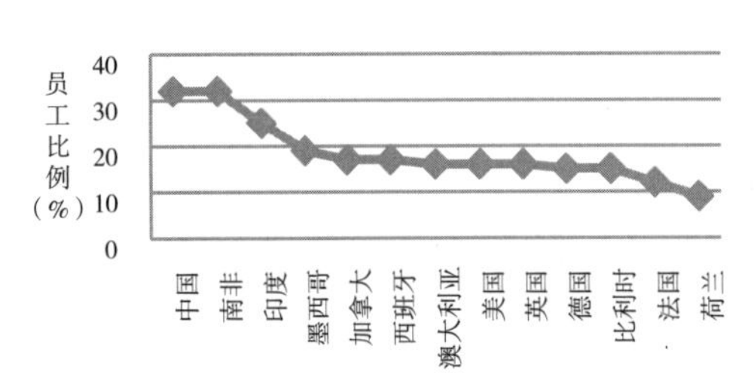

图 1-2　各国不堪忍受上班时间过长准备辞职员工比例一览

身出发，探讨城市空间优化的新途径。

1. 国外的情况

美国等很多国家早期的城市扩展及功能分区规划，曾有意识地强迫居民驾车到各个地方去，最终都因此遭受了严重的损失。汽车交通模式的洛杉矶 20 世纪 70 年代就发生了严重的交通拥堵，甚至出现了交通危机。因此，美国较早就认识到交通对城市空间和生活品质的影响，并针对性地展开了一定的城市设计研究工作❶。然而，根据精明增长协会近年的调查，美国每年在交通上浪费时间的经济损失高达 1680 亿美元❷❸。浪费在堵车上的时间人均 477 小时 / 年——差不多是 59 个工作日❹，79% 的被调查者认为交通拥堵是大城市生活最糟糕的方面——甚至超过犯罪。然而，根据 2009 年 12 月英国《经济学家》杂志的报道，雷格斯咨询公司的一项涵盖 13 个国家、1 万多名上班族的调查显示，相对美国和加拿大的通勤状况，德国、法国、英国等国家还要更糟糕（图 1-1）。

2. 国内的情况

在雷格斯咨询公司的调查中，中国、南非等发展中国家和地区的通勤状况更加不容乐观（图 1-1、图 1-2）❺。带领中国经济发展的大型轨道交通城市，目前交通状况、城市环境及城市效率都不是很理想。调查显示，北京、上海、广州、深圳等轨道交通大城市交通拥堵严重，居民平均通勤时间连年上升，不断刷新着上下班往返记录。根据调查数据，北京 2010 年平均通勤时间 52 分钟，2012 年达 92 分钟❻，2015 年增加为 96 分钟，上海、深圳、广州的平均通勤时间也在 90 分钟左右，“舟车劳顿”已成中国大城市居民工作、生活出行的常态。

❶ National Association of City Transportation Officials. Urban street design guide[R]. http：//nacto.org/publication/urban-street-design-guide/intersections/minor-intersections/raised-intersections/.

❷ Wendell Cox. Coping with traffic congestion[D]//Jane Shaw and Roger Utt. A Guide to Smart Growth，Washington，D.C.：The Heritage Foundation，2000，39.

❸ Donald Chen. Greetings from Smart Growth America. Washington，D.C.：Smart Growth America，2000：7.

❹ 兰斯・杰・布朗，大卫・迪克森，奥利弗・吉勒姆. 城市化时代的城市设计——营造人性化场所 [M]. 奚雪松，陈琳，许立言译. 北京：电子工业出版社，2012.

❺ 调查称中国人上班路上花费时间世界第一 [N]. 法制晚报，2009-12-17.

❻ 北京通勤时间全国第一，平均达 1.32 小时 [N]. 工人日报，2012-05-13（3）.

1.1.2 轨道交通城市空间研究与实践存在的问题

1950年以后，随着城市化进程的不断推进，国际大城市、特大城市不断增加，综合、复杂、高端的经济增长和聚集能力，使轨道交通迅速成为城市体系中的重要组成部分，并在1970年后迅速进入了高度发展阶段。轨道交通城市设计层面的研究与实践随之得到了广泛关注。研究不仅从城市社区生活重构的角度出发关注技术层面的设计手法，还涉及城市社会资源分配与合理使用等更深层面的问题❶❷，促使注重单一居住生活和微观物质空间的研究，向城市设计和城市空间整合的方向转变❸，为轨道交通背景下的城市空间建设提供了良好的研究思路、方法和实践经验（图1-3）。

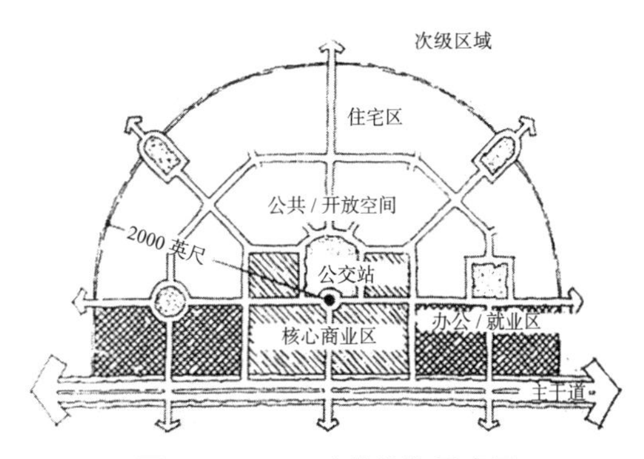

图1-3 TOD功能结构示意图

图片来源：彼得·卡尔索普．未来美国大都市——生态·社区·美国梦．郭亮译．北京：中国建筑工业出版社，2018.

然而，依托TOD模式等的研究，受限于400～800m为半径的单元规模，致使城市层面上的空间组合模式相对模糊。同时，由于过于专注单一交通方式的作用，未能深入考虑综合交通作用下的城市空间形态特征；过于专注城市跟随交通走廊发展的土地利用模式，未能结合交通网络综合考虑各种城市公共资源的合理组织利用。因此，随着轨道交通为主的多模式绿色交通体系的发展，轨道交通城市如何进一步扩大轨道站点的影响半径、实现更大空间范围的可达性，如何从轨道沿线TOD等小尺度单元开发，拓展到共享性、连续性、复合性较强的中尺度城市空间优化等，都是轨道交通城市目前的问题。相关实践与研究明显存在以下三个层面的问题与不足：

1. 轨道交通的优势及其空间演变的催化作用未能充分发挥

大多数城市没有把投入巨额资金建设的轨道交通，尤其是地铁，作为城市重要基础设施进行系统性认识、研究和有效利用。各站域空间缺乏从城市空间功能合理利用角度的统筹规划，重复占地、零碎开发现象普遍。尤其是人口密集的中国大城市，轨道交通网络化建设背景下的城市问题依然严峻，轨道交通作为城市空间优化的“催化剂”，难以发挥应有的作用。

❶ 惠劼，张倩，王芳．城市住区规划设计概论[M]．北京：化学工业出版社，2006.
❷ 马强．近年来北美关于“TOD”的研究进展[J]．国外城市规划，2003（5）：45-50.
❸ 胡四晓．DUANY & PLATERZYBERK与“新城市主义”[J]．建筑学报，1999（1）：59-64.

2. 城市空间整体性研究与实践的结合点和切入点尚未找到

结合轨道交通的现有城市空间研究，多在宏观层面和微观层面独立进行，立足空间格局优化、经济效益提升、公共利益保护、公共资源共享等重大命题的城市空间整体性优化与实践研究不足，居民出行需求与宜居城市环境的相互影响和制约关系研究并不明确，无法从宏观与微观相结合的层面认识和把握城市空间的特征和全貌。

3. 轨道交通网络化背景下的城市空间单元理论与实践研究不足

轨道交通网络化的发展，扩大了特定时间内人们在城市中所能到达的距离和范围，然而，除了必要的工作和旅行活动之外，人们在日常生活中的心理预期和大多数活动需求，比之工业革命以前并没有什么本质的变化。轨道交通网络化的城市，需要针对人们基本不变的心理预期和活动需求，创造出使人们享受日常交流和活动的空间，以及可以自由支配的时间。

当前我国轨道交通正处于高度发展期，基于人们日常出行时空约束的城市空间单元设计理论与方法研究，必将对未来城市空间发展的心理"图式"产生重要影响，对轨道交通网络化背景下的城市空间优化产生重要指导作用。

1.2 研究目的与意义

1.2.1 拓展轨道交通城市空间设计与优化的新视角

伴随着轨道交通的发展，相关领域的学者已经从宏观规划尺度和微观站域尺度上做了大量研究。但宏观层面的研究不会详细考虑城市居民日常出行的具体需求，微观层面的研究则难以系统性分析城市空间的有机关联整合，从而导致城市设计宏观与微观之间始终存在着难以弥合的断层，尚未形成指导网络化轨道交通背景下城市空间优化重构的适宜理念和实用工具。尤其是我国大城市已经呈现出轨道交通网络化发展趋势，但城市设计及空间建设尚未形成与之对应的理想策略和分析方法。

在轨道交通网络化发展的城市，居民日常生活空间范围迅速扩大，打破了传统意义上邻里、街道、社区等城市基本空间单元的范围与界限（图 1-4）。城市整体性组织构建迫切要求突破已有认知范畴，寻找和确定新的切入点和结合点，建立新的适应轨道交通网络化发展的城市空间组织原则、方法、模式，拓展轨道交通网络化背景下的城市设计理论，引导城市健康有序发展。

1.2.2 探索轨道交通城市宜居环境质量提升的新途径

城市空间格局的形成与发展，通常与其居民的出行意愿和可选择的主导交通方式密切相关。城市轨道交通的便利性带来的"时空压缩"效应，对城市居民基于"时空

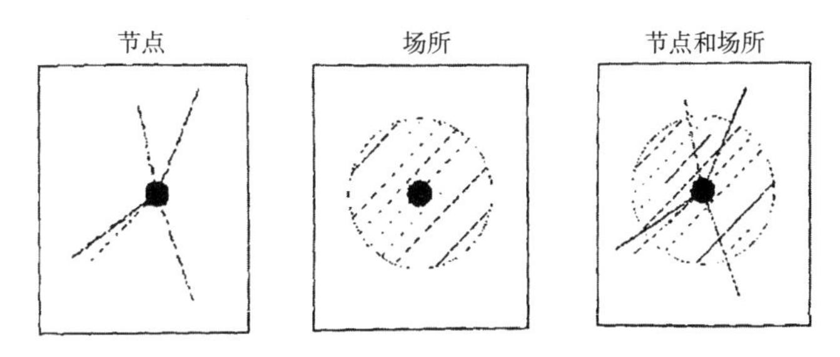

图 1-4 轨道交通站作为疏散节点和场所中心的特点

图片来源：惠英．城市轨道交通站点地区规划与建设研究 [D]．同济大学，2001：17.

可达性”的空间感知和行为方式产生了显著影响，突出反映在城市一定范围内日常生活和旅游出行表现出的趋同性上。城市居民“居住者”和“观光客”的两重身份，导致物质生活和精神生活出行范围产生了明确的空间分层现象。

研究从日常出行的时空约束规律入手，借助时空可达性分析、城市分层设计及分形原理等研究思想，进行了基于居民日常出行时空约束规律分析的城市空间单元模式研究，以期促使投入巨资兴建的轨道交通系统，在推动城市空间演进、提升城市效率、优化城市空间环境等城市空间整体优化方面发挥应有的巨大作用。

1.3 国内外相关研究现状

1.3.1 国外相关研究

1. 城市经济学对城市空间单元的早期认识与研究

现代城市发展过程中，城市经济空间研究较早注意到交通对城市空间演化的影响。1826 年，杜能率先创立了以马车为主要交通工具的农业区位理论，奠定了空间区位分析研究的基础。1909 年，德国经济学家韦伯（A.Weber）运用杜能的方法，研究提出了工业区位论的概念，对城市的形成和发展给出了理论上的解释。20 世纪 30 ~ 40 年代，德国城市地理学家克里斯泰勒（W.Christaller）和德国经济学家奥格斯特・廖施（August Losch）分别提出了城市区位论的概念，又称中心地理论，该理论创建的目标是在城市建设过程中寻求合理的空间活动依据及空间利用模式，指出受交通线影响，新聚落沿交通线产生，原有聚落则进一步发展成较高一级中心地（图 1-5）。

1933 年麦肯齐（R. D. Mckenzie）提出城市的多中心发展理念，随后，哈里斯和乌尔曼（C. D. Harris & E. L. ULman，1945）发展了城市多核心理论，认为随着城市的发展，城市中除了原有的商业中心还将出现多个商业中心，形成城市“次核心”（图 1-6）。其中交通最便捷的地区发展成为中心商业区，其他发展成次级或城市郊区的外围商业中心和重工业区，低级住宅区靠近中心商业区和批发轻工业区，中级和高级住宅区为寻找良好的居住环境而偏向城市一侧发展。

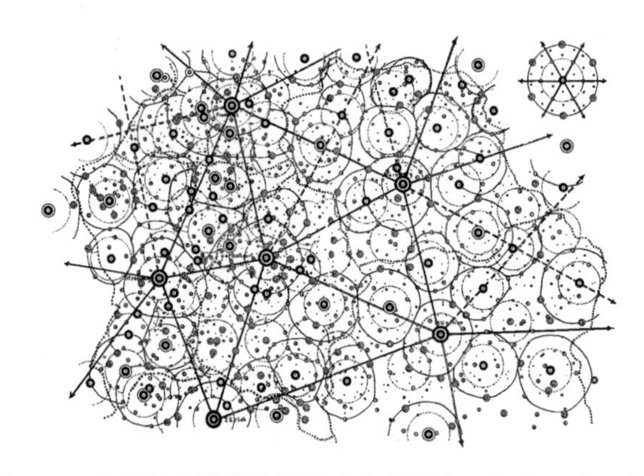

图 1-5　克里斯泰勒的交通影响产生更高一级中心地示意图

图片来源：https：//www.pinterest.com/pin/116812184058971927/? from_navigate=true.

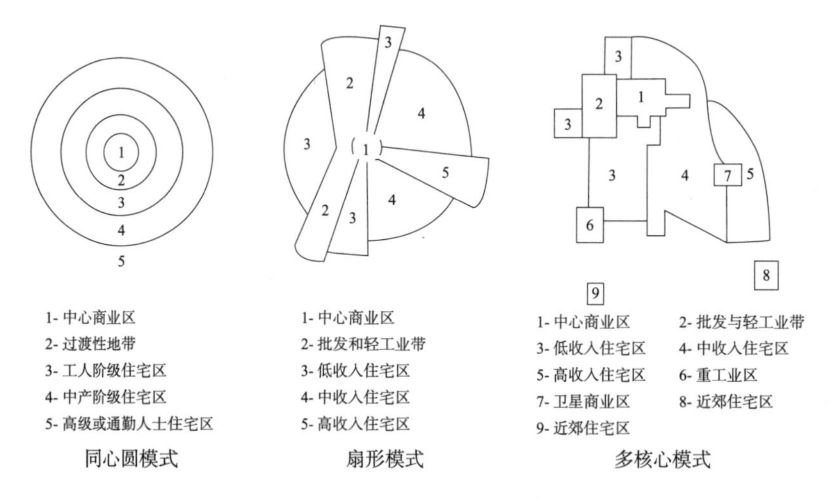

图 1-6　三种著名的土地利用模式

多核心模式探讨了交通对城市内部空间形态和外部规模扩大的影响，但是并没有探讨多个商业中心在城市功能方面的分工合作问题，也并未探讨多个次中心之间的相互关系及其在城市发展中的地位和作用。[1][2]

2. 满足日常生活出行需求的“城市空间单元”研究

城市设计领域最早的城市空间单元思想，可以追溯到希腊民主城邦制时期。为保

❶　周立波. 中国城市郊区化动力机制研究 [M]. 北京：经济科学出版社，2008.

❷　于晓萍. 城市轨道交通系统与多中心大都市区协同发展研究 [D]. 北京交通大学，2016.

证公民对城市空间环境的良好认知，保障有限空间中自然环境和生态系统的协调，城市尺度首先基于人们的生理特征确定下来，包括出行时间的约束、战争信息传达的需要等，这牢牢限定了步行时代生活城市的基本尺度规模。

为确保公民之间能够相互了解，较好发挥公民代表会议的职能，希腊城邦还采取了控制人口的政策，柏拉图甚至确定了一个理想城邦应该包含 5040 个成年男性，超出的人口将迁居到新的居民点，形成无差别的新的城邦[1]。希腊时期这种应对距离与时间制约的城市建设策略，在之后漫长的步行时代和田园城市、邻里单位、TOD 模式等现代城市研究理论中都隐约可见其身影。

近代的城市空间单元意识，起源于单位社会形态研究。19 世纪，欧文（Robert Owen，1817 年）的“新协和村”（Village of New Harmony），傅立叶（Charles Fourier，1829 年）的“法郎吉”（Phalange，公社）等空想社会主义，从用地规模、人口控制、设施布局等方面进行了“城市空间单元”研究的探索。

目前，虽然基于居民日常出行时空距离的城市设计研究还没有形成完备的体系，但已明确提出建成环境 - 行为活动之间的探索，应成为未来城市研究的一个重要方向的观念[2][3]，推动了“城市空间单元”意识及其研究逐渐向前发展。

（1）城市社区研究中“空间单元”意识的萌芽

1887 年德国社会学家斐迪南·滕尼斯（F.Tonnies）发表《共同体与社会》一书，区别了社会和社区的概念，“社区”概念因而进入了科学领域（英文译为“Community”）。英国社会学家安布罗斯·金和 K.Y. 钱，从理论和实践的可操作性上，认为社区有三种分析尺度：第一是物质尺度，指出社区是一个有明确边界的地理区域；第二是社会尺度，在该区域内生活的居民，能够进行一定程度上的沟通和互动；第三是心理尺度，即这些居民有心理上的共存感、认同感和归属感。[4][5]这种社区定义初步从人本主义视角界定了一种“城市空间单元”的基本属性及规模。

（2）注重微观物质空间的传统城市社区研究

1898 年，埃比尼泽·霍华德（Ebenezer Howard，1850 ~ 1928 年）在《明日：一条通向真正改革的和平道路》（*Tomorrow: a Peaceful Path toward Real Reform*）一书中提出“田园城市”理论，该理论将城市划分为 5000 名居民左右的“区”（Wards），每个区包括了地方性商店、学校和其他服务设施，其适度规模、城乡交融、社会管理和

---

❶ L. 贝纳沃罗．世界城市史 [M]. 薛钟灵等译 . 北京：科学出版社，2000.

❷ 刘正莹，杨东峰．为健康而规划：环境健康的复杂性挑战与规划应对 [J]．城市规划学刊，2016（2）：104-110.

❸ 蔡少燕，陶伟 . 身体：一个研究和解决城市问题的重要视角 [J]. 国际城市规划，2018（6）：13-20.

❹ 杨超．西方社区建设的理论与实践 [J]．求实，2000（12）：25-26.

❺ 于文波．城市社区理论与方法研究：探寻符合社会原则的社区空间 [D]．浙江大学，2005.

边界限定等思想，探索描述了汽车交通为主的“城市空间单元”的建设模式。❶

1927年，科拉伦·佩里（Clarence Perry）创建了“邻里单位”（Neighbourhood Unit）理论，为应对汽车交通带来的城市问题，探讨了在汽车交通系统中开辟步行邻里“城市空间单元”的方法。

20世纪60年代，美国建筑师约翰·波特曼结合亚特兰大桃树中心区混合用途的都市建筑群设计，提出了“协调单元”的概念（图1-7），将步行“城市空间单元”建设思想从邻里推向了更广阔的领域。

20世纪90年代，关注城市设计和社区建设理念的新城市主义在美国兴起。新城市主义认为社区是构成城市的“最基本单元”，鼓励公共交通、步行交通、自行车交通等交通方式的发展，鼓励土地混合使用。

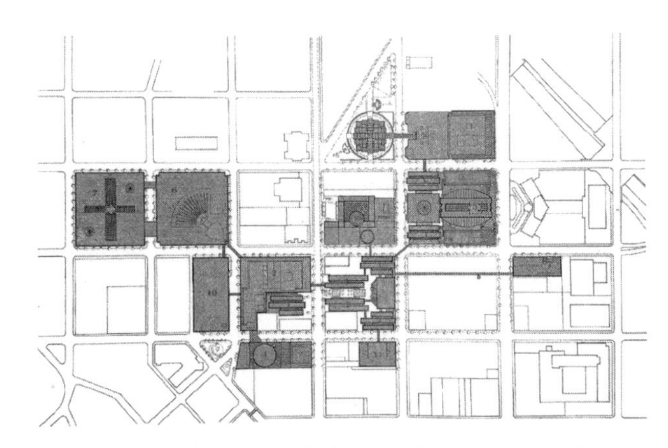

图1-7　波特兰设计的美国桃树中心区总平面

图片来源：石铁矛，李志明．国外著名建筑师丛书第一辑——约翰·波特曼．北京：中国建筑工业出版社，2003.

（3）公共交通导向的城市空间单元式开发研究

1993年，新城市主义的代表人物之一，美国加利福尼亚大学伯克利分校的Peter Calthorpe在其*The Next American Metropolis-Ecology*，*community*，*and the American Dream*一书中提出了明确的“TOD”（以公共交通为导向的开发）理念，认为城市形态的整合以社区为基础（图1-8），以步行为尺度，邻里、公园、学校、商店、社区服务全部要安排在步行范围之内；深入考虑步行到达公交站点范围内交通与土地利用的关系，以便使更多的人能够利用交通系统。❷❸TOD模式明确指出，汽车交通为主的城市

❶ P. 霍尔．城市与区域规划[M]．邹德慈，金经元译．北京：中国建筑工业出版社，1985.

❷ Peter Calthorpe. The next American metropolis-ecology，community，and the American Dream[M]. Princeton Architectural Press，1993.

❸ 马强．近年来北美关于“TOD”的研究进展[J]．国外城市规划，2003（5）：45-50.

形态整合，应以理想步行尺度的“城市空间单元”为基础，因而进一步限定了该单元的基本形态、功能、规模、交通形式等。

2008 年，Robert Cervero 经过近十年的实证研究与实地考察，针对 TOD 模式，提出了由“3D”到“5D”的原则[1][2]，指出应在站点周边不超过舒适步行距离的范围内(500m 左右)，适当提高开发密度和强度，建设功能混合，适宜步行、自行车和室外交往的良好城市环境[3]。

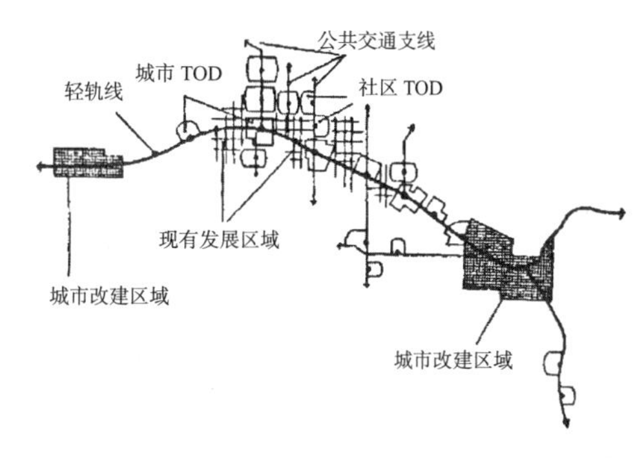

图 1-8 城市“TOD”

图片来源：Peter Calthorpe.The next American metropolis-ecology，community，and the American dream.

而从人本主义角度进行的出行时间、距离和幸福感研究，更是尝试将人作为一种研究工具，与城市设计进行类比或空间演绎[4][5]，提出身体感知、生物钟节律、实际生理需求等制定城市基础设施配套方案的依据[6][7]。

综上可见，现代城市基于时空距离约束的空间单元优化研究，已经获得了广泛认同，但目前研究更多局限于有限范围内人们步行出行环境的改善提升，城市设计层面上的空间 – 行为规律研究不足，相应的空间单元结构及其组合关系模糊，尚未结合综合交通体系深入考虑各种城市公共资源的合理组织利用等，总体而言，城市空间整合和关联性思考不足。

3. 轨道交通对城市空间演化的影响研究

（1）轨道交通城市空间形态演化

相关研究已经注意到轨道交通和城市空间存在相互作用的关系，城市形态需要适应轨道线网布局，轨道线网具有引导和塑造城市空间形态的功能，轨道交通建设促进了城市空间向外扩展的同时，引导内部空间发生更新与集聚等。

Hurd（1924 年）提出了城市形态发展的“轴线式”和“中心式”两种发展方式，

---

❶ Robert Cervero，Kockelman．Travel demand and the 3Ds：density，diversity，and design[J]．Transportation Research A，Vol．2，No．3：199-219．

❷ Robert Cervero．The transit metropolis：A global inquiry[M]．Island Press，1998．

❸ Cervero R M J．Rail+property development：a model of sustainable transit finance and urbanism[R]．Institute of Urban and Regional Development. University of California at Berkeley，2008．

❹ Semmett R．Flesh and stone：the body and the city in western civilization [M]．London：W W Norton & Company，1994．

❺ Middleton J．Sense and the city：exploring the embodied geographies of urban walking [J]．Social & Cultural Geography，2010，11（6）：575-596．

❻ Desai R，Mcfarlane C，Graham S．The politics of open defecation：informality，body，and infrastructure in Mumbai [J]．Antipode，2015（47）：98-120．

❼ Lee D J．Embodied bicycle commuters in a car world [J]．Social & Cultural Geography，2016（17）：3，401-422．

轴线式指城市形态从城市中心沿交通线路方向进行扩展；中心式则指城市形态在轴线式发展的基础上，可通过产生新的中心减少轴线发展的弊端[1]。

Hilton（1968年）、Meyer（1981年）、Simth（1984年）等学者的研究表明城市轨道交通具有聚集效应（clustering），相对没有轨道交通的城市而言，建设轨道交通的城市更容易形成多中心城市形态[2]。Knight等（1977年）以波士顿、费城等城市为例，主要对比研究了轨道交通系统运营前后其沿线城市空间形态的变化情况，结果也证明了轨道交通的影响作用显著[3]。

20世纪70年代，松巴特（Sombart）等学者提出生产轴理论，指出随着连接中心地的重要交通干线形成新的区位优势，区域内的人口和产业将逐渐向交通线聚集，从而形成新的聚集区。轨道交通网络对城市空间结构的引导和支撑作用，也可通过这一理论得到解释。轨道交通站点及其周边区域，吸引大量人流、物流、信息流在此集聚，对城市内部空间优化更新形成支撑，并引导城市空间对外拓展。1990年代以来的TOD模式可以说是轴向集约发展的一种突出表现。[4]

其后的研究认为多中心结构具有高度的空间尺度依赖性，某一个空间尺度上的多中心可能是另一尺度上的单中心[5]。但相关研究与实践并不能得到统一的答案，规划建设中的很多新城，就业机会和公共服务配套不足，往往难以发挥多中心结构的优势。如英国、日本早期的很多新城，大多成为依附于城市中心区的"睡城"和"产业新城"等，不仅不能有效疏解城市中心的压力，相反还增加了更多通勤交通出行需求。

Bertaud（2003年）的研究指出，对于人口规模在500万以上的城市而言，多中心发展是综合考虑多种因素的最佳形态[6]。

总体而言，一百多年来的轨道与城市发展建设，为轨道交通建设进入高度发展期的城市设计提供了大量久经考验的实际经验、教训，以及相关理论依据和评价标准。

（2）轨道交通城市空间的立体化

实践层面，国外轨道交通城市空间的立体化利用已成共识。从伦敦1863年修建第一条地铁开始，欧美国家已经进行了大量地下空间的开发与研究。城市空间研究随之由地面、天空深入地下，并由纯粹的地下空间研究转而向城市空间立体化研究方向发展。

[1] Richard M Hurd. Principle of city land vlues[M]. New York: The Record and Guide, 1924.

[2] 蒋谦. 国外公交导向开发研究的启示[J]. 城市规划，2002（8）：82-87.

[3] Knight R L. Land use impacts of rapid transit systems: implications of recent experience[R]. Final report for the US Department of transportation, 1976.

[4] 徐东云，张雷，兰荣娟. 城市空间扩展理论综述[J]. 生产力研究，2009（6）：168-170.

[5] Nadin V, Duhr S. Some help with Euro-planning Jargon[J]. Town and Country planning, 2005（74）: 82.

[6] Bertaud A. World development report 2003: dynamic development in a sustainable world background [D]. The Spatial Organization of Cities: Deliberate Outcome or Unforeseen Consequence. World Bank, 2003.

20 世纪 70 年代开始，欧美城市地下空间的开发，已由单纯追求经济效益、解决交通问题，转为保护地面环境、开发地铁空间、节约能源等与城市永续发展更为紧密相关的问题。结合地铁建设，地下空间开发从点状发展到线状，再到面状扩张，并与解决旧城更新、环境保护、永续发展、克服气候限制等城市问题紧密相关。在水平方向上，探讨了从地下来消除传统城市分区所造成的地面联系不便的问题；在垂直方向上，对地铁至地面的垂直部分进行了更合理的功能分区，一定程度上考虑了地上地下一体化的城市立体空间建设问题。

在亚洲，日本是最早进行现代地下空间开发的国家。根据日本总务省消防厅平成十七年（2005 年）版的消防白皮书计算，至平成十三年（2001 年）3 月被日本政府认定的地下购物中心已多达 70 个，总建筑面积约 113 万 m^2。❶❷ 日本地下空间以结合地铁建设的网络化开发为主，在规划设计、灾害预防和结合城市发展策略方面都形成了较为成熟的政策法规体系和管理体制。

今天，东京、纽约、巴黎等城市，用几十年甚至上百年的时间构筑了以地铁、隧道为重要组成部分的地下空间网络，不仅缓解了人口增长带来的交通压力，也带动了地铁沿线经济活动的繁荣❸。

理论方面，1949 年安东尼奥・圣爱里（Antonio Sant' Eli）在《新都市》中所描绘的未来城市，空中、地下分布着奔腾的高速铁道和立体街道，轨道站与建筑、城市空间相结合，为城市居民提供了更为丰富的城市空间体验与生活。1983 年，瑞典建筑师阿斯普朗德（H.Asplund）在《双层城镇》中初步描述了城市立体化的基本特征，“双层城镇”正是在结合轨道交通的城市地下空间利用基础上提出的。1996 年，美国建筑师格兰尼（Gideon S.Golany）和日本建筑师尾岛俊雄合著的《城市地下空间设计》，目的在于发现一种全面的城市设计方法，这种设计不仅要混合城市中不同的土地利用，而且还要将传统的地上城市和新的地下城市融合到一起，并通过城市空间立体开发示意图描绘结合地铁交通建设的城市空间构想。书中很大一部分内容深入探讨和分析了日本结合地铁建设进行地下空间开发的大量成功案例，针对地下空间的特点，探讨了采用创造性设计和可行性建造方法的重要性。

1.3.2 国内相关研究

我国最早的城市空间单元，可见于具有高复制性的城市里坊与四合院建筑。现代城市建设意义上，结合交通影响的城市空间单元研究，主要沿袭和借鉴了田园城市、

❶ 刘皆宜. 城市立体化视角：地下街设计及其理论 [M]. 南京：东南大学出版社，2009：21-25.
❷ 吉迪恩・S. 格兰尼，尾岛俊雄. 城市地下空间设计 [M]. 许芳，于海漪译. 北京：中国建筑工业出版社，2005：141-144.
❸ 田海芳，田莉. 论城市立体开发 [J]. 城市问题，2007（7）：35-39.

邻里单位、协调单元、TOD 模式等理论与观点，并在轨道交通与城市空间发展方面形成了大量研究成果。

在轨道交通与城市发展方面，1990 年代后期，田莉（1998 年）、潘海啸（1999 年）、陈燕萍（2000 年）、何宁（1998 年）、陆化普（1999 年）等学者纷纷从不同角度发表论文，关注轨道交通对城市空间和土地利用的影响。闫小培、徐永健、毛蒋兴、周素红等对 20 世纪以来西方国家城市交通系统与土地利用关系研究进行整理，引入定量分析技术和 GIS、RS 空间分析技术，从城市地理分析角度对我国城市交通与土地利用互动影响机制及理论展开研究[1][2]。曹国华等从土地利用和交通相互关系入手，从理论上探讨了城市轨道交通与空间有序增长之间的相互关系，以及相应的城市空间规划方法[3]；官莹等从轨道交通线网、轨道交通站点与空间形态、轨道交通与城市发展轴、轨道交通与城市中心区等四个方面分析了轨道交通对城市空间形态的影响[4]；马强系统介绍了“精明增长”理论，以及美国 TOD 研究现状，从轨道交通与城市空间结构关系层面为我国以轨道交通引导大城市空间发展提供了方法和经验[5]。李文翔等从城市居民出行的角度研究建立了居民出行与土地利用相互关系的多元回归模型[6]。陈秉钊提出以 TOD 的模式构建轨道交通城市空间结构，使城市既紧凑又有节奏[7]；郝记秀从分析公共交通与土地利用的互馈关系出发，提出并构建了适合我国实际情况的两种 TOD 类型及其设计方法[8]。胡继华、钟广鹏提出了一种基于地铁站点的时空可达性模型，为面向个体的时空可达性分析和区位优势分析提供了更为现实的方法[9]。王成芳从实证研究角度进行了广州轨道站区用地优化策略的研究，提出以轨道交通站点为触媒，将城市轨道交通站区优化与城市更新有机结合，在 GIS 综合数据库构建的基础上，从宏观、中观、微观三个层面提出了轨道站域土地利用的优化策略[10]。褚冬竹等借助行人微观仿真技术，建立了站点影响范围界定的“点 – 线 – 面 – 域 / 模糊化新思路”，为新形势下城市设计技术方法的进化发展提供参考[11]。

在轨道站域城市空间优化更新方面，王旋、束昱在地铁整合建设研究的基础上，

---

❶ 徐永健，闫小培．西方国家城市交通系统与土地利用关系研究 [J]．城市规划，1999（11）：38-42.

❷ 闫小培，毛蒋兴，周素红等．高密度开发城市的交通系统与土地利用：以广州为例 [M]．北京：科学出版社，2006.

❸ 曹国华，张露．轨道交通对城市空间有序增长相关研究 [J]．城市轨道交通研究，2003（1）：9-13.

❹ 官莹，黄瑛．轨道交通对城市空间形态的影响 [J]．城市问题，2004（1）：36-39.

❺ 马强．近年来北美关于“TOD”的研究进展 [J]．国际城市规划，2003（5）：45-50.

❻ 李文翎，谢轶．广州地铁沿线的居民出行与城市空间结构分析 [J]．现代城市研究，2004（4）：61-64.

❼ 陈秉钊．城市，紧凑而生态 [J]．城市规划学刊，2008（3）：284-289.

❽ 郝记秀．城市公共交通与土地利用一体化发展（IPTLU）研究 [D]．长安大学，2009.

❾ 胡继华，钟广鹏．地铁出行模式下的城市时空可达性研究 [J]．规划师，2012，28（1）：29-33.

❿ 王成芳．广州轨道交通站区用地优化策略研究 [D]．华南理工大学，2013.

⓫ 褚冬竹，魏书祥．轨道交通站点影响域的界定与应用 [J]．建筑学报，2017（2）：16-21.

提出通过地铁建设整合地下空间，引导城市形态有序演变和发展的观点 [1]；卢济威教授等结合深圳地铁老街站等设计实践，探索了结合地铁出入节点建构地下地上一体化综合商业系统和良好步行环境的城市设计方法 [2]；边经卫进行了城市空间发展与轨道交通互动协调关系研究 [3]。潘海啸等以上海市为例，论述了轨道交通与城市公共活动中心体系的空间耦合的必要性 [4]。赵景伟等通过研究提出合理进行城市轨道交通系统、步行系统及地下空间节点设计是城市三维空间整合（地上、地面和地下）的关键环节 [5]。

尤其是近几年，相关城市设计研究从关注站点地区土地利用、城市综合体设计、地下空间开发、慢行环境及可达性设计等，转向轨道站域城市空间发展 [6]、轨道交通网络的智能城市空间结构 [7]、轨道交通与城市空间一体化、协调化发展等多个方面 [8][9]。2015 年于东飞在量化分析居民日常出行时空距离变化影响的基础上，提出研究构建轨道交通网络化背景下城市空间设计和组织的基本形式——“城市空间单元”的观点 [10]，进而基于时空距离约束，探讨了轨道交通网络化背景下中观城市空间单元构建及分层组合的基本方法，探索了城市空间单元组合模式下城市空间整体优化的基本途径 [11]，2018 年针对深圳市 5 个就业中心的 17 个轨道交通站点地区的研究，通过对 78.40 万人的筛查调研和对 23.53 万人的精准调研，得出“大部分就业人口样本的居住地距离就业地为 0 ~ 10km；就业中心对应的居住核密度最高区域，均出现在 5km 左右近域范围之内”的结论，即职住地之间的理想距离不超过 5km，从而提出应基于就业中心构建城市中观职住结构、弱化轨道交通长距离通勤功能和注重近域匹配等观点 [12]。2019 年张瑞霞等借助“基本单元”和“单元组合”概念，为株洲市攸县县城构建了“单元组合型”总体用地布局方法体系。可见，中观城市空间单元的研究思路已经逐步得到业界关注 [13]。

---

[1] 王旋，束昱．关于地铁整合建设之探索 [J]．地下空间，1999（3）：201.

[2] 卢济威，王一，陆晓．城市交通体系化和空间一体化：深圳地铁老街站城市设计 [J]. 城市规划汇刊，2001（4）：4-7，79-83.

[3] 边经卫．城市轨道交通与土地控制规划研究 [J]．城市轨道交通研究，2003（1）：9-13.

[4] 潘海啸，任春洋．轨道交通与城市公共活动中心体系的空间耦合关系：以上海市为例 [J]．城市规划学刊，2005（4）：76-82.

[5] 赵景伟，宋敏，付厚利．城市三维空间的整合研究 [J]．地形空间与工程学报，2011（6）：1047-1052，1137.

[6] 褚冬竹，魏书祥．轨道交通站点影响域的界定与应用：兼议城市设计发展及其空间基础 [J]．建筑学报，2017（2）：16-21.

[7] 彭曦．基于城市轨道交通网络构建智能城市空间结构 [J]．智能建筑与智慧城市，2018（11）：83-84.

[8] 褚冬竹，魏书祥．轨道交通与城市空间一体化发展战略评述 [J]．宏观经济管理，2017（11）：46，48.

[9] 崔冬初，乞胜倩．城市轨道交通与城市空间发展的经验与启示 [J]．现代城市轨道交通，2019（1）：65-68.

[10] 于东飞，乔征．适应轨道交通网络化发展的城市设计方法研究 [J]. 城市发展研究，2015（3）：80-85.

[11] 于东飞，乔征．轨道交通网络化的城市空间单元构建研究 [J]．建筑学报，2018（6）：22-27.

[12] 张艳，辜智慧，周维．大城市职住空间匹配及其与轨道交通的协调发展研究：以深圳市为例 [J]．城市规划学刊，2018（1）：99-106.

[13] 张瑞霞，林志明．“单元组合型”总体拥堵布局方法及实践 [J]．规划师，2018（3）：26-31.

1.3.3 相关研究评述

在对相关理论基础及研究现状的回顾与评述过程中，可以发现轨道交通在城市土地利用、城市空间结构与城市形态演变，以及城市空间立体化等方面都取得了丰硕的研究成果。资料文献表明，结合轨道交通的城市空间建设研究逐年增加，但从上述研究现状的总结与阐述中，可以发现相关研究还存在如下问题：

1. 经济、地理学研究层面

从城市经济学、地理学角度出发的研究，确立了交通在城市空间建设中的重要作用，却缺少将城市作为生活空间的研究。分析可见，相关研究更关注城市经济效应的最大化，侧重于经济或商业中心地影响范围的测算、经济规律引导的区位结构变化，较少关注城市作为生活居住场所空间本身的直观研究。如通过可达性和交通成本控制的城市空间结构布局研究，如通过经济杠杆的手段操纵城市空间发展演变的研究，如中地论中同一级别和不同级别中心地网点群在空间上合理分布、组成完整商业服务中心地空间体系的组织模式研究。

有研究指出，城市理论不足以为可达性模型提供坚实的基础，才导致了不佳的模拟结果[1]。因此，在可达性模型目前主要用于预测和评价城市空间形态与结构，难以在城市设计领域真正发挥作用的情况下，结合轨道交通建设将城市居民作为城市设计考虑的主体加以关注与关怀，从城市作为生活居住场所和空间本身出发，展开基于时空约束的城市理论研究，或可为可达性研究提供理论依据。

2. 生活空间研究层面

轨道交通城市生活空间层面的研究已经形成了 TOD 模式等著名理论，但随着社会和科技的不断发展，其并不能完全适应轨道交通网络化发展的情况已经显现。

从城市社区理论演进过程来看，为适应现代城市发展及城市生活的变化，满足城市日常生活需求的基本“城市空间单元”组织不但一直存在，而且也在随着社会以及交通运输技术等的发展而不断发展演变。随着空间观念的时代反思和城市设计理论的发展，许多城市设计理念被直接嫁接到社区理论之中，推动了“空间单元”意识的发展。19 世纪之后，田园城市、邻里单位、精明增长、TOD 模式等比较有影响力的现代城市规划理论研究都从“城市空间单元”角度进行了一定的研究和实践，实际上形成了一个迁延互补的城市发展研究体系。

但从上述研究现状阐述中，可以发现相关研究宏观与微观分离，城市空间系统性研究不足。从生活空间角度出发的 TOD 模式等研究侧重于微观尺度，无论是“社区

[1] 刘伦，龙瀛，麦克・巴蒂．城市模型的回顾与展望：访谈麦克・巴蒂之后的新思考 [J]．城市规划，2014（8）：63-70.

TOD”，还是“城市 TOD”，只能用于有限范围内提高人们生活质量的研究，更大范围 TOD 模式的关联性相对模糊，更缺乏从城市层面进行空间整合的综合考虑。TOD 模式进一步发掘了城市空间演变与交通发展的紧密关系，但研究并未考虑轨道交通，尤其是地铁交通对城市空间立体化发展趋势的引导及影响作用。

3. 城市空间研究层面

相对于生活空间研究，城市空间研究层面的问题，主要表现在与地铁建设同步的城市建设理论与实践依据不足。目前国内轨道交通规划多侧重于线路比选，对轨道交通建设的认识大多还局限在解决交通问题的层面，轨道交通建设与城市设计和城市空间建设缺乏统一的考虑，未能较好地发挥轨道交通对城市空间演变和整合的积极作用。结合轨道交通的城市空间立体化研究刚刚起步，以轨道交通为导向的城市开发策略研究也还处于初级阶段。轨道交通背景下，传统城市空间基于一种主要速率、同一平面的研究基础，在水平方向和垂直方向上都已发生了深刻变化，既有区位因素、经济成本、经济要素影响范围等与轨道交通背景下的城市空间发展规律研究一定程度上出现了不对位现象。

1.4 重要概念界定与释义

1.4.1 城市轨道交通及其网络化发展的界定

1. 城市轨道交通的发展

从 1863 年 1 月 10 日伦敦建成开通第一条地铁至今，轨道交通已有 150 余年的历史。轨道交通伴随世界经济、技术的发展，大致经历了以下四个阶段：（1）初步发展阶段（1863 ~ 1924 年）：欧美城市轨道交通发展较快，期间 13 个城市建设了地铁，许多城市还建设了有轨电车，到 1915 年英国已经形成了庞大的轨道交通网络。（2）停滞萎缩阶段（1924 ~ 1949 年）：战争对世界经济的破坏，以及汽车工业的发展，使城市轨道交通建设因投资高、建设周期长而出现了停滞和萎缩。这一阶段只有 5 个城市发展了地铁，有轨电车也停滞不前，有些线路还遭到了拆除。（3）再发展的阶段（1949 ~ 1969 年）：汽车过度增长，造成道路拥堵、停车困难等严重的交通及环境污染、能源消耗问题，影响到城市的经济活动及其发展。人们由此重新认识到了轨道交通的重要意义，地铁建设从欧美一直扩展到亚洲的日本、中国（图 1-9）、朝鲜等国家，20 年间共有 17 个国家新建了地铁。（4）高速发展阶段（1970 年至今）：世界很多国家都确立了优先发展轨道交通的方针，立法解决城市轨道交通的资金来源。目前建设快速轨道交通系统的城市已达 100 多个，轨道交通在解决城市交通问题上发挥着重要作用，并成为城市交

通的主流。❶

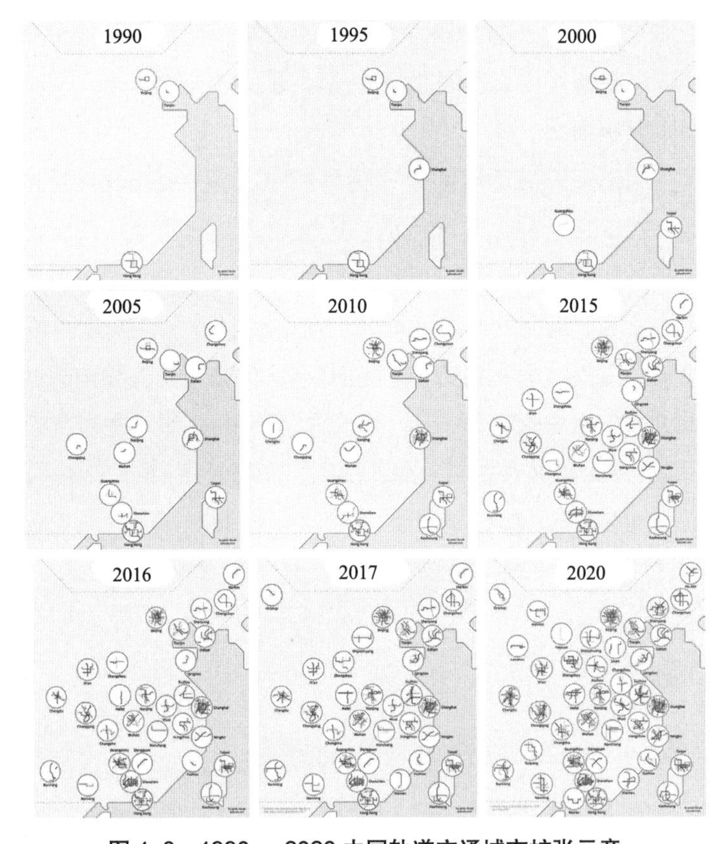

图 1-9　1990 ~ 2020 中国轨道交通城市扩张示意

图片来源：美国轨道交通爱好者 Peter Dovak 制作，微信公众号：交通智库网，www-jtzk-com.

中国国家标准《城市公共交通常用名词术语》，将城市轨道交通定义为“通常以电能为动力，采取轮轨运转方式的快速大运量公共交通的总称”。主要包括以下三类：（1）有轨电车，在混行车道上运行，速度慢，运载量较低，每节车载客量在 100 ~ 200 人。20 世纪 50 年代许多城市拆除了有轨电车，但是近年来人们又开始重新评价有轨电车在城市交通中的作用。（2）轻轨，20 世纪 60 年代在有轨电车的基础上发展起来，是由电力牵引、轮轨导向、车辆编组运行在专用行车道上的中等运量的城市轨道交通系统。可以根据不同城市的地理特点和具体情况，采用地下、地面和高架相结合的建设方式，灵活性很大。（3）地铁，是由电力牵引、轮轨导向、车辆编组运行在全封闭的地下隧道内的，或根据城市的具体地理情况和条件，运行在地面或高架线路上的大容量快速轨道交通系统。

❶ 欧阳洁，钟振远，罗竞哲 . 城市轨道交通发展现状与趋势 [J]. 中国新技术新产品，2008（18）：32.

2. 城市轨道交通及其网络化的界定

根据 2015 年《城市轨道延续地区规划设计导则》，本书中的城市轨道，特指不同形式轨道上平均运行速度以 30 ~ 40km/h 为主的大、中运量城市公共交通工具，是地铁、轻轨等轨道交通系统的总称，不包括低运量的有轨电车系统❶。

轨道交通的基本功能是为城市提供大众化的出行服务，其作为城市基础设施，既具有公用事业的特性，又具有商业服务的特性。❷❸主要为城市内部的公共客运服务，在城市公共客运交通中起到骨干作用，是一种有别于城际铁路，但可以覆盖市郊和都市圈范围的现代化立体交通系统。

轨道交通网络化建设进程，目前大致可分为单线、骨架、初步网络化和基本网络化四个阶段。一般来说，当一个城市城轨多线相交运营里程达到一定规模，基本覆盖城市中心区域时，将形成网络化并产生网络效应（表 1.1、表 1.2）❹❺。

国内外部分大城市轨道交通规划情况　　表 1.1

指标		北京	上海	广州	南京	香港	纽约	伦敦	巴黎	东京
市区轨道交通	线网长度 /km	700	460	767	91	319	398	415	245	292
	线网密度 /（km/km^2）	0.90	0.77	1.10	0.13	0.61	0.328	0.263	0.466	0.471
都市区轨道交通	总长度 /km	1100	1060	1047	91	617	1355	3256	1549	1846
	线网密度 /（km/km^2）	0.67	0.17	0.59	0.13	0.17	0.506	0.777	0.568	0.844

备注：资料分析可知国内城市市区线网密度平均约为 0.70km/km^2，市域线网密度为 0.23km/km^2；国外城市市区的线网密度平均约为 0.32km/km^2，市域线网密度为 0.63km/km^2。

资料来源：西安市城市轨道交通线网规划修编中期报告。

我国大城市目前已全面迎来了轨道网络化建设的时期，全国已有北京、上海、广州、深圳、天津、重庆、西安等多个城市规划获批了地铁网络化建设规划方案。目前，北京、上海、广州的轨道交通网络效应日益明显，做到了全网统筹规划布局、轨道交通建设与城市发展互动、多种公交一体化发展等，未来几年，仍将会有大批城市进入网络化时代。❻

❶ 中华人民共和国住房和城乡建设部．城市轨道沿线地区规划设计导则 [R]．http：//www.mohurd.gov.cn，2015-11-18.

❷ 蔡君时．城市轨道交通 [M]．上海：同济大学出版社，2000.

❸ 何宗华．城市轨道交通发展方向的技术策略 [J]．城市轨道交通研究，2001（1）：1-6.

❹ 李瞧，凌维．我国城市轨道交通进入网络化时代 [N]．中国工业报，2014-11-20（B03）.

❺ 西安市轨道交通线网规划修编领导小组办公室．西安市城市轨道交通线网规划修编中期报告 [R]．2010.

❻ 李瞧，凌维．我国城市轨道交通进入网络化时代 [N]．中国工业报，2014-11-20（B03）.

国外轨道发展成熟城市公共交通结构 表 1.2

城市	轨道线网密度 / (km/ km^2)		轨道交通线路长度 /km	轨道交通 /%	常规公交 /%	高峰小时轨道交通占公交比重 /%
	中心区	全市				
纽约	—	0.61	371	54.9	45.1	89.29
伦敦	2.00	0.24	392	59.4	40.6	90.48
巴黎	2.48	0.73	201.5	65	35	92.59
莫斯科	1.98	0.26	262	40	60	—
平均值	2.15	0.40	—	65	35	92.82

资料来源：西安市城市轨道交通线网规划修编中期报告。

1.4.2 城市空间界定

1. 城市空间的一般概念

城市空间是一个以地理学、社会学、经济学、建筑学为主体的跨学科研究对象。由于各学科研究角度不同，关注重点亦有所不同，主要可分为关注物质属性的地理空间，关注经济活动为主的经济空间，强调社会属性的社会空间，及其衍生的从人的认知和感知角度来理解城市的心理空间、知觉空间、意象空间，以及数学空间、生态空间等。不同学科从不同的研究角度出发，对城市空间属性的界定也不尽相同。

（1）可感知的外部空间属性

1991 年，R. 克莱尔在其《城市空间》一书中将城市空间解释为“……城市内和其他场所各建筑物之间所有的空间形式。这种空间依不同的高低层次，几何地联系在一起，它仅仅在几何特征和审美质量方面具有清晰的可辨性，从而容许人们自觉地去领会这个外部空间即所谓的城市空间”。克莱尔认为：城市空间是开敞的，用于室外活动的，人们可以感知的空间，它具有几何特征和美学质量。[1] 可见，此时城市空间是一种外部空间，它不包括建筑的内部空间。并且外部空间是由人创造的、有目的的外部环境，是比自然更有意义的空间。[2] 这一属性主要描述和强调了城市空间的物质属性。

（2）社会生活属性

美国学者简·雅各布认为“城市最基本的特征是人的活动”。在中国的文化背景下，空间与公共性不是一对固定的组合，公共性活动可以发生在任何一个场所和角落，具有即时性，当我在别人屋檐下时，屋檐下的空间就出现了公共性，而这种关系又是极其临时的，我离开后它就不再是公共空间[3]。这一属性重点描述了城市空间的社会生活

[1] Krier，Rob．Urban Space．New York：Rizzoli Intl Pubns，1979：113.

[2] 芦原义信．外部空间设计．尹培桐译．北京：中国建筑工业出版社，1985.

[3] 马清运．反形公共空间 . 时代建筑，2007（1）：14-15.

属性，强调空间的社会生活属性不依赖于特定的物质形式而存在。

（3）物质与精神的双重属性

根据喻祥在《健康城市空间的概念及其秩序的创造》一文中的界定，城市空间是在特定的自然环境下，人类社会化聚集活动与自然因素、经济因素、社会文化因素相互作用的综合结果，是由不同的功能要素按一定规律所构成的复杂系统。它具有一定的结构特征和形态特征，具有物质与精神的双重属性[1]。

总体而言，从物质空间、经济空间、社会空间三个层面解构和建构城市空间的研究，大致经历了“片面注重经济增长、注重经济和环境协调发展、强调经济 – 社会 – 环境全面协调和可持续发展”等三个阶段[2][3]。

2. 日常出行城市空间分布类型

城市空间是城市系统中相互作用关系的物化及其在一定地理区域的投影，因此城市空间既是城市各系统发展的载体，又是各种系统发展的结果。[4]城市发展到今天，为适应城市交通、生活、功能布局等多方面的变化，城市空间的属性和特征等都在不断地发展变化。从城市空间内与外、公与私的截然分界，到轨道交通城市空间和建筑空间相互关联、渗透、融合，甚至立体化发展，城市空间的原有概念边界逐渐被打破。

1989 年，美国都市社会学家雷・奥登伯格（Ray Oldenburg）撰写的《绝好的地方》（*The Great Good Place*）一书，提出了“第三空间”的概念。他指出人们的日常生活主要分布于三个空间：第一空间是居住空间，第二空间是职场空间，第三空间是城市中除家庭和办公室以外，不受功利关系限制的公共空间，像市中心的杂货店、酒吧、咖啡店、图书馆、城市公园等[5]。1996 年美国地理学家爱德华・索雅（Edward Soja）出版了《第三空间》（*The Third Space*），他以洛杉矶都市研究分析为背景，提出“第三空间”是包容并超越了“第一空间”（物理空间）及“第二空间”（精神空间）的空间[6]。2007 年奥地利斯普林格出版社（Springer-Verlag）出版的《期望的概念》一书中，克里斯蒂娜・米昆达重申“第三空间”概念，进一步提出第一空间是居住场所，第二空间是工作场所，第三空间是感情精神之所，包括博物馆、图书馆、咖啡馆、公园等[7]（图 1-10）。

[1] 喻祥．健康城市空间的概念及其秩序的创造 [C]．生态文明视角下的城乡规划——2008 中国城市规划年会论文集，2008.

[2] 胡华颖．城市・空间・社会：广州城市内部空间分析 [M]. 广州：中山大学出版社，1993.

[3] 冯健，周一星．中国城市内部空间结构研究进展与展望 [J]. 地理科学进展，2003（5）：304-315.

[4] 马仁峰．城市观嬗变与创意城市空间构建：核心内容与研究框架 [J]. 城市规划学刊，2010（6）：109-118.

[5] Ray Oldenburg. The Great Good Place[M].Marlowe&Co，1999.

[6] 索雅．第三空间 [M]. 王志弘译．台北：桂冠图书股份有限公司，2004.

[7] 张钦楠．城市应当如何开发 ?[J]. 读书，2007（12）：3-10.

图 1-10　什么才是好地方？

图片来源：http: //www.pps.org/reference/grplacefeat/.

3. 轨道交通城市空间立体化

城市地下空间的开发利用，一般以 1863 年英国伦敦建成第一条地下铁道为起点[1]，其特殊性质在于能够使土地的利用方式由二维平面转向三维立体。在城市轨道交通的中介作用下，城市空间之间的相互关联、渗透与融合，增强了城市水平和垂直两个方向上的连续性和整体性，城市下沉广场与地下街、地铁等地下空间的连接，使建筑内外空间的边界限定越来越模糊，最终促使城市空间呈现出地上地下相互融合渗透的立体化发展趋势。这种趋势打破了原有城市空间主要在地面上的单一分布形式，呈现出向地下延伸的多层次特性。与地铁交通空间发生相互关联、渗透、融合的这一部分城市地下生活空间，主要包括各种形式的步行街、地下通道、地铁与各种交通工具之间的换乘空间等流动空间；地铁站和各类结合地铁建设开发的地下空间出入节点，以及以地铁站为核心形成的城市共享或枢纽等节点空间等。

1.4.3　研究概念阐释

1. 城市居民日常出行时空距离影响因素

（1）人的尺度的抽象界定

在轨道交通城市空间布局研判、重点建设方向引导、演变规律分析等方面的探讨研究中，人的尺度可以视作一个与城市相对的抽象概念和衡量单位，人们的日常出行心理和生理预期是城市空间尺度限定的有效依据。因而，这里的人的尺度仅起到抽象界定的作用，并不进行详细的年龄、性别、健康状况等的分类区别与研究。但依据城市空间单元理念进行具体的精细化城市设计实践研究时，应结合实际情况，根据需要考虑居民详细分类情况。

（2）居民身份的两重性变化

分析人们在城市中的活动，传统的城市空间构建强调在合理的步行出行时空范围内，满足人们最基本的日常物质生活需求。工业革命以来，随着交通技术的迅速发展，人们的休闲、娱乐需求不断增加，时间观念不断增强，自由、便捷、快速等出行要求

[1] 童林旭．地下空间与城市现代化发展 [M]．北京：中国建筑工业出版社，2005.

代替了以往单纯的克服距离束缚的要求，环境舒适和精神愉悦受到了重视。相对于工业革命以前的城市，轨道交通网络化发展背景下，城市作为游憩和精神文化载体的空间属性大大增强，并对城市空间和城市自然生态资源、人文资源以及相关延伸资源等公共资源的配置提出了更高要求，人们对交通出行环境和城市空间环境的要求也出现了重要变化。

高度城市化和信息化成为世界大城市发展面临的两大主题，网络社区、虚拟文化等信息技术产物以及电子通勤的“替代效应”促使城市内部交通需求发生了改变[1][2]，这种改变导致工作出行交通量减少，而休闲、娱乐等其他出行交通量得以增加[3]。大城市居民具有了“居住者”和“观光客”两重身份。国内轨道交通大城市较为普遍的出行变化，表现在上班、上学、回家等刚性出行总量的下降，以及购物、文化娱乐、探亲访友等弹性出行总量的增加。2015 年 9 月 11 日发布的“上海市第五次综合交通调查报告”显示，上海城市非通勤出行次数首次超过通勤出行次数。由于居民文化休闲娱乐活动明显增加，出行活动日趋多样化，非通勤目的人均出行次数从 1.06 次上升到 1.12 次;而通勤出行次数有所下降,人均出行次数从 1.1 次下降到 1.04 次。与此相对应，平峰出行量增幅较大，缩小了与高峰出行量之间的差距。对比 2009 年，早高峰出行量持续增加，出行量增加 10%；晚高峰有提前趋势，出行量增长 5%。而 10 时 ~ 15 时平峰出行量增加了 11%，午后平峰（15 时 ~ 17 时）和晚高峰后平峰（19 时 ~ 21 时）出行量均增加 15%，[4] 充分证实了城市居民开始具有了双重身份与特性。

2. 时空距离约束规律

从满足居民日常出行要求层面来看，不同历史时期的城市规模尺度，都会受到一定出行时间和空间约束，研究尝试探讨这一时空约束规律，进而探索轨道交通网络化背景下影响城市空间发展演化和城市空间优化的基本途径。

3. 核心生活圈与精神生活圈

根据城市空间概念的演化发展分析，可见其具有物质与精神的双重属性。“第三空间”概念的提出,进一步将物质属性对应到了日常核心生活层面,将具有精神属性的“感情精神之所”对应到了人们的拓展生活层面。为区分这两种空间属性的本质差别，研究将满足人们日常高频次物质生活需求的空间出行范围，称为“核心生活圈”，将满足人们一定频次精神生活需求的空间出行范围，称为“精神生活圈”，以突出并强调其空

[1] 年福华，姚士谋．信息化与城市空间发展趋势 [J]. 世界地理研究，2002（1）：72-76.

[2] 周年兴，俞孔坚，李迪华．信息时代城市功能及其空间结构的变迁 [J]．地理与地理信息科学，2004（3）：69-72.

[3] 闫小培，周素红．信息技术对城市职能的影响：兼论信息化下广州城市职能转变与城市发展政策应对 [J]．城市规划，2003（8）：15-18.

[4] 马鋐．上海市第五次综合交通调查报告 [R]. 青年报，2015-9-9（A04-05）.

间侧重的特征与层面。

4. 城市空间单元

在轨道交通城市空间发展分析与界定的基础上，研究提出的轨道交通“城市空间单元”概念，是以出行时空距离约束规律研究为基础，借助网络化轨道交通为主的绿色交通体系建立联系的理想中观城市空间单元，研究的目的在于探索一种城市空间系统性优化的思维模式与工具。现实情况下的城市空间单元具有机变性，根据城市交通、空间布局与路网密度等的不同，覆盖范围大小不等，形状各异，绝非只有一种理想形态。

5. 城市空间单元组合

城市空间单元组合旨在探讨相对独立的“城市空间单元”借助轨道交通网络产生的关联，探索城市空间单元作为城市宏观与微观统筹规划与设计的桥梁的作用。

城市空间单元的“核心”与轨道交通站点存在着“硬关联”，但城市空间单元与城市行政区域并不存在这种关联关系。这种关联与非关联，正是城市空间单元组合能够成为城市空间整体优化途径的优势所在。

1.5 研究内容与方法

1.5.1 研究内容

1. 城市居民日常出行时空距离约束规律研究

借助城市设计、城市规划、城市历史、城市地理等学科领域的研究成果，定量分析城市居民日常出行时间预期及其出行距离的相互制约关系，揭示满足居民日常出行需求的时空约束规律。

2. 轨道交通网络化背景下日常出行时空距离量化研究

在轨道交通网络化城市日常出行空间分层特性分析基础上，立足城市出行及生活环境改善，探讨轨道交通为主导的多模式绿色交通体系对城市空间发展影响的内在规律，探索分析轨道交通网络化城市居民日常出行的时空距离量化关系。

3. 基于时空距离约束的轨道交通网络化城市空间单元构建研究

首先，在出行空间分层及时空距离量化研究的基础上，探索分析物质生活需求为主的“核心生活圈”和文教、休闲、游憩等为主的“精神生活圈”的有效尺度。

其次，借助城市分层设计思想，探索“核心生活圈”和“精神生活圈”分层叠合、构建形成理想城市空间单元的基本模式，探讨轨道交通网络化城市空间单元的尺度范围。

最后，探索研究轨道交通网络化城市空间单元的基本构建方法，探索分析城市空间单元的基本组织结构及异化形式。

4. 基于分形原理的城市空间单元组合研究

借鉴分形城市的有关研究成果，在深入分析分形城市空间基本特征的基础上，依据分形原理的自相似原则和迭代生成原则，进行城市空间单元的理想组合及异化研究，从城市设计尺度上探讨“城市空间单元”组合形成有机城市整体的基本方法与途径。

5. 依据城市空间单元分形组合的轨道交通城市空间优化实证研究

结合轨道交通城市设计实践，从旧城区保护、发展区更新及新建区开发等层面，探讨研究不同区域城市空间整体优化的关键，进而在城市空间单元组合分析的基础上，以西安为例进行轨道交通网络化城市空间整体优化途径与方法的探讨。

1.5.2 研究目标

1. 揭示轨道交通对城市空间发展演变的影响机理

通过深入分析轨道交通网络化对城市综合效率的影响和优化作用，探明轨道交通对城市空间发展的影响机理，把握交通方式改变对城市空间发展演变产生影响和作用的内在规律。

2. 探索研究城市空间整体性优化重构的基本途径

研究确定城市社区在城市空间整体性发展中的作用和价值，明确城市空间整体性研究的结合点和入手点，在对日常出行时空距离及社区空间范围变化的量化研究基础上，探索轨道交通网络化背景下以“城市空间单元”为基本组合单位的城市空间立体构建与优化途径，推进城市轨道交通建设与城市空间发展相耦合，实现城市空间立体优化与高效利用。

3. 拓展轨道交通网络化背景下的城市设计理论

总结既有城市设计研究理论与经验，基于城市分层和现代城市整体性建设思想，探寻城市多中心协同发展的规划与设计理论、方法及策略，以期引导我国现代城市化发展向着多中心、多层次、功能复合、城乡一体而非城乡一样的方向演进。

1.5.3 拟解决的关键问题

1. 探索揭示反映城市居民日常基本出行需求的时空距离约束规律

以人们在城市中的生活为出发点，结合国内外典型案例分析及相关研究成果，探讨不同交通方式主导下，城市居民日常出行时空距离变化对城市空间发展的影响作用及影响机理，研究揭示日常出行时空距离约束规律，量化分析居民日常出行时空距离关系。

2. 研究建立轨道交通网络化发展图景中的城市空间单元模式

在轨道交通城市时间距离研究基础上，依据城市分层设计思想，分析确定满足人们日常出行需求的“城市空间单元”值域范围及功能要求，研究构建轨道交通网络化背景下的理想“城市空间单元”模式。

3. 探讨轨道交通导向下城市空间单元系统性组织方法

依据城市分形原理，从城市设计尺度上探讨“城市空间单元”递归组合形成有机城市整体的组织模式与途径，深入进行城市空间单元的理想组合及异化分析，探索城市要素辐射范围有效放大、城市功能互补、共享的策略与方法。

2 轨道交通网络化城市空间单元研究的理论依据

现代城市扩张速度惊人（图 2-1）。19 世纪以来，每一次交通方式的变革都引起了城市的快速扩张，城市内部的流动性愈来愈强烈地影响着城市的空间结构。作为重要的大运量快速交通方式，城市轨道交通极大地改变着城市内部的流动性状况和特点，促进功能用地的分化与组合，逐渐成为影响城市内部空间变化的主导性因素之一[❶]。

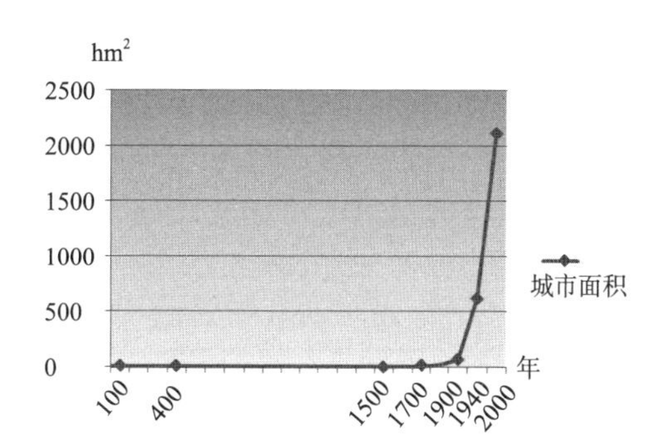

图 2-1 生活性城市面积扩展分析图

图片来源：作者根据《世界城市史》数据资料整理绘制。

从城市设计的角度来说，轨道交通带来的跨越空间的跳跃式心理效应、致盲效应，不同于以往任何一种交通对城市空间带来的影响。新时代城市建设背景下，迫切要求城市工作者从影响城市生活品质的本质因素和城市建设的终极目标入手，借助现代科学研究思想、理论与技术，系统性探索建立新的适应轨道交通网络化发展的城市空间组织原则、方法和模式，引导城市健康有序发展。根据历史分形城市基本都具备“分形维度”所特有的自相似的图形和结构特征的研究，可以初步确定轨道交通网络化城市空间存在着一个分层构建和分形优化的路径，因而相关研究理论的启示及指导意义值得借鉴。

2.1 轨道交通网络化城市空间发展的总体特征与趋势

2.1.1 城市结构随交通导向演变

1970 年以来，世界很多国家都确立了优先发展轨道交通的方针。轨道交通建设，不仅缓解了老城的建设压力，刺激了城市经济的发展，不同程度上还达成了保护城市

❶ 冯越，陈忠暖．国内外公共交通对城市空间结构影响研究进展比较 [J]．世界地理研究，2012，21（4）：39-47.

生态环境、保护旧城风貌，引导城市副中心建设和发展等目的，形成了轨道交通与城市空间相耦合的城市发展模式。从世界范围来看，轨道交通建设普遍对城市空间结构产生了优化作用。轨道交通宏观上拉大了城市骨架、推动了城市群结构的形成，促使城市向外部发展；中观及微观层面上促进了城市土地高密度利用、城市空间立体化及优化发展，并有可能留出更多地面用于绿化和城市生态环境建设，从而为改善交通问题带来的经济损失、提高城市综合效益提供可能。

1. 轨道交通推动城市空间有序发展

（1）轨道交通线网牵引城市空间扩张方向

轨道交通自身的特性有助于消除汽车交通的制约，克服城市发展的瓶颈效应，为城市空间的有序发展带来契机，特别适合市区及城郊之间定点、定时、定向的大规模集中性出行，因此，城市空间往往呈现出以轨道交通为骨架的轴向有序发展趋势。

中国的城市化进程速度相当之快，在搭建好城市中心区的交通骨架后，轨道交通还要提前对今后城市的发展进行考量，分散中心区的发展压力，指引城市发展方向——这正是轨道交通的一个重要作用[1]。

（2）放射性轨道线路规划形成发散型城市形态

放射性轨道交通线路规划可以包含有环放射、无环放射和棋盘放射三种结构，如巴黎、莫斯科等城市的有环放射路网，慕尼黑、芝加哥、台北和杭州等城市的无环放射，以及大阪、墨西哥、纽约、北京等城市的棋盘放射。很多城市还根据轨道线网的结构进行了发散型城市规划，如哥本哈根指状规划、日内瓦规划、德国汉堡区域规划。

（3）促进土地集约化利用

在亚洲城市人口密度相对较高的情况下，土地集约化成为城市建设需要考虑的首要因素。土地集约化利用较好的香港、东京等城市，住宅、商业、办公用地在轨道交通车站周边分区集中布置，在一定限度内，这种集中布置降低了城市居民的出行时间成本，产生了明显的集聚效应，从而提高了土地利用效率，为城市空间拓展、土地可持续利用创造了条件。

2. 网络化轨道交通引导城市多中心发展

（1）轨道交通促使城市空间形态由单中心向多中心转变

城市空间形态及结构，除受地理条件制约之外，很大程度上取决于城市的交通条件。一般情况下，一条城市轨道线路建成通车以后，往往会带动站点周边的人流聚集及土地升值，带动原来不发达地区发展并逐渐繁荣起来，甚至会在某处形成城市的局部区域中心，促使城市空间格局从单中心向多中心转变。世界很多城市都借助轨道交通建设，

[1] 张际达．轨道交通启示城市有序发展 [N]．中国建设报，2007-11-19（3）.

发展出了多个城市次级中心。如伦敦、巴黎、多伦多、旧金山、东京和新加坡等城市，已形成了大量以轨道交通站点为中心的城市次中心；巴黎、斯德哥尔摩等城市还通过轨道交通与外围的新城取得了便捷的联系和功能上的互补关系。

城市轨道交通促进了城市中心、次中心的重新分布，有机会引导城市空间结构的合理转变，优化城市空间格局[1]。多中心模式的城市，有望通过轨道交通网络，形成多层次的城市功能组合中心，遏制城市规模无限扩张及“摊大饼”式无序发展，并达到活跃城市经济、拉动城市发展、提高城市形象的目的。

（2）轨道交通走廊形成的“串珠式”城市空间形态

依托轨道交通走廊形成的“串珠式”城市结构，全线站点相互有机联系，彼此协调，且各站点土地开发构成均有所侧重，在交通走廊上寻求各种土地使用的平衡和混合，很好地考虑了轨道交通时代特定时间内人们出行距离发生变化所带来的城市空间演化方向与需求。

香港借助于轨道交通的“串珠式”土地开发，同样实现了土地利用与地铁运营良性互动的理想模式。这一模式以平衡城市开发量为前提，实现车站核心区内的高强度综合开发，高密度、节约型城市土地利用，使城市充分拥有了一个广阔的生态绿地系统。例如金钟与中环地铁站之间相距仅 800m，但其间的办公建筑并没有均匀布置，而是分别向两站靠拢，大多数建筑到地铁站的步行距离仅为 200m 左右，围绕两站点的高密度建筑群之间分布着香港公园、植物园、渣打公园等城市开发空间。典型的强中心、高密度城市空间格局，使香港成为轨道交通建设与土地高效集约利用的典范。

（3）轨道站点与公共中心耦合

轨道交通站点周边地区和城市中心区在分类等级、人流集散、区位优势、用地特性、城市外部空间形态等特性方面具有相似性和一致性的特点。国内外许多建设副中心的成功实践经验都表明，轨道交通站点和城市中心区结合设置、规划前期站点周边地区的良好城市设计有助于实现二者协调互补、相互支撑的优势[2]。对诸多城市的调研显示，轨道交通站点与城市各级中心存在耦合关系，存在互相推动、互相促进的作用。在耦合状态下，轨道交站点地区与各级城市中心地区结合设置，轨道交通网络和城市的公共中心网络体系之间得以充分整合。每个节点都可以作为提供高可达性的综合性平台，成为整个空间结构系统中的重要节点，借助不同等级的先进公共服务设施（包括商业办公等）布置，保证地区邻近性（proximity）和可达性（accessibility）的统 ·，通过友好的城市空间设计，可实现多样化、多功能、社会意义上内涵丰富、归属感较强的

[1] 边经卫．大城市空间发展与轨道交通 [M]．北京：中国建筑工业出版社，2006.

[2] 姜翠梅．基于空间耦合的轨道交通站点与城市区域中心的规划探索：以西安土门为例 [D]．西安建筑科技大学，2012.

城市复合中心和人性化场所建设[1]。

2.1.2 轨道交通引导城市空间立体化发展

从1863年伦敦第一条地铁线路修建后不久，轨道交通的城市空间立体化发展就已展开。借助地下交通、“人车分流”的立体交通和地下空间开发等专项研究，城市空间立体化的实践在不同城市功能类型的立体分布、城市结构上下发展、城市空间竖向综合利用等方面都已积累了一定的经验和成果。

欧美国家是近代最早关注地下空间开发潜力的地区，已经进行了大量与多样化的地下空间开发与研究。相关实践加强了城市地下空间以及地上、地下衔接过渡空间的衔接关系，增加了城市步行空间，从本质上增强了边界限定的城市核心区的凝聚力，有效分散了地面交通及用地压力，增加了城市空间立体化和步行化的体验，从内部促进了城市空间的合理演化、优化和宜人化。

北欧人口密度不高，结合地铁建设的地下空间开发主要出于保护地面城市环境、克服严寒气候对人类活动的制约等目的。西欧主要侧重于保护传统城市文化与空间，改造城市环境、促进城市更新等。

北美地区的美国和加拿大结合地铁建设建立了城市地下步行系统。尤其是加拿大，为克服严寒气候，从20世纪70年代开始，多伦多、蒙特利尔等城市运用联合开发机制，配合地铁、地下步行系统与大型商业综合体，连通周边建筑的地下层，成功发展出了规模庞大的地下城市。根据蒙特利尔市中心南北窄、东西宽的地理格局，城市主干道和两条地铁都是沿东西轴线走向设置，而地下过街通道和地下走廊都沿南北轴线走向布置。结合两条轴线上的各个地铁车站，蒙特利尔市的市民可通过长达30km的地下走廊到达各个室内公共广场和地下大型购物中心。在这条日客流量达50万人的地下网络中，包含了60座住宅和商业综合楼，建筑面积达360万m^2，占去了蒙特利尔市整个商务中心区80%的办公面积和35%的商业面积[2]。在轨道交通和用地的协调性方面，多伦多被认为是北美做得最好的城市。1960年代初，随着多伦多Young Street地铁线开通，市内有一半的高层住宅和90%的写字楼都建在了距地铁车站步行5min范围内（Heenan，1968），地铁不仅使闲置未开发土地得到开发，而且还使大量已经开发的空置楼宇得到了回收利用[3]。

总体而言，欧美国家的地下空间开发已经从点状发展到线状，甚至扩展到面状，

[1] 潘海啸，任春洋．轨道交通与城市公共活动中心体系的空间耦合关系研究：以上海为例[J]．城市规划学刊，2005（4）：76-82．

[2] 姚舰．城市的倒影：初探国外名城的地下空间[J]．公共艺术，2014（2）：90-95．

[3] 蒋谦．国外公交导向开发研究的启示[J]．城市规划．2002（8）：82-89．

并与解决旧城更新、环境保护、永续发展、克服气候限制、增加步行空间和地铁空间开发等城市问题紧密相关。从本质上增强了边界限定的城市核心区的凝聚力，有效分散了地面交通及用地压力，增加了城市空间立体化和步行化的体验。北京、上海、深圳、台湾、香港，以及东京、首尔等亚洲城市结合地铁进行的地下城市开发，主要目的在于缓解高密度城市人口带来的用地紧张、交通拥堵、环境恶化等问题。

2.1.3 轨道站点稀缺性资源和触媒因子效应显著

1. 放大城市要素辐射能力，提升城市经济效益

从某种意义上讲，提高城市竞争力的手段之一就是通过高效的交通体系提高城市运转效率。城市的本质就是时间和空间上的高效率与高效益，以及良好的空间形态和活力。实践证明，一个城市要做到这一点，必须有一个高效的交通系统作为支撑[1]。这一方面是城市空间发展与土地开发利用对交通提出的需求；另一方面，安全、可达的城市交通系统，又会反过来影响城市空间的布局和结构，引导城市空间演化。

轨道交通便捷、安全的交通换乘流线组织，有效放大了影响范围固定的城市要素的辐射能力，改善了城市的可达性，缩短了从此地到达彼地的交通时间，促进了站点周边土地使用强度和价值的提升，从而形成城市新的经济增长点。研究表明，交通经济间接成本远高于城市轨道交通本身。

合理的空间建设可以丰富站点周边城市空间、街道空间，优化以绿色出行为目标的道路系统，促进区域内外立体化城市空间的合理构建，形成便捷、安全的交通换乘流线组织，解决现状交通瓶颈问题，有望带来更多的人流集聚。围绕站点布置城市公共资源有助于提高这些资源的服务半径，比如体育馆、博物馆、文化馆、图书馆，甚至学校、医院、城市休闲绿地公园等，从而实现公共资源高度共享，强化和提高公共资源的利用效率和社会效益。因此，应充分考虑轨道交通的“城市触媒作用”对城市空间的影响，通过一定的城市设计方法和策略，优化、重塑轨道交通网络化发展背景下大城市空间的健康、绿色、人性化品质。

2. 借助稀缺性资源和触媒因子效应提升城市社会效益

“城市效率（Urban Efficienty）”是城市运行合理性的量度，是指城市在运转发展过程中所表现出来的能力、速度和所达到的水平。研究表明，轨道交通外部效应为城市带来的间接成本远高于城市轨道交通建设成本，主要体现在节约时间、减少交通问题损失、提升土地价值、降低环境污染等多个方面。

经合组织预测证实：轨道交通带来的间接成本占经合组织国家 GDP 的 7%。北京

---

[1] 何宁．城市轨道交通规划系统分析 [M]．上海：同济大学出版社，1996.

市城市规划研究院郭春安教授分析，每投资 1 亿元的轨道交通项目，就可以带动大约 2.6 亿元的 GDP 增长，并提供 4000 个以上的就业岗位[1]。

城市的发展归根结底是一个人流、物流、信息流和资金流不断从低水平向高水平集中的过程，是社会物质财富和精神财富聚集的过程。一般情况下，交通可达性水平越高，区位的经济价值越明显。轨道交通作为城市“新的关键性影响因素”，已经表现出强大的聚集作用。

2.2 城市空间单元研究现状及启示

随着现代城市的发展，从宏观到微观的探讨研究，逐渐认识到城市设计维度和宜居生活维度对城市空间发展的重要影响，以“人的尺度”作为参考和研究视角的相关理论与实践也越来越多，其成功与不足之处都具有一定的借鉴和参考价值。

2.2.1 致力局部人性化调和的小型城市空间单元意识

分析城市发展史可见，以“城市空间单元”为基础的城市空间均衡匹配，一直贯穿于生活性城市建设始终。中世纪之前的步行城市以教堂、广场、集市等公共空间为中心，布局均衡、功能完备、适宜生活的城市单元形态清晰。城市空间规模体现步行时空约束规律，也即城市直径受步行出行 30min 左右时间的限定[2][3]。

19 世纪初，现代工业快速发展，城市建设应对无措、响应缓慢，城市环境恶化。空想社会主义建设“新协和村（Village of New Harmony）”“法郎吉（Phalange）”等“乌托邦”形态的基本社会单位，对人口、用地规模、设施布局，以及财产分配和管理体制等提出建议，尝试缓解社会和环境矛盾，其基本尺度规模和空间匹配受到历史步行城市启发。

1933 年《雅典宪章》提出了四大城市功能：居住、工作、游憩和交通，这在当时的城市认识与研究中发挥了重要作用。但当城市继续发展，这种将城市各部分当成孤立元素，通过条块划分的方式生硬组合在一起的模式，变得难以适应城市空间发展和人们日常生活出行的需求。因而，针对这种不适应的城市设计运动在 20 世纪五六十年代逐步兴盛。“二战”之后，国际现代建筑协会（CIAM）第十次小组（Team 10），提出了“门阶哲学”（doorstep philosophy），“含义是关于人类聚居地生态学的研究和新美学的研究，是说城市设计者应从一个孩子迈出自己家门的瞬间去开始考虑，因为从

[1] 龙洁．开往春天的地铁 [J]．资源与人居环境，2005（9）：30-31．

[2] L. 贝纳沃罗．世界城市史 [M]．薛钟灵等译．北京：科学出版社，2000．

[3] 于东飞，乔征．轨道交通网络化的城市空间单元构建研究 [J]．建筑学报，2018（6）：22-27．

这时起城市设计的任务便开始了”[1]（图 2-2）。“门阶哲学”特别强调的城市设计中以人为核心的人际结合（human association）思想，暗合了古代步行城市的时空约束关系。

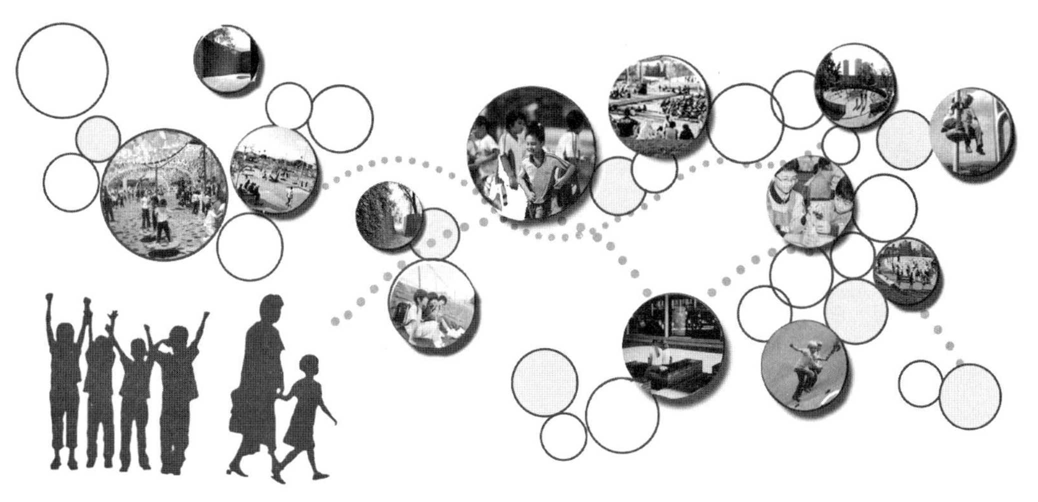

图 2-2 “门阶哲学”设计任务的起始点分析示意

19 世纪末，现代城市建设之初的“田园城市”理论，仍能从古代生活性城市格局中获得启示，根据居民日常生活出行时空约束规律，以新的交通工具形成的主要出行方式，构建独立的城市空间单元及其组合形式。然而实践中多数现代大城市并没有按照田园城市预期的规模和组团形式发展，脱胎于烈性疫病防控的“功能分区”思想和沿交通轴线延展的特性，现代城市快速扩张时延续了传统步行城市的单中心模式，由此促使规模不经济、城市荒漠化和交通拥堵等大量城市问题集中爆发。

为缓解城市问题，“邻里单位（1927 年）”、“协调单元（1960 年代）”、“TOD 模式（1993 年）”、新城市主义的“步行邻里 PP”和传统邻里开发 TND、城市触媒等理论研究，通过局部调和，进行了修补大城市人性尺度缺失的多种探讨和尝试。这种在理想步行出行范围内营建功能混合的小型社区空间单元的研究，表现出“以人为本”的“城市空间单元”构建思想。然而单元尺度较小，相对独立，缺少关联性，因而，这种局部人性尺度的优化并不能改变城市规划尺度上的问题[2]。

2.2.2 经济原则支配的空间单元定性描述与组织方法

1933 年克里斯泰勒在《德国南部的中心地》一书中创建了按市场原则、交通原则、行政原则构筑不同等级中心地的方法，构建了经济支配原则下的城市中心地理论，指

[1] 程里尧．Team 10 的城市设计思想 [J]．世界建筑，1983（3）：78-82.

[2] Serge Salat．城市与形态 [M]．北京：中国建筑工业出版社，2012.

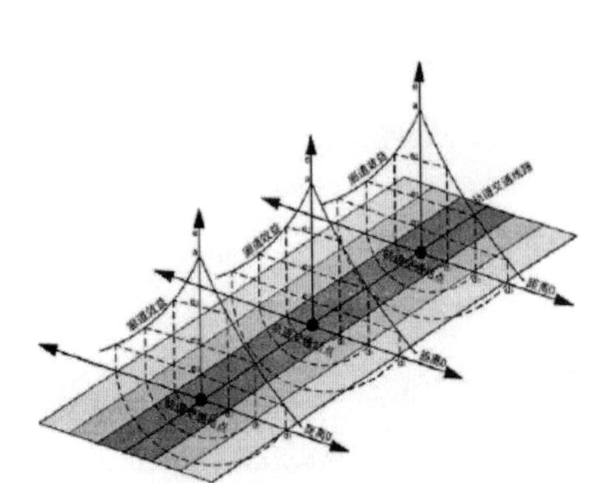

图 2-3 轨道交通廊道效应

图片来源：程俊义．城市轨道交通开发利用研究 [D]．北京交通大学，2012.

出中心地提供的每一种货物和服务都有其可变的服务范围，这种服从经济支配的单元构想，其合理服务半径取决于经营费用，并未对消费者愿意得到货物或服务的最远距离进行重点关注与量化研究。

此后，轨道交通的外部效应、廊道效应（图 2-3）等理论研究，也从经济学视角，探讨了轨道交通可以通过明显的可达性优势，促进轨道站点周边地区的产业发展和土地增值[1]。在一定范围内出现的梯度场效研究，正好呼应了 TOD 模式等形成的局部人性化单元尺度。

20 世纪 60 年代开始，受“中地论”影响，日本在全国综合开发计划中将国土统一划分为七大经济区，提出了广域行政圈和地方生活圈概念；70 年代，在广域行政圈和地方生活圈概念的基础上，形成了“定住圈”概念，这一概念以地域发展为出发点，指导地方生活圈中各类城市基本服务设施合理配置，一方面扩大了广域生活圈中配置设施的内涵范畴，由仅配置公益性市政设施，到配置居住、文化、教育、医疗、卫生等生活设施，引导工业和人口从大城市向地方疏解，旨在缩小区域差异；另一方面丰富了生活圈的层级，将其划分为基本生活单元、一级生活圈和二级生活圈。[2][3] 多年来，日本生活圈概念作为一种发达国家模式，受到了城市人口密度较大的亚洲国家的广泛关注与引介。

随着人口减少、经济衰退、老龄少子，以及城市无序开发、活力减退等问题的日益严重，2016 年日本国土交通部门借助“紧缩城市”概念，颁布了《立地适正计划》，提出以“多极网络化、集约化”为宗旨，利用公共交通建设，引导人口与城市功能沿主要交通干线轴向集聚的新的规划策略。为强化城市发展轴线，促进区域资源共享，“计划”甚至允许跨越行政边界协同广域规划[4][5]。这一新的规划策略改变了日本城市圈层拓展的空间发展计划，开始逐步推动城市建成区与自然环境相契合的“指状”模式。

分析日本生活圈概念难以落实在城市空间上的具体原因可知，直至 2008 年，前

[1] 黄丽彬．大城市轨道交通站点对地区发展的影响评价研究 [D]．同济大学，2006.

[2] 沈振江，林心怡，马妍．考察近年日本城市总体规划与生活圈概念的结合 [J]．城乡规划，2018（6）：74-87.

[3] 孙道胜，柴彦威．日本的生活圈研究回顾与启示 [J]. 城市建筑，2018（12）：13-16.

[4] 沈振江，林心怡，马妍．考察近年日本城市总体规划与生活圈概念的结合 [J]．城乡规划，2018（6）：74-87.

[5] 薛求理，孙聪．香港轨交站与周边发展 [J]．建筑学报，2020（1）：102-109.

后6次《全国综合开发计划》阐述的生活圈都主要为定性描述，空间点（位置）、量（规模）配置缺少切实可行的量化操作技术和与之相衔接的法律法规支持，难以直接落地引导城市空间开发与管理，未能达成其缓解城市问题的初衷。由此可见，空间单元合理尺度的量化界定及空间配置的影响机理与关键技术，是城市空间单元构建研究的硬核难点。

2.3 相关基础理论及其借鉴意义

2.3.1 系统论[1]

系统思想源远流长，但作为一门科学的系统论，人们公认是美籍奥地利理论生物学家冯・贝塔朗菲（L.Von.Bertalanffy）创立的。贝塔朗菲强调，系统不是各要素的机械组合或简单相加，而是要素的有机组合。系统除了反映客观事物的整体之外，还反映整体与部分、整体与层次、整体与结构、整体与环境的关系。也就是说，系统是从整体与其要素、层次、结构、环境等关系上来揭示其不同层次上的组织原理及整体性特征的。

系统具有整体性、有机联系性、动态性、有序性和目的性等特点。因而，系统若干要素的相互作用，可表现为组成部分之间的竞争特性，某些部分获得支配作用而决定整体的渐进中心化特性等；一个系统的发展方向不仅取决于偶然的实际状态，还取决于它自身所具有的、必然的方向性。

2.3.2 协同理论

协同理论（synergetics）是系统科学的重要分支理论。1971年德国斯图加特大学教授、著名物理学家哈肯（Hermann Haken）提出协同的概念，1976年发表《协同学导论》等著作系统地论述了协同理论。

协同论主要研究远离平衡态的开放系统在与外界有物质或能量交换的情况下，如何通过自己内部协同作用，自发地出现时间、空间和功能上的有序结构。在微观到宏观的过渡上，描述各种系统和现象中从无序到有序转变的共同规律。

哈肯指出，协同理论涉及多学科合作，研究的对象是许多子系统的联合作用，以及由此产生的宏观尺度上的结构和功能。

客观世界存在着各种各样的系统：社会的或自然界的，有生命的或无生命的，宏观的或微观的，等等，这些看起来完全不同的系统，却都具有深刻的相似性。

[1] 冯・贝塔朗菲．一般系统论：基础发展和应用[M]．林康义，魏宏森等译．北京：清华大学出版社，1987.

对千差万别的自然系统或社会系统而言，均存在着协同作用。协同作用是系统有序结构形成的内驱力。任何复杂系统，在外来能量的作用下或者物质的聚集态达到某种临界值时，子系统之间就会产生协同作用。

2.3.3 分层思想

1. 城市分层设计意识

（1）古代城市的分层设计

古老的城市建设中，人类首先在一块区域上规划出一个精神空间并对其进行限制，进而建立起一座城市，各区明显不同，甚至有自己的中心、纪念建筑和生活方式（图 2-4）。在这里，人们的精神生活空间远远大于物质生活空间，并统领物质生活空间的组成与结构，精神生活空间和物质生活空间是城市总体结构的不同组成层级。

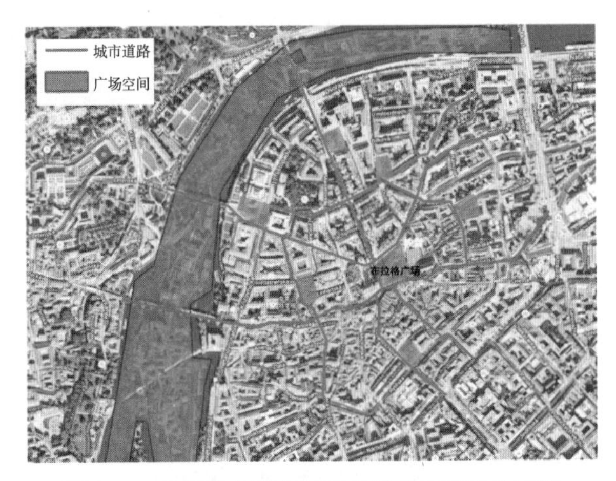

图 2-4　布拉格古城道路与各区的广场绿地空间

（2）现代城市的分裂及其弊端

汽车时代，在城市规划难以明辨并总体把握精神生活空间的情况下，城市研究理论世俗化、物质化，并逐步在物质生活空间层面上落实下来，造成了神与质的分离，并最终导致了城市内部结构的消失及破碎化，以至于曾经紧凑有限的城市形态变得一望无垠，身份认同令人质疑。无限制扩大城市区域，以速度至上的原则进行简要划分的城市，甚至并没有形成清晰的内部结构、街巷格局，人们脑海中的寻路地图边界难辨，布局模糊（图 2-5）。

现在我们知道这种流动的城市在过大的领域游荡，失去了其特有的都市风格、身份、人性化等本质内涵，因而并不成功，为此，人们尝试了局部的人性化，试图通过局部调和来修补大城市人性尺度的缺失。这正是美国人所持有的“以交通为导向的发展”

的态度，这种观念创造了具有多种用途的小型地方社区。分析可知，这些小型社区以历史城市结构组织为范例，与邻近公共交通系统相连接。然而，城市并不能被简化为两个极端尺度——广泛化的全局式和人性化的局部式，局部人性尺度并不能改变城市规划尺度上的问题。[1]

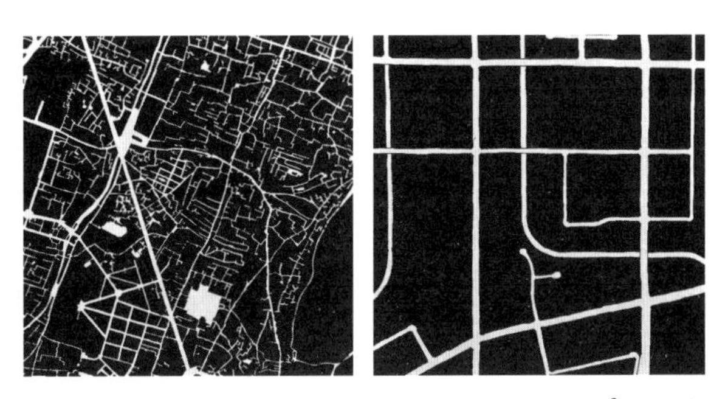

图 2-5 开罗古城与美国欧文商务区城市 1 平方英里（约 2.59km²）区域上的路网密度对比

图片来源：阿兰・B. 雅各布斯. 伟大的街道. 北京：中国建筑工业出版社，2009.

2. 现代 GIS 分层思想对轨道交通城市设计的指导意义

GIS 分层是将地理特征表达为分类属性的几何对象，以层（Layer）为概念组织、存储、修改和显示它们，分层几乎是 GIS 一个必不可少的基本特征[2]（图 2-6）。同一层级中的对象一般都具有同一属性。

GIS 经历了侧重表达地理特征的几何成分，到强调空间位置和拓扑关系的发展阶段。传统 GIS 的语义关系和内部关系往往被忽视，这一缺陷大大影响了 GIS 的空间分析能力（Tang et al，1996）[3]。今天大多数 GIS 都强调空间位置和拓扑关系，由于地理空间中存在无数种关系，定义了一种关系就定义了一种空间。其几何位置、拓扑关系、时间、空间、尺度、范围、距离等关系因素，在轨道交通为主的绿色交通体系下，都可以成为城市空间研究的耦合性关联因素。因而，GIS 分层思想或将成为链接城市局部与整

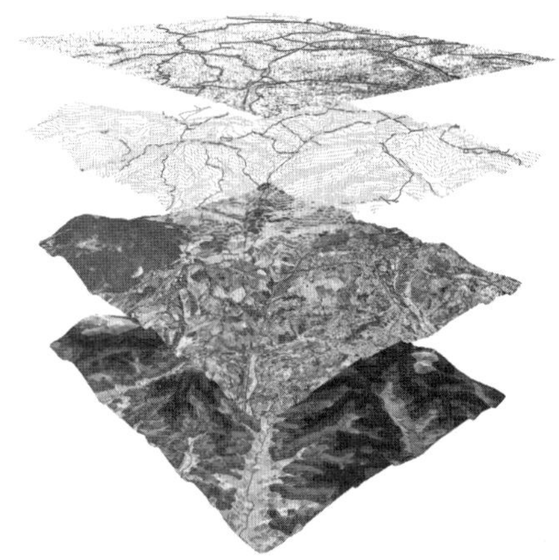

图 2-6 GIS 分层理念

图片来源：http：//bj3ds.com/Company/GIS/GISService.aspx? gisIndex=8.

---

❶ Serge Salat．城市与形态 [M]．北京：中国建筑工业出版社，2012.

❷ 肖乐斌，钟耳顺，刘纪远，宋关福．GIS 概念数据模型的研究 [J]．武汉大学学报（信息科学版），2001（5）：387-392，418.

❸ Tang A Y，Adams T，Usery E L．A spatial data model design for feature-based geographical information systems[J]．Geographical Information Systems，1996，10（5）：643-659.

体、实现精细化城市设计的理论依据。

实际应用中，基于 GIS 分析的可达性研究模型仍存在很大的限制，仅仅能够用于预测和评价城市空间形态与结构，尚难以在城市规划和城市设计领域真正发挥作用。因而，目前 GIS 分层思想的指导意义在于按一定的属性特征或分层因子，将总体划分成若干内部相对一致的层，并进行聚类分析。但总体而言，基于 GIS 的可达性等研究仍然代表了城市理论研究的现实需求和趋势，其研究理念具有重要借鉴意义。

2.3.4 城市分形原理

1. 城市分形原理的基本概念

“分形”这一术语是 1975 年伯努瓦·曼德勃罗（Benoit Mandelbrot）根据拉丁词发明的新词。分形几何相对于传统欧氏几何的不足而建立，它的研究对象是不光滑的、不规则的，甚至支离破碎的空间几何形态，通俗一点说就是研究无限复杂，但具有一定意义的自相似图形和结构（图 2-7）。“分形维度”是决定这一内在机理的关键。

图 2-7 大自然中分形的自相似性与对称性

迈克·巴迪（Michael Batty）和保罗·朗利（Paul Longley）的分形城市研究进一步表明，城市并非孤立存在，而是层级系统的一部分。这一层级系统在等级和规模上均遵循逆幂律或分形分布规律；城市，至少是历史城市，身处“普遍”系统，这些系统不同程度地具有扩张的对称性或自我相似性。[1] 可见，在分形城市中存在以下 3 个主要规律：①空间逆幂律，②分形层级增长规律，③自相似有机增长规律。

[1] Serge Salat. 城市与形态 [M]. 北京：中国建筑工业出版社，2012.

对现代主义城市的研究可以发现，优先权授予尺度最大者，中等尺度被弱化，从而严重违反了尺度法则。这种尺度分布上的错误偏好，对于路径分布也有显著影响[1]。对此，萨琳加洛斯表示，有生命的城市各要素及其联系遵循逆幂律，某要素尺度小，其重复数目则大，反过来，某要素尺寸大，其重复数则小[2]。这种结构与无组织的当代城市结构难以呼应，但与古老的基础生活城市空间一致，其尺度渐减、环环相扣的结构组成遵循逆幂律。

由此可见，逆幂律涉及尺度划分，以便我们对其进行辨认。这意味着我们可以利用易于渗透但清晰可辨的"城市空间单元"在更大尺度上改进城市化区域的结构。体现在城市空间组合成城市区域或城市整体的过程中，可借此决定更大区域内城市的主要职能设置及其区位关系。建设功能复合，并具有商业、商务、科技、居住等显著核心功能的城市职能区，有效放大城市的集聚效应。

2. 复杂表象下的分形城市

对于历史城市分形结构的认识，有助于我们在纷繁复杂的城市空间中找到可以掌握的规律，但历史城市本身的分形特征难以在现代大城市中完全复制。然而，当轨道交通背景下的城市可以通过空间单元的形式进行生长发展，则新的城市分形结构研究与实践就具备了可能的条件。

根据已有分形城市的探索与研究，欧洲历史城市和城市区域存在着层级关系和分形结构，不需要人们再去探索创造。中国古代城市到四合院存在着层级关系和分形结构，这进一步印证了城市中存在最基本的"空间单元"。并且，分形几何理论的产生，为其组合规律与组合结构提供了科学的理论与技术支持。

对于城市尺度危机而言，分形城市是最好的回答。依据斯蒂芬·马歇尔的观点，通过递归图案产生的分形结构类似街道网络中的分形结构（图 2-8）。在任何尺度下，战略路径均形成一个连续网络：1）抽象原则强调在不同比例下结构的重

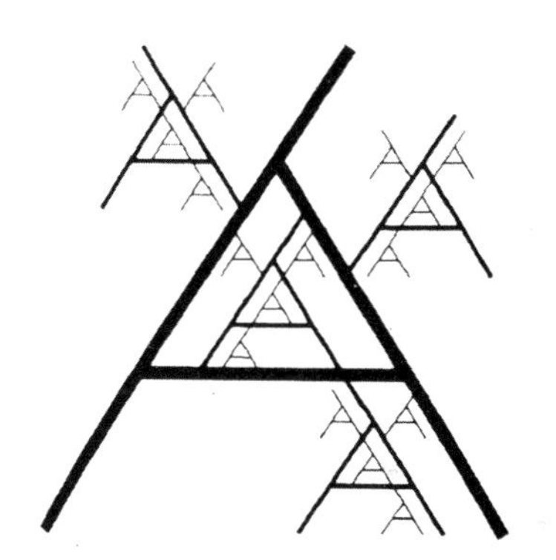

a. 抽象原则，强调在不同比例下结构的重复

b. 以当地城市比例解释范例

图 2-8　街道网络分形结构与递归分形图案的相似性

图片来源：斯蒂芬·马歇尔. 城市设计和演化. 北京：中国建筑工业出版社，2014.

[1] Serge Salat. 城市与形态 [M]. 北京：中国建筑工业出版社，2012：327.

[2] 萨林加罗斯. 新建筑理论十二讲：基于最新数学方法的建筑与城市设计理论 [M]. 李春青译. 北京：中国建筑工业出版社，2014.

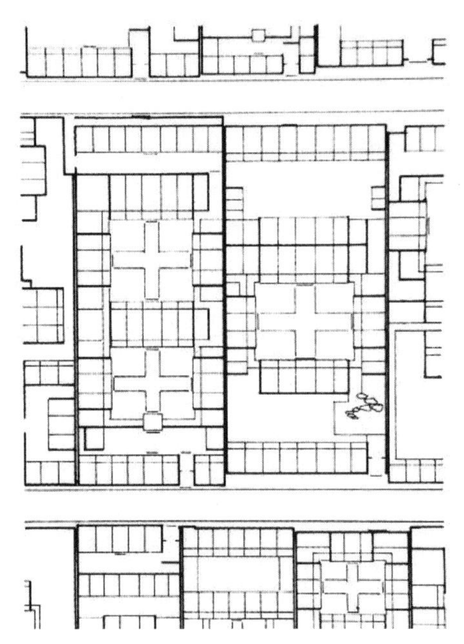

图 2-9　两条狭窄的街道（胡同）之间的一片房屋

图片来源：沃纳·布莱瑟（Werner Blaser）. 中国院落式房屋 .

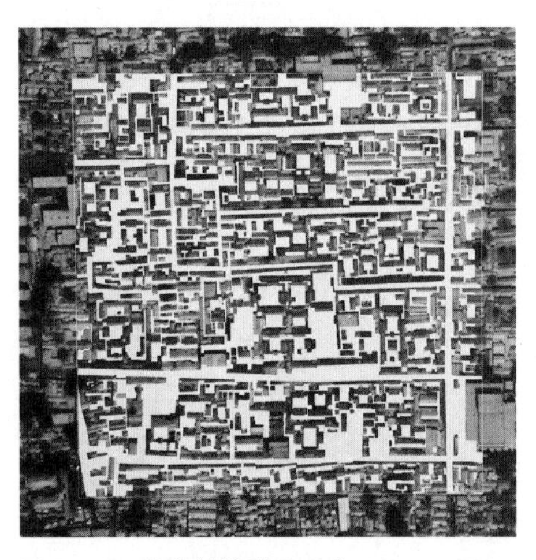

图 2-10　北京鼓楼地区一个 400m × 400m 的城市机理

街巷与院落空间一起，形成连接贯通的城市道路网。胡同连接到较大的街道，将地块划分成条状。

图片来源：Serge Salat. 城市与形态 .

复；2）以当地城市比例解释范例。❶

在中国，古代城市等级往往通过城市名称的后缀表现出来，例如州城府县、省市县镇等。中国传统城市中，非常复杂的城市结构体现为理想的院落结构（四合院）永无休止的变化。也即中国古代都城遵循经过反复迭代累加形成的层层嵌套式结构，最基层是四合院的庭院。它们似乎完全一样，然而又各不相同，并以其有序的变化创造出一片丰富的不同层级相互连接的房屋（图 2-9、图 2-10）。成九宫格的唐长安城平面，在很多方面可看作是正方形的分形布局。按照系数 r =1/3 收缩，长安城可被分为八个小正方形，这八个小正方形整齐地排列在中间空旷的正方形四周。这种分形布局向人们展示了平滑顺畅、限定明确的边线和一连串相似的内部结构。在数学领域，迭代运算可无限进行下去。而在中国古代都城的城市设计中，这种迭代累加止于庭院的尺寸和规模，它仍是正方形，就像正方形城市的缩小版模型（图 2-11）。❷

3. 作为“分形维度”的城市空间单元规模尺度的限定方法

自然分形或许具有无穷的可能，但城市分形的“分形维度”却明显受到人的尺度限制。轨道交通使以往难以日常性通达的多个相邻区域出现了联系便捷、紧密与功能互补、共享的要求，使更大尺度上的城市功能空间出现了共享、互补的可能。但从人们的生理和心理特性来看，无论交通工具如何变化，人们对预期出行时间和出行环境的要求并不会发生什么本质

❶ Serge Salat．城市与形态 [M]．北京：中国建筑工业出版社，2012：74.

❷ Serge Salat．城市与形态 [M]．北京：中国建筑工业出版社，2012：62，103.

性变化。因而，无论传统城市还是轨道交通城市，基于人的生理和心理要求的时空距离约束关系，始终都应该是宜居城市设计的关键性限定因素。

根据这一认识，基于“人的尺度”的“时空距离约束规律”分析，可从人性、宜居和公共资源公平共享的视角，限定出一个适宜轨道交通网络化城市的基本空间单元结构，也即轨道交通网络化城市空间研究的基本“分形维度”。

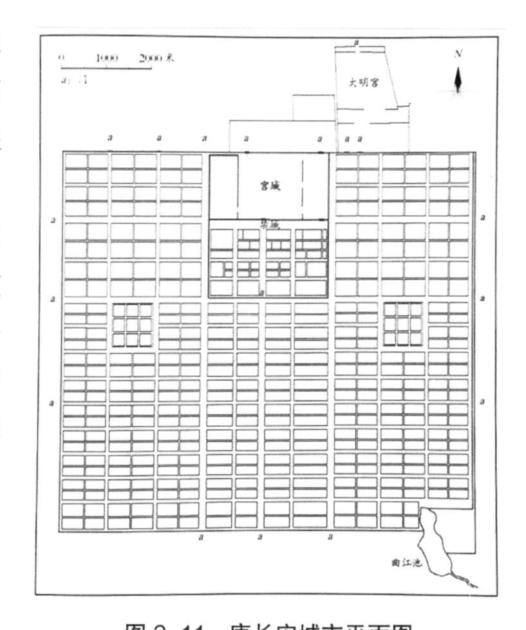

图 2-11　唐长安城市平面图

图片来源：王才强．贵族与官僚之城：中世纪中国都市景观之发展与演变．

2.3.5　时空可达性理论

1. 时空可达性概念及其发展

可达性概念从古典的区位论中产生，最早可以追溯到 1931 年 Reilly 提出的用于描述商业分布的引力模型[1]。从字面意义看，可达性表述人们出行的难易程度。实质上它表示的是人们对城市交通资源的占有以及对活动空间和交往机会的利用。

可达性的内涵主要体现在以下四个方面[2]：①土地用途，如就业岗位的空间分布、商业场所的空间分布等；②交通系统，如道路系统、公交线路等；③时空因素，如通勤时间、地理区位等；④个体特征，如收入水平、是否拥有小汽车等[3]。

1960 年古顿伯格（A.Z.Guttenberg）提出一套城市结构与成长发展的理论，他认为城市结构与成长发展可用“可达性”来解释，称之为“社区居民用以克服距离的努力”，认为城市空间结构与社区居民用以克服距离的努力有密切关系。交通运输系统掌握城市成长的命运与方向，前者改变，必定促进城市结构经常改变。

1966 年迈耶（R.L.Meier）提出城市生长的交通理论，以及“城市时间预算”与“空间预算”的观念，并借此有效地将城市居民交通时间的利用与空间分配之间的关系建立起来。城市居民交通行为上的运作不外乎出行的起始点、路线、目的、花费时间、

[1] Pooler J A．The use of spatial separation in the measurement of transportation accessibility[J]．Transporiation Research Part A，1995，29（3）：421-427.

[2] 刘贤腾．空间可达性研究综述 [J]．城市交通，2007，5（6）：36-43.

[3] 陆化普，王继峰，张永波．城市交通规划中交通可达性模型及其应用 [J]．清华大学学报（自然科学版），2009，49（6）：765-769.

活动场所等内容，所以只要能够掌握居民交通时间的利用及其空间分配，则必然可以预测未来城市空间结构的生长与变迁。❶

随后的研究中，许多学者发现区位可达性变化导致的城市土地价格变化，影响了城市土地利用和空间结构随之发生变化。例如，1961 年，Lowdon Wongo 在其著作《交通与城市土地》(*Transportation and Urban Land*) 中建立了城市交通与土地利用关系的基本经济学模型❷。1964 年 William Alonso 通过建立城市土地价值模型，总结最高的地价将产生于到城市中心可达性最高的地块❸。1960 之后出现了以劳瑞模型为代表的量化研究模型，可达性研究经历了从宏观到微观、从静态到动态的逐渐发展过程。例如交通模型从总体出行分布研究（aggregate trip distribution）发展到出行需求模型（travel demand model），再到对每个个体的活动模式进行模拟的家庭活动模型（household activity model）；从以交通小区作为一个整体进行研究，到对个体在一天中的出行决策进行模拟，其演化过程代表了城市理论研究从物质到人本的一个发展过程。1972 年，Mills 研究指出在土地价值与土地利用中，可达性是一个关键因素，可达性源于交通系统的改善，科技可达性是交通系统与土地利用产生联系的纽带❹。

2. 时空可达性对轨道交通城市空间布局的影响分析

汤姆逊（J.M.Thomson）对世界上 30 个大城市的交通问题研究发现，一个城市除了受地理上的约束外，城市里不同部分相对可达性的改变，会导致城市结构的改变，除非用规划管理来防止这种变化的发生。在集聚优势相同的情况下，城市中哪个区域的交通设施完备、可达性好，哪个区域就能吸引更多的居民和工商企业。同样，当整个城市的时空可达性得到提高，居住、工作、生活、经营的空间范围更大，城市空间规模也会随之向外扩展。❺

时空可达性较好的城市区域，可通过吸引人流迁移入驻，提升土地价值、增强沿线土地开发强度，进而影响城市空间演化。例如，2008 年北京轨道站点专题研究报告通过对深圳、上海、北京轨道站点的研究发现，不同物业随距离衰减程度不同，办公衰减最快，在 100m 的时候即有显著衰减，商业在 200m 处衰减迅速，住宅在 300m 外衰减显著，研究表明不同物业类型对距离敏感度不同。轨道站点的影响在距离上可分为：0 ~ 300m 核心控制区，300 ~ 800m 一般控制区，800 ~ 1600m 外围发展。如图 2-12 所示，深圳的住宅在 300m 以内范围衰减不明显，300m 外较为显著；商铺在 100m 内具

❶ 黄亚平．城市空间理论与空间分析 [M]．南京：东南大学出版社，2002.

❷ 闫小培，周素红，毛蒋兴．高密度开发城市的交通系统与土地利用：以广州为例 [M]．北京：科学出版社，2006.

❸ Alonso W．Location and land user：toward a general theroy of land rent[M]．Cambridge：Harvard University Press，1964.

❹ Mills E S．Studies in the structure of the urban economy[M]．Johns Hopkins University Press，1972.

❺ 汤姆逊 . 城市布局与交通规划 [M]. 北京：中国建筑工业出版社，1982：68-88.

有较大升值空间，100 ~ 300m 内增幅不大；办公在 100m 内有明显增值空间，100 ~ 200m 内呈现大梯度衰减。上海某车站周边 1600m 以内房价按距离衰减，在 800m 出现拐点，在大约 1600m 处房价曲线下降改为水平并有少量上升（图 2-13）。北京地铁 13 号线对沿线 0.3 ~ 1km 内的物业有明显的辐射效应，其中站点 300m 半径内区域增值效应显著（图 2-14）。❶

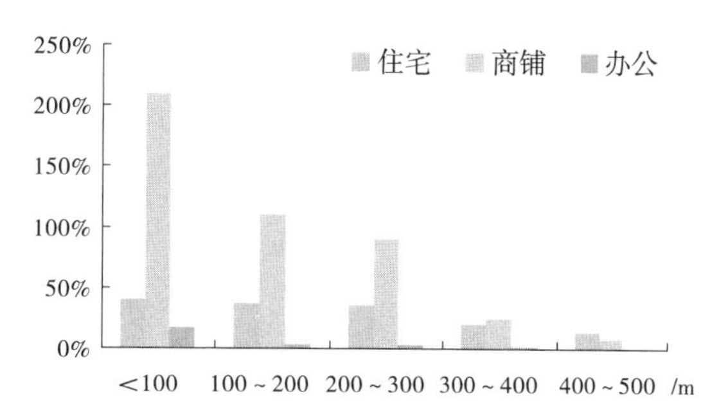

图 2-12 深圳轨道站点周边地产增长潜力随距离增加的衰减关系

图片来源：北京轨道站点专题研究，2008.

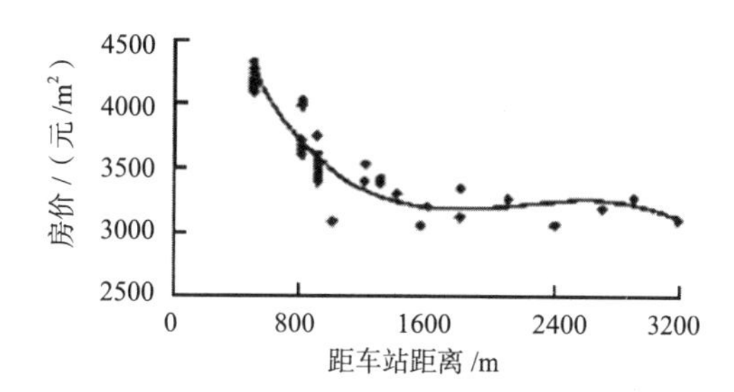

图 2-13 上海轨道站点周边地产价格随距离增加的衰减关系

图片来源：北京轨道站点专题研究，2008.

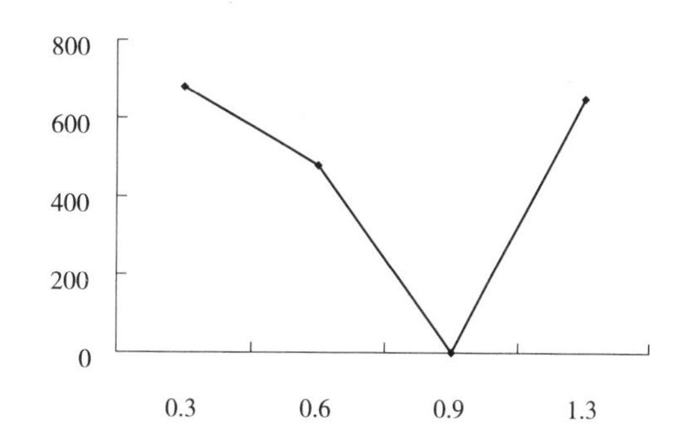

图 2-14 北京地铁 13 号线站点周边地产价格随距离增加而变化

图片来源：北京轨道站点专题研究，2008.

3.“时空压缩”效应影响下的日常出行范围分析

（1）“时空压缩”概念

“时空压缩”的概念最初来源于社会学的研究，美国著名新马克思主义者大卫·哈维在其《后现代的状况》（*The Condition of Postmodernity*）一书中指出，现代性改变了空间和时间的表现形式，对改变人们经历与体验时空的方式有着深刻的影响❷。出行条件的改善和信息技术的发展变革，为时空压缩提供了技术支持，从而促进了人们感知范围的扩大和心理距离的缩减。

“时空压缩”理论（time-space compression）主要研究因交通运输和通信技术进步而引起人际交往在时间和空间方面的变化。通过可达性模型对一定区域地域范围内人际交往所需时间和距离的缩短进行分析，可以模拟和预测城市空间形态与结构的相应变化。

❶ 参考：北京轨道站点专题研究 [R]. 世联顾问，2008.

❷ 郭庆松.“时空压缩”下的现代化发展模式 [N]. 中国共产党新闻网引自文汇报，2008-10-27.http://theory.people.com.cn/GB/49154/49155/8234596.html.

（2）“时空压缩”效应对日常出行范围的影响

汽车交通时代的人们虽然借助“时空压缩”效应扩大了空间认知范围，但对一座城市的认识往往仅限于一些毫无规律的点的集合。“时空压缩”效应之下，人们的出行扩展到步行无法企及的距离。但大型城市潜在的堵车、交通事故、停车困难以及较高的停车费用等不利因素，使“时空压缩”效应带来的日常生活范围扩展十分有限。

轨道交通的城市则有可能借助轨道线路及其站点的有序性，建立起这些无规律的点与人们日常生活的联系。首先，轨道交通使原本关联性较弱的城市区域发生了较强的关联，城市空间被紧密束缚在轨道交通明确有序的点－线特性影响范围之内，两个独立的城市生活空间在“时空压缩”效应的影响下，范围扩大，最终产生了交集，呈现出城市功能互补或共用的可能性。其次，感知范围的扩大和心理距离的缩减，促使人们对日常生活出行活动的需求和空间范围产生了向外延展的要求，使原本并无交集和共享可能的城市功能区域，借助“时空压缩”效应，产生了共享和集约化建设的可能。

4. 时空可达性在轨道城市空间研究中的借鉴意义

综合上述时空可达性研究，可以发现其发展过程，标志着现代城市规划与设计出现了以下四个方面的转变：①从注重汽车出行的特权与自由，到关注社会公平与公众意志的转变[1]；②从侧重移动的速度或自由度到注重移动的目的的转变；③从机动性导向到可达性导向的转变（表 2.1）；④从物质研究到行为研究、从以区域整体为研究对象到关注个体行为研究的转变。这种转变更加关注城市空间环境质量的改善以及居民生活品质的提升，更加贴近建设城市的本源目的。

机动性导向与可达性导向的差异　　表 2.1

	机动性导向	可达性导向
目标	畅通	可达
服务对象	小汽车	出行者
交通与土地利用关系	脱节	互动

资料来源：陆化普，王继峰，张永波．城市交通规划中交通可达性模型及其应用，2009.

另一方面，有研究指出，城市理论不足以为模型提供坚实的基础，才导致了不佳的模拟结果[2]。因此，在可达性模型尚不完善的情况下，将人作为城市的设计主体加以关注与关怀，从城市作为生活居住场所和空间本身出发，展开基于时空可达性的城市理论研究，有助于为不断发展变化的城市建设提供理论依据，为城市规划与城市设计

[1] Ross W．Personal mobility or community accessibility：A planning choice with social．Economic and environmental consequences[R]．Perth：Murdoch University，2003．

[2] 刘伦，龙瀛，麦克・巴蒂．城市模型的回顾与展望：访谈麦克・巴蒂之后的新思考 [J]．城市规划，2014（8）：63-70.

工作指明方向。

总体而言，时空可达性是现代城市形态与结构量化研究的一种手段，涉及人口、经济、工作岗位、区域范围及交通发展、土地利用等多个方面，影响因素及主要矛盾存在较大的复杂性、不确定性甚至是可变性。正因为如此，实际应用中可达性研究模型仍存在很大的限制，目前主要用于预测和评价城市空间形态与结构，尚难以在城市规划和城市设计领域真正发挥作用，但相关研究代表了城市理论研究的现实需求及总体趋势，其研究理念具有重要借鉴意义。

2.4 相关基础理论对轨道交通城市空间单元研究的启示

2.4.1 城市空间系统组合及发展具有必然的方向性

系统性和协同论从不同层面表达了“系统不是各要素的机械组合或简单相加，而是要素有机组合”的思想。系统若干要素的相互作用，可以表现为组成部分之间的竞争特性，而某些部分具有决定整体的渐进中心化特性和支配作用。协同作用是系统有序结构形成的内驱力，一个系统的发展方向不仅取决于偶然的、阶段性的实际状态，更取决于它自身所具有的、必然的方向性。

在轨道交通网络化发展的城市中，时空可达性的“决定和支配”作用越发显著而突出，显然具备了某些部分决定并支配着整体的特性，因而，探索轨道交通网络化城市的时空距离约束关系，以及这一关系决定的城市空间必然发展方向，是轨道交通城市空间研究的关键。

2.4.2 “分形维度”限定的“层级”单元决定城市整体空间

历史分形城市研究向人们展示了一连串边界明确、平滑顺畅、具有自相似特征，并最终终结于最小空间单元的城市内部层级结构。研究表明分形城市具有如下鲜明特征：

①城市并非孤立存在，而是层级系统的一部分；

②分形城市存在部分与部分、部分与整体的自我相似性；

③自我相似性是指事物的内禀形似，即“分形维度”反映和含有整个系统的性质和信息；

④分形维度组合成城市整体时，绝非是简单复制或机械重复；

⑤分形唯一的变化是扩张和收缩，但无论收缩或扩张多少倍，其复杂性丝毫不会减少，也即将整体中的某一部分放大，即能指示其整体规律和结构特征。

由此可见，依据人的尺度建造起来的历史城市，在空间形态上存在着一个确定的“分形维度”，这一“分形维度”基本决定了城市的自相似图形和结构，以及城市空间的分形特征。

依据城市分形原理和分层思想，进行古代传统城市及“田园城市”“邻里单位”“TOD”等理论的时空距离分析，可见整个城市发展演变过程中，一直存在通过时间因素限定的基本“城市空间单元”，并在不同尺度规模的城市中，有机联系、组合形成城市整体空间。

2.4.3 居民双重身份的产生要求城市空间单元进行分层响应

轨道交通网络化背景下，居民身份表现出“居住者”和“观光客”两重身份，满足日常核心生活出行和精神生活出行需求的空间范围，在尺度上产生了较大差距，表现出了分层设计的要求。针对这一特点，分形原理和分层思想为轨道交通城市空间单元和城市空间格局优化研究提供了新的思维视角。

分层思想证明整体具有依据要素进行分层联系与研究的特性，分形原理指出构成整体的局部具有有机相似性，从而为城市空间单元基本要素及其协同作用分析，为通过城市空间单元组合进行城市空间格局优化的探索，提供了必要的支持理论和研究工具（图 2-15）。

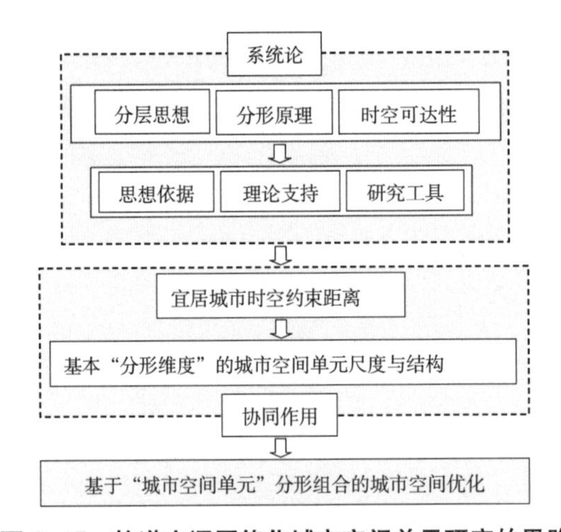

图 2-15 轨道交通网络化城市空间单元研究的思路

2.5 城市空间单元优化设计的可借鉴方法

随着科学技术的发展，“城市触媒”“城市针灸”“协调设计”“大数据分析”“GIS”分析以及“建筑计划学”“分形几何理论”等新理念、新方法已经成为城市研究的有效辅助手段，合理的组织、运用或可产生更为优秀的空间优化途径。

2.5.1 协同设计

建筑和城市设计的协作观点在现代建筑运动中已经出现，20 世纪 20 年代，勒·柯布西耶等在谈论关于国际现代建筑协会 CIAM 时提出各专业领域的协作关系。“二战”之后，格罗皮乌斯提出“建筑师协作”(The Architecture Collabortive，TAC)的概念(Walter Gropius，1951)，呼吁在战后的城市重建中开展合作，尝试通过协作的方式创作“Total Architecture”，即建立在最广阔基础上的可以考虑所有环境发展和需求的建筑[1]。

瑞典的斯德哥尔摩是得益于这种设计方法的城市之一。斯德哥尔摩的城市规划制订于 1945 ~ 1954 年，建筑师、工程师、艺术家、诗人、银行家、各阶层领袖等都参与了这个计划[2]，城市的总体设计、道路规划和建筑设计从开始就采用了协同合作的方法。如今，斯德哥尔摩城市的轨道交通网络发展已经成为城镇建设支撑，公共交通占到城市通勤交通的 46% 以上，是公认的轨道交通与城市协调和可持续发展的典范。

2.5.2 城市针灸

1. 城市针灸的概念与实践

“城市针灸”(Urban Acupuncture)是广义建筑学领域的一个概念。它最早来源于西班牙的建筑师和城市学家 M.S. 莫拉勒斯 (Manuelde Sola Morales)，他们将中国古老的中医“针灸”原理用于现代城市设计，提出了“城市针灸”(Urban Acupuncture) 理论，指出“城市针灸”是指一种催化式的“小尺度介入的城市发展战略。这种小尺度介入有一系列的前提：要仔细加以限制；要具有在短时间实现的可能性；要具有扩大影响面的能力。一方面是直接的作用，另一方面是通过接触反应并影响和带动周边的作用”[3]。

2006 年，艾琳 (Ellin，N.) 在其《整体城市主义》(*Integral Urbanism*) 一书中提到城市针灸的概念，她指出：“整体城市主义就是对一个完全清醒和繁忙的城市进行针灸，目的是清除那些沿着‘城市脉络’形成的阻塞物，就好比利用针灸或其他生物能疗法，打通我们身体的能量阻塞点一样，这样的方法可以解放一个城市，刺激那些充满活力的社区，使之更有生命力。”

1982 年，莫拉勒斯提出并将“城市针灸”理论运用于巴塞罗那的城市再生战略，解决了该城市中心和边缘地带的衰落问题。1981 ~ 1991 年，当地政府一直采纳了规划师奥利奥尔·博伊加斯 (Oriol Bohigas) 抓重点而不是全面重建的政策，从改造城

❶ 北尾靖雅 . 城市协作设计方法 [M]. 胡昊译 . 上海：上海交通大学出版社，2010：11-12.

❷ 约翰·西蒙兹 . 启迪：风景园林大师西蒙兹考察笔记 [M]. 方薇，王欣编译 . 北京：中国建筑工业出版社，2010：76-78.

❸ 孙倩，李文，胡仲军. 公共中心引导的城市针灸 [J]. 中外建筑，2010 (12)：100-101.

市旧区公共空间入手，点式切入，在十年期间改造和新建了 100 多个不同类型、遍布城市的小广场，通过局部拆建重新塑造了城市环境，提升了城市形象（图 2-16）。

图 2-16　巴塞罗那借助道路网络联系公共空间的“城市针灸”设计方法示意

图片来源：http：//bbs.caup.net/read-htm-tid-33325-page-1.html.

在以文化为导向的城市更新思想影响下，温哥华唐人街的城市针灸项目，在城市更新中利用了当地公共文化建筑的建设提升了土地价值，[1] 同时增添了该区域的文化内涵。通过合理的城市规划更新策略，引导和控制“社区建筑”发挥城市触媒作用，激发出真正健康的城市形态和城市生活。

2. 城市针灸的运作机制与方法

“城市针灸”是在吸取了大规模城市改造的教训之后，提出的一种更小尺度、更有针对性的城市设计战略工具。城市针灸的工作原理，借鉴了中国医学古老“针灸”技术的精髓：在最关键的部位，用最微小的气力使肌体得到最大的调理，取得最大的效益。它的方法是利用城市发展规律，当城市陷入衰退时，“城市针灸”首先要找到症结所在，并作出诊断，最后根据实际情况，选择“穴位”进行小范围的介入改造，激发城市自身的调节功能，使城市焕发新的活力。“穴位”可能是废旧的工场，被遗弃的城市角落，也可能是车站、公共建筑及小广场等，但绝非随意选取 [2]。

城市针灸是将城市作为一个生命体，在城市再生与发展的肌体生长过程中，把握城市整体脉络，通过对城市生命体“穴位”——特定区域的小尺度干涉，以“点式切入”的方式来激活其潜能，促使其更新发展，进而对更大的城市区域产生积极影响。由此

[1] 贾敬．城市针灸：当代“社团建筑”的可持续更新方法：以温哥华唐人街为例 [J]．中外建筑，2011（12）：71-73.

[2] 张晓．浅谈“城市针灸”[J]．华中建筑，2012（10）：23-25.

可见，“城市针灸”是通过在城市系统网络上进行点状操作，创造出生态学意义上的城市整体脉络修复与可持续发展。

一般来说，城市针灸的介入方式可总结为三种类型：公共空间、交通设施、公共建筑，结合轨道交通的城市空间往往兼具以上三种类型的特征。一方面，与城市公共中心高度耦合的轨道交通站点，其周边地区本身就是城市公共中心的重要地段，作为城市形象的展示窗口，轨道站建筑及周边空间形态对改善城市区域空间环境和提升城市特质具有重要作用；另一方面，交通系统作为城市的经脉，轨道站点必然是其重要穴位，适宜的站位选址及站点周边城市设计，将有助于城市的有机发展。

在城市组成元素对城市整体性影响方面的研究，城市针灸已经比城市触媒更进了一步，理论层面已经形成通过重要“穴位”激活城市整体经络，以及“穴位”绝非随意选取的认识，但经脉与穴位，以及穴位之间的关联性研究并没有形成明确的可量化或可操作性成果，相关研究与实践尚处于初期阶段。

3　城市空间单元的尺度及其约束规律研究

城市的发展目的不仅仅是追求经济繁荣，更重要的是追求宜居而人性的生活空间。古代城市或许起源于战争防御的需要，但实际在战争中发挥作用的主要是坚固的城墙，其意为“城”、为“郭”，却与“城郭”中阡陌交通的生活并无紧密关系。人们建造城市的目标始终是出于对美好生活的追求，以及更好满足日常生活的需求。合理的出行时间、出行距离，以及公平、生态、舒适、高效、人性、经济等，都包括在城市空间建设的美好目标之内。本章通过古代城市和现代城市的时空距离约束规律分析，以及城市交通控制引导城市空间发展的作用机理分析，认知人们日常出行时间和空间都存在着不可忽视的值域范围。

3.1　步行城市的时空距离约束规律

3.1.1　步行时代的城市空间尺度特征

历史上最早出现的“宇宙魔力城市”（Cosmo magical city），职能单一，规模庞大，城市结构清晰简单，主要街道存在着鲜明的目的性和秩序性，对城市空间发展的影响极为深远。

在“宇宙魔力城市”向生活城市过渡的过程中，亚非拉地区深受“宇宙魔力城市”影响，直到近代几乎没有重大变化。欧洲城市在继承目的性和秩序性鲜明等宇宙魔力城市优点的同时，更注重经济和生活职能，成为继承和发展生活性城市的主要地区。

古希腊古罗马时期，生活性城市中心的宗教建筑和空间保持了宇宙魔力城市的公共特性，但路网的密度根据住宅而不是神庙和宫殿的尺度来确定，普通居民的住所都围绕公共建筑建造。城市面积 16 ~ 400hm^2 不等，主要集中在 16 ~ 250hm^2，直径 0.4 ~ 2km[1]。城乡公民地位平等，按行业而非社会地位划分住区的思想，深刻影响了现代城市功能分区划分（表 3.1）。

[1] 刘易斯·芒福德. 城市发展史 [M]. 宋俊岭，倪文彦译. 北京：中国建筑工业出版社，1989：125.

公元前 5 世纪的希腊殖民时期，希波丹姆斯提出的网格状城市规划是一种快速扩张手段。但其道路网的规划疏密取决于一般住宅的大小，而不是根据神庙、宫殿等非常规的尺度来确定的，它的生活性规律加强了城市作为统一体的特点，由于这种规律的几何模式没有被提高成一种呆滞的、在任何情况下都必须遵守的原则，因此，人与自然环境间的关系没有受到破坏，几何形的模式能控制城市的发展。古希腊城市的独立性及其对增长的自我控制为它的社会成就提供了必不可少的条件。❶

古希腊古罗马时期重要城市及其规模　　表 3.1

历史时期	城市	大约面积 / hm^2	城市	大约面积 / hm^2
古希腊	雅典（公元前 556 年）	60	雅典（公元前 479 年）	250
	奥林塔斯（Olynth）	16	米利提（Milet）	600
	德尔斐（Delphi）	19	普里涅（Priene）	150
古罗马	莱普提斯（Leptis Magna）	400	博洛尼亚（Bologna）	83
	特里尔（Trier）	285	加的斯（Cadiz）	80
	尼姆（Nimes）	220	巴黎	55
	维也纳	200	都灵	47
	卡普阿（Capua）	180	维罗纳（Verona）	45
	伦敦	140	奥斯塔（Aosta）	41
	里昂	140	里米尼（Rimini）	34
	米兰	133	佛罗伦萨	22
	科隆	100	波拉（Pola）	16

备注：步行半小时通过的距离为直径所覆盖的范围为 340 ~ 530hm^2。1979 年以色列学者普鲁士（A.polus）等人对行人交通进行实地观测和理论分析，得出步行道行人步行速度平均值为 1.03 ~ 1.28m/s 的结论。2004 年王炜、陈学武、陆建等研究得出，居民的出行时间预期（可容忍时间）通常单程以 30min 为限，若超过这一时限，人们往往会减少这类出行。经计算以步行半小时通过的距离为直径，所覆盖的范围为 340 ~ 530hm^2。

资料来源：作者根据《世界城市史》《全球城市史》《城市发展史》等相关内容研究绘制。

随后出现的罗马、亚历山大、帕加马等城市，体量巨大，主要道路宽约 30m，长达 4 ~ 5km。罗马城市最后的建成面积达到 20km^2，是一个适宜战车而非生活出行的城市，集中体现出一定政治属性的“宇宙魔力城市”特征。罗马大城市在希腊后期城市规划基础上建造，结果是经过安排的城市面貌同样混乱，许多设想与现代大城市相似。❷❸

到了中世纪，欧洲生活性城市明显受交通方式所限，规模较小，只有数量众多的

❶ L. 贝纳沃罗．世界城市史 [M]．薛钟灵等译 . 北京：科学出版社，2000.

❷ L. 贝纳沃罗．世界城市史 [M]．薛钟灵等译 . 北京：科学出版社，2000.

❸ 刘易斯・芒福德 . 城市发展史 [M]. 宋俊岭，倪文彦译 . 北京：中国建筑工业出版社，1989：125.

图 3-1　德国中世纪城市诺林根

从市中心教堂的钟塔俯瞰，中世纪的城墙和城门清晰可辨

图片来源：https：//en.wikipedia.org/wiki/Nördlingen.

中等城市，城市面积在 150 ～ 600hm² 不等，直径约 1.2 ～ 2.5km（表 3.2）。大都保留了城市中心作为宗教建筑、政治建筑或广场等公共空间的结构特征。道路体系虽然很不规则，却仍然构成了使人能适应的统一体系。中世纪城市的重要特征——连续性、综合性、集中性及其不断更新的能力——在以后几个世纪中也是城市发展的稳定因素，并且至今仍是欧洲城市的基本要素（图 3-1）。[1]

中世纪后期最重要的城市及最后建造的城墙所包含的面积　　**表 3.2**

城市	最后建造的城墙的历史时期	大约面积 / hm²	城市	最后建造的城墙的历史时期	大约面积 / hm²
威尼斯	城市及周围的岛屿	600	皮亚琴察	14 世纪的城墙	290
米兰	15 世纪的维斯孔蒂城墙	580	蒂勒蒙	14 世纪的城墙	250
根特	14 世纪建的城墙	570	那不勒斯	15 世纪的阿拉贡城墙	200
科隆	1180 年的城墙	560	比萨	12 世纪的城墙	200
佛罗伦萨	1284 年的城墙	480	巴塞罗那	1350 年的城墙	200
帕多瓦	15 世纪建的威尼斯城墙	450	锡耶纳	14 世纪的城墙	180
巴黎	1370 年卡尔五世建的城墙	440	吕贝克	13 世纪的城墙	180
布鲁塞尔	1357 年的城墙	415	伦敦	中世纪修复的罗马城墙	160
博洛尼亚	13 世纪的城墙	400	纽伦堡	1320 年的城墙	160
勒文于河	1357 年的城墙	395	马利内茨	14 世纪的城墙	160
维罗纳	14 世纪的城墙	380	法兰克福	1333 年的城墙	150
布吕格	1297 年的城墙	360	阿维尼翁	1356 年的城墙	140

资料来源：作者根据《世界城市史》相关内容研究绘制

3.1.2　步行时代生活性城市时空范围的呼应关系

分析步行交通与城市规模的对应关系，不难得出中世纪之前，直径不超过 2 ～ 3km、面积大都在 600hm² 以内的城市规模，正是适应半小时左右步行出行距离的结果（表 3.3）。

[1] L. 贝纳沃罗．世界城市史 [M]．薛钟灵等译．北京：科学出版社，2000.

步行交通与城市规模的对应关系　　表 3.3

	步行 30min 的距离	希腊罗马时期的城市规模	中世纪的城市规模
较小边界数据	1854m	$15hm^2$	$150hm^2$
较大边界数据	2304m	$400hm^2$	$600hm^2$

资料来源：作者根据《世界城市史》《全球城市史》等资料分析绘制

根据人行平均速度和居民日常出行可容忍时间单程约为 30min 的研究[1]，以及出行距离与速度、时间的关系（$L=VS$），分析步行交通与城市规模的对应关系，不难得出中世纪之前，城市大部分面积小于 $400hm^2$ 的规模尺度，正是适应 30min 左右步行出行距离和出行可容忍时间限定性作用的结果（步行时速 V：1.03 ～ 1.28m/s）。

$$S = L / V = 2000\text{m} \div 1.03\text{m/s} \approx 32\text{min};\ S = L / V = 2000\text{m} \div 1.28\text{m/s} \approx 26\text{min}$$

中世纪及其之前的生活性城市，较小的规模对经济的聚焦能力有限，但城市尺度宜人、可识别性和认知度较强，人们日常生活出行时空距离相匹配。主要城市道路具有较强的秩序性和引导性。街道空间形态和功能丰富，引人逗留（图 3-2）。

图 3-2　引人逗留的街道与城市空间

[1] 王炜，陈学武，陆建. 城市交通系统可持续发展理论体系研究 [M]. 北京：科学出版社，2004.

3.2　19 世纪交通大发展时期城市时空约束规律

3.2.1　19 世纪城市空间尺度特征

17 世纪，车辆交通越来越流行，欧洲城市开始了巴洛克式的展开，催生了宏伟壮丽的城市轴线、广场和笔直宽阔的大街。城市生活内容从属于城市外部形式，是典型的巴洛克思想。巴洛克规划开始将城市交通让位于马车，城市空间开始参照交通工具而非人的尺度进行设计，中世纪城市形成的良好尺度观念开始丧失。它的抽象图形规定了社会内容，而不是让抽象图形源自社会内容并在某种程度上符合社会内容，城市的日常生活从这时开始被忽略[1]。

19 世纪前半叶，工业城市的缺陷明显而深刻，城市和交通不受控制地迅速发展，造成交通混乱、垃圾污染、景观丑陋等，使条件优越的居民和新城开始沿交通线向外迁移。1890 ~ 1920 年的一段历史时间，受交通指向性作用，城市沿有轨电车轴向伸展，带来了城市空间的第一次显著变化[2]。1850 年美国仅有 6 座人口超过 1 万的“大”城市，到 1900 年，人口超过 1 万的城市达到 38 个[3]。在 1880 ~ 1920 年大力发展城市轨道交通的 40 年间，美国城市轨道交通的年客运量从 6 亿人次增加到 155 亿人次。城市中心区与近郊区城市轨道沿线人口迅速集聚，成为较高居住密度的城市地区，城市人口由 1500 多万增加到 4500 多万，约占全国总人口的一半[4]（图 3-3）。

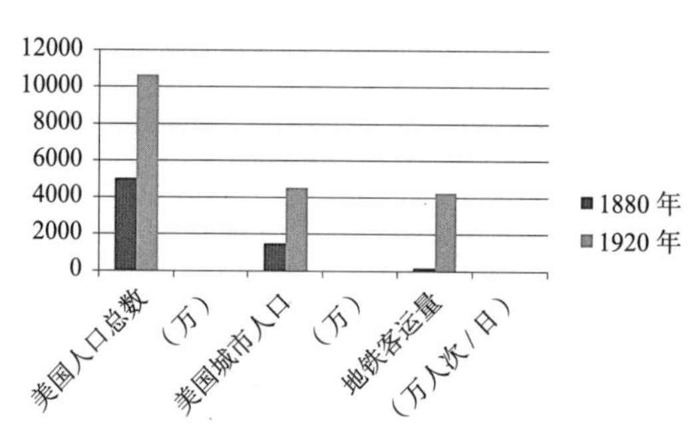

图 3-3　美国城市人口增长与地铁运量变化

3.2.2　19 世纪城市时空距离约束关系

根据 L. 贝纳沃罗对世界城市史、王瑞珠对国外历史名城总体规划的研究，1890 ~ 1920 年的一段历史时间，世界范围内有轨电车大发展，受交通指向性作用，

[1] 刘易斯・芒福德 . 城市发展史 [M]. 宋俊岭，倪文彦译 . 北京：中国建筑工业出版社，1989：125.
[2] 王瑞珠. 国外历史名城总体规划中的几个问题（一）：老城和新城的关系 [J]. 城市规划，1992（6）：54-59.
[3] 乔尔・科特金 . 全球城市史 [M]. 王旭等译 . 北京：社会科学文献出版社，2010：128.
[4] 何平. 地铁站点周边区域城市设计研究 [D]. 南昌大学，2009.

城市沿有轨电车轴向伸展，带来了城市空间的第一次显著变化[1,2]。有轨马车、有轨电车发展初期阶段，时速可达 16 ~ 19km（10 ~ 12 英里）的交通工具使人们在城市中的活动距离变大，城市直径扩大到 8 ~ 10km，并向外沿电车线、铁路线等交通大街呈带状发展。受到公共交通的有序性影响，这时的城市结构延续了步行城市的秩序。直径 8 ~ 10km 的尺度，仍然保持着公交马车或有轨电车出行半小时左右的距离。

19 世纪，随着公共马车、火车和有轨电车的发明，历史上首次出现了公共交通（public transport），城市规模的大小从此不再受步行距离的限制。地理学者针对 19 世纪交通大发展时期的“区位论”研究也表明，城市形态与交通系统所提供的通达时间有关，但城市轮廓不超过主要交通方式 45min 的通行距离[3]（图 3-4，表 3.4）。

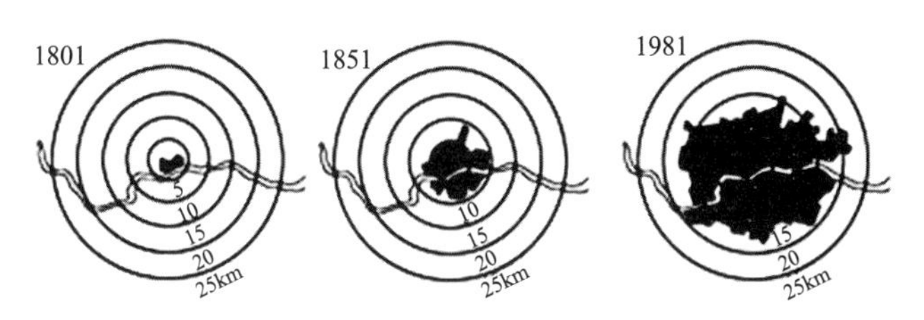

图 3-4 伦敦城市扩展过程

图片来源：黄亚平编著．城市空间理论与空间分析．南京：东南大学出版社，2002：122-123.

1800 年到 1900 年代西方部分主要城市的规模与交通发展的关系 表 3.4

城市	发展历程		
	有轨马车和公共马车初期的城市规模	汽车交通时代城市面积	
		有轨电车、铁路大发展，汽车开始出现	公交汽车、通勤火车
伦敦	1800 年城市直径约 3.4km	1850 年直径还没有超过 10km，内城高密度聚集发展，外延扩张速度缓慢。有轨电车大发展、小汽车、公交车、城郊铁路出现	1900 年前后，城市建成面积扩大了 3 倍左右。形成各向均匀发展的圆形城市形态
巴黎	17 世纪下半叶到 18 世纪初巴黎城市面积约 11.03km^2	1840 年以后的铁路兴建对巴黎城市发展起到了很大作用。18 世纪下半叶的路易十六时代，城市面积约 32.88km^2，交通方式主要是船、马车和步行[4]。1859 年 6 月，新的城市规划条例颁布，把郊区的很多地方划归巴黎，新巴黎市区面积达 86.928km^2，变成了原来的两倍[5,6]	1929 年巴黎市中心区扩展到 105.39km^2 并保持至今

❶ L. 贝纳沃罗．世界城市史 [M]．薛钟灵等译．北京：科学出版社，2000.

❷ 王瑞珠．国外历史名城总体规划中的几个问题（一）：老城和新城的关系 [J]．城市规划．1992（6）：54-59.

❸ 曹国华，张露．轨道交通与城市空间有序增长相关研究 [J]．城市轨道交通研究．2003（1）：9-13.

❹ Paule，Hohenberg．Change in rural France in the period of industrialization，1830-1914．The Journal of Economic History，Vol.32，No.l，（Mar，1972）：219-240.

❺ 钟纪纲编著．巴黎城市建设史 [M]．北京：中国建筑工业出版社，2002：120.

❻ Mairie de Paris．Note：100 ha.=1km^2．Paris.fr. 2007-11-15 [2009-05-05].

续表

城市	发展历程		
	有轨马车和公共马车初期的城市规模	汽车交通时代城市面积	
		有轨电车、铁路大发展，汽车开始出现	公交汽车、通勤火车
维也纳	1620 年和 1673 年分别进行了两次扩建城墙，1714 年扩建城墙，城市面积扩大到 $0.18km^2$	19 世纪初，城市仍主要在 18 世纪扩建的城墙内发展。19 世纪后半叶城市面积扩展到大约 $20km^2$	
阿姆斯特丹	17 世纪末规划的城市，借助发达的水路交通，面积达到 $0.65km^2$	18 世纪港口因为内陆海逐渐失去作用，城市发展处于停滞阶段	1901 年荷兰出台城市规划法，促成了阿姆斯特丹 1928 年的城市规划和之后的发展
布拉格	1825 年，已经形成布拉格的城市核心区，面积约 $900hm^2$，包括旧城（Old town）、小城（Lesser town）、城堡区（Castle Area）、新城（New town）	1842 年，布拉格兴建了第一条铁路，但到 19 世纪中期，城市面积基本保持不变，19 世纪 90 年代出现电车	1920 年与郊区合并，形成大布拉格
纽约	纽约最老的城区曼哈顿区，1624 年，荷兰人在这里定居，取名为新阿姆斯特丹（New Amsterdam），荷兰人为英国人驱逐后改名为纽约郡，是纽约州 1683 年成立时候的十二个郡县之一	曼哈顿区一开始的领土面积和今日一样，约为 $59.5km^2$。1873 年，现在的布朗克斯地区的西部被划分进纽约县。1890 年美国人已普遍使用自行车，1893 年产生了可供实际使用的汽车[1]，城市规模大发展①	1895 年布朗克斯地区的其余部分也划入进纽约郡（陆地面积：44 平方英里，约为 113，$96km^2$）；1898 年，五个区组成了纽约市
芝加哥	19 世纪初芝加哥还是人迹罕到之处。伴随 30 年代后西部开发潮，芝加哥日见兴隆，1837 年正式组建为市	1848 年第一条铁路线开通，开启了芝加哥的新时代，1860 年已有 11 条铁路线。1870 年城市建成区 $90km^2$，人口 30 万	1889 年的兼并使芝加哥城市面积扩展到 133 平方英里（约为 $344.5km^2$），成为美国第二大城市

① 1850 年美国仅有 6 座人口超过 1 万的“大”城市，到 1900 年，人口超过 1 万的城市达到 38 个。根据希腊 40 ~ 100 英亩城市人口为 2000 ~ 5000 计算，1 万人的城市面积大约为 $1km^2$。

资料来源：作者根据《世界城市史》《全球城市史》《外国城市规划史》等相关资料研究绘制。

3.3 20 世纪现代城市时空距离约束规律

根据《世界城市史》《全球城市史》《明日的田园城市》《汽车发展史》等资料分析可见，田园城市理论较早对步行交通、自行车交通、汽车交通和铁路交通进行了综合考虑，并探索了 10min 理想出行时间限定的城市规模。此后，根据人的体力和心理因素，邻里单位、TOD 理论等城市设计研究理论，都选择了以步行较为舒适的 500m 左右的空间半径，即步行 5 ~ 10min 所通过的距离为研究范围[2]。

❶ 王娟．从乡村社会到城市社会：1890-1920 年美国城市转型研究 [D]．华中师范大学，2001.

❷ 于东飞，乔征．轨道交通网络化的城市空间单元构建研究 [J]．建筑学报，2018（6）：22-27.

3.3.1 “田园城市”理论的时空约束规律

19 世纪至 20 世纪初的工业化时期城市扩张现象，引起了霍华德等早期城市工作者对城市规模、边界、空间结构和功能布局等的广泛关注与研究。

1898 年霍华德提出田园城市理论的时候，汽车时速已达 50km/h，城市限速 19km/h，并一再被要求放宽[1,2,3]，发明了 30 年左右的柏油碎石路占到了城市道路一定的比例。

根据出行距离与速度、时间的关系，按当时汽车和自行车运行所能达到的时速计算，6000 英亩（约 24.28km^2）的田园城市直径约为 5km，是当时汽车 10min 可以轻松通行的距离；1000 英亩（约 4.04km^2）的中心城市直径约为 2km，基本满足自行车骑行 10min 的距离。而借助快速的交通工具（铁路）则只需要几分钟就可以往来于田园城市与中心城市或田园城市之间（表 3.5，图 3-5）。

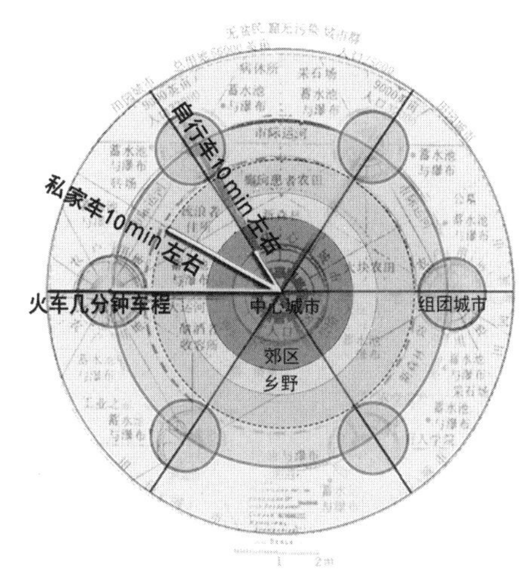

图 3-5 田园城市尺度与出行时间分析图

图片来源：作者根据霍华德田园城市示意图整理绘制。

$$汽车出行：L = V_{设计时速}S = 50\text{km/h} \times \frac{1}{6}\text{h} = 8.4\text{km}；L = V_{城市限速}S = 19\text{km/h} \times \frac{1}{6}\text{h} = 3.4\text{km}$$

$$自行车出行：L = VS = 11\text{km/h} \times \frac{1}{6}\text{h} = 1.8\text{km}；L = VS = 14\text{km/h} \times \frac{1}{6}\text{h} = 2.3\text{km}$$

以步行城市为模型的田园城市尺度与交通工具及交通速度分析① **表 3.5**

	当时的时速	10min 大约通过的距离	对应田园城市的尺度
步行	约 4km/h （1.03 ~ 1.28m/s）	约 0.6km	
自行车	11 ~ 14km/h	1.8 ~ 2.3km	面积 1000 英亩（约 4.04km^2）的中心城市直径约为 2km
汽车	设计时速 50km/h 城市限速 19km/h	约 8.4km 约 3.4km	面积 6000 英亩（约 24.28km^2）田园城市直径约为 5km

❶ 叶霭云 . 汽车发展史 [M]. 北京：北京工业大学出版社，1998.

❷ 林平 . 汽车史话 · 汽车发展史 [M]. 北京：电子工业出版社，2005.

❸ 朱晓佳，季星 . 速度救英国一辆时速 1609 公里汽车的野心 [N/OL]. 南方周末（电子报），2013-5-30.http：//www.infzm.com/enews/infzm/3457.

续表

	当时的时速	10min 大约通过的距离	对应田园城市的尺度
铁路	最高时速 200km/h	约 33.4km	联系便捷的中心城市之间的距离

①根据《汽车发展史》，19 世纪欧洲诸国（法国除外）均制定了"红旗条令"法。英国议会通过的《红旗法案》，限制汽车速度，市内不超过 3.2km/h，乡间不超过 6.4km/h。1886 年德国曼海姆专利局批准了戴勒姆和本茨研制的三轮汽车的专利申请，因此，这一年被大多数人公认为"世界上第一辆汽车诞生年"。同年戴勒姆制造了第一辆四轮汽车，最高速度达到 18km/h。1888 年充气橡胶轮胎被发明，大大改善了硬橡胶轮胎速度超过 16km/h 时车子就会跳起来的危险状况。[1][2]1898 年戴勒姆公司生产出了速度达到 40km/h 的汽车。1896 年英国《红旗法案》被废除，有报道称随后英国城市限速 19km/h，并一再被要求放宽。[3][4] 分析可见，田园城市理论的时空距离约束关系，其"时间基因"为 10min 理想出行时间，由此限定的城市空间尺度取决于当时的交通工具运行速度。

资料来源：根据《世界城市史》《全球城市史》《明日的田园城市》《汽车发展史》等资料研究总结。

3.3.2 "TOD 模式"等理论的时空约束规律

在霍华德参照 10min 理想出行时间规划城市规模之后，根据人的体力和心理因素，邻里单位、TOD 理论等城市设计研究理论都选择了以步行较为舒适的 500m 左右的空间半径，即步行 5 ~ 10min 所通过的距离为研究范围。1927 年佩里的"邻里单位"（Neighbourhood Unit），1960 年左右约翰·波特曼提出的"协调单元"[5]，20 世纪 90 年代以来新城市主义、精明增长和 TOD 模式等理论都进一步表明，满足城市日常生活需求的基本"城市空间单元"意识不但存在，而且随着社会及交通技术的变革，实际上形成了一个迁延互补的城市发展研究体系。

但相关研究在以步行交通限定空间半径时，忽略了城市复杂的交通组合形式，将研究直接建立在车行与步行二元对立的认知基础上。实践上更关注土地利用，未能深入考虑综合交通作用下城市空间形态及居民日常生活出行的时空距离需求，也未结合交通网络综合考虑各种大型城市公共资源的合理组织利用，城市空间所扮演的角色逐步被忽视，城市层面上的空间组合模式相对模糊。

3.3.3 现代城市时空可达性研究的时空约束关系

1960 年代波特曼研究发现，大部分美国人只愿意走 5 ~ 7min，最多不超过 10min 的路程[6]。20 世纪 90 年代，国外学者 Luca Bertolini 和 Tejo Spit 曾对轨道站点周边

❶ 叶霭云编著 . 汽车发展史 [M]. 北京：北京工业大学出版社，1998.

❷ 林平编 . 汽车史话・汽车发展史 [M]. 北京：电子工业出版社，2005.

❸ 朱晓佳，季星 . 速度救英国一辆时速 1609 公里汽车的野心 [N/OL]. 南方周末（电子报），2013-5-30.http：//www.infzm.com/enews/infzm/3457.

❹ 刘志刚. 汽车发展史简述 [J]. 汽车运用，2000（12）：15-16.

❺ 以网格单元发展整体环境，满足每个人的要求，尺度是人们可以步行而不想坐车的距离范围。参见：约翰・波特曼，乔纳森・巴尼特. 波特曼的建筑理论与事业 [M]. 赵玲，龚德顺译. 北京：中国建筑工业出版社，1982.

❻ 石铁矛，李志明 . 约翰・波特曼 [M]. 北京：中国建筑工业出版社，2003.

区域客流的出行特性进行调查统计，结果显示，在站点 150m 半径范围内大部分人愿意步行；300m 半径范围内愿意步行的人只占 30%；只有不超过 10% 的人愿意步行 800m[1]。多数研究者建议采用步行 5 ~ 10min 的划分方法，即 500m 半径的 TOD 模式范围作为站点影响区范围。采用这个时间 – 距离系数为半径目前已经成为 TOD 等城市理论研究的基础依据，5 ~ 10min 已是国外学者目前普遍公认的理想步行出行时间。

2001 年王炜、过秀成的调查显示，在现代城市交通条件下，人们理想的出行时间为 10min，如表 3.6 所示，目的性越强、频次越高的出行活动，对出行时间的容忍性越低，而以游憩和旅游观光为目的、频次较低的出行活动则对出行时间的容忍性相对较高。

不同出行目的的出行容忍时间　　表 3.6

出行目的	理想出行时间 /min	不计较出行时间 /min	能忍受出行时间 /min
就业	10	25	45
购物	10	30	35
游憩	10	30	85

资料来源：王炜，过秀成. 交通工程学 . 第二版 . 南京：东南大学出版社，2021.

2004 年王炜等进一步研究指出，居民出行时间预期存在“半小时为限”的约束[2]，国外的调研也显示，通勤出行时耗能容忍的极限时间是 45min[3]。

2015 年中华人民共和国住房和城乡建设部制定的《城市轨道延续地区规划设计导则》指出，当前我国正值轨道交通快速发展的关键时期，但是也出现了轨道交通与城市功能割裂脱节，从城市功能优化层面提出轨道交通出行时间宜控制在 30min 以内。[4]

3.4　轨道交通城市时空距离约束规律

近年快速的轨道交通网络化发展，带来了日常出行时空范围的新变化，城市日常出行空间的近域匹配关系与以往有了很大不同。从世界范围来看，轨道交通建设普遍对城市空间结构产生了诱导重组作用。目前，依托轨道交通的旧城保护更新、副中心发展建设、轨道新城营建等层面大量涌现的杰出案例，都体现了轨道交通特有的时空距离约束规律，因而有必要通过现有轨道交通城市空间优秀案例分析，探讨轨道交通

[1] Luca Bertolini，Tejo Spit. Cities on Rails：The redevelopment of railway stations area[M]. London and New York：E&FN SPON，1998.

[2] 王炜，陈学武，陆建. 城市交通系统可持续发展理论体系研究 [M]. 北京：科学出版社，2004.

[3] 徐循初主编. 城市道路与交通规划（下册）[M]. 北京：中国建筑工业出版社，2009.

[4] 中华人民共和国住房和城乡建设部. 城市轨道沿线地区规划设计导则 [R]. http：//www.mohurd.gov.cn，2015.11.18.

网络化城市空间保护、更新、发展的最佳尺度与模式，为轨道交通城市日常出行空间范围限定及其设计研究提供量化依据。

3.4.1 巴黎城市空间保护优化及其时空距离约束关系

1. 轨道交通影响下的城市空间优化

（1）依托轨道交通的大都市空间格局构建

从保护历史名城角度来看，巴黎地铁与老城的结合效果最好。遍布巴黎市区的 280 多个地铁站，使市区任何一点到达地铁站的距离不超过 500m，乘客几乎在市内的任何一点徒步 5min 均可到达一个地铁站[1]。巴黎地铁日载乘客 600 万，占大巴黎地区人口的 40%[2]，大大缓解了地面交通压力，帮助巴黎成功保护了传统街巷空间及城市格局。

巴黎的城市面积 1929 年就已扩展到 105.39km^2，随后城市边界限定使巴黎市区停止了扩张并一直保持至今。1929 年至今的 80 多年来，巴黎借助地铁建设采取了“跳出去”的发展模式，通过城市副中心和新城建设推动了巴黎大区的发展，21 世纪推行的大巴黎计划涉及区域达 12 万 km^2。直到 20 世纪 60 年代以前，巴黎一直保持着一个“单中心”的城市发展模式。20 世纪上半叶，巴黎地铁建设取得了长足发展，基本形成了今天的格局。

在巴黎，不管是去学校，还是展览馆，地点都以地铁站来说明，在一串地址后面用括号注明：× × 地铁站。当巴黎人谈起某个地理位置或某一个地方的时候，总是以地铁某站来说明。

开往巴黎远郊的快线地铁（RER），与市区地铁紧密衔接，加强了城市新旧区域的整体性。在与市中心相距 15 ~ 25km 的圈层上，先后规划了拉德芳斯、圣・丹尼斯、克雷泰、凡尔赛等 9 个城市副中心，副中心规划改变了过去“居住区”和“工业区”分离的思想，具有完善的社会、文化、生活设施和各种就业机会，保障了城市功能和服务有机结合，使整个大巴黎形成了一个布局合理、张弛有度的整体[3]。距离巴黎市 30 ~ 50km 建成了塞尔吉・蓬图瓦恩、马恩拉瓦莱、埃夫利、墨伦・塞纳尔、圣康坦・昂・尹夫林等 5 个新城。新城的规划选址均通过远程轨道快线系统 RER 与巴黎市中心取得了便捷的联系（图 3-6）[4]，从而疏解了巴黎城市中心区的压力，打破了城市单中心发展的格局。

地铁（Metro）和快线（RER）帮助巴黎完成了旧城中心与副中心的分离，完美实

---

❶ 王瑞珠．国外历史名城总体规划中的几个问题（二）：名城传统格局及空间形态的保护 [J]．城市规划．1992（12）：56-61．

❷ 巴黎地铁．http：//wiki.railcn.n.

❸ 马亚西．东京、巴黎打造城市副中心为北京建设世界城市提供的借鉴 [J]．北京规划建设，2010（6）：46-47.

❹ 姜翠梅．基于空间耦合的轨道交通站点与城市区域中心的规划探索：以西安土门为例 [D]．西安建筑科技大学，2012.

现了老城区保护与新中心崛起的目标，解决了城市单中心发展的弊端，增强了城市可持续发展的余地和空间。

（2）依托轨道交通的城市副中心发展

法国大规模的城市化进程早在1970年代就已完成，因此，当前法国的城市建设项目基本以优化更新为主，拉德芳斯区域更新是“在城市上建设城市”的典型代表。始建于1958年的巴黎拉德芳斯中心商务区（CBD）是20世纪城市设计的典范。占地160hm^{2}的拉德芳斯，步行架空平台之下是一个十分复杂的多层交通系统（图3-7），将人车分流、立体交通的理念发挥到了极致。

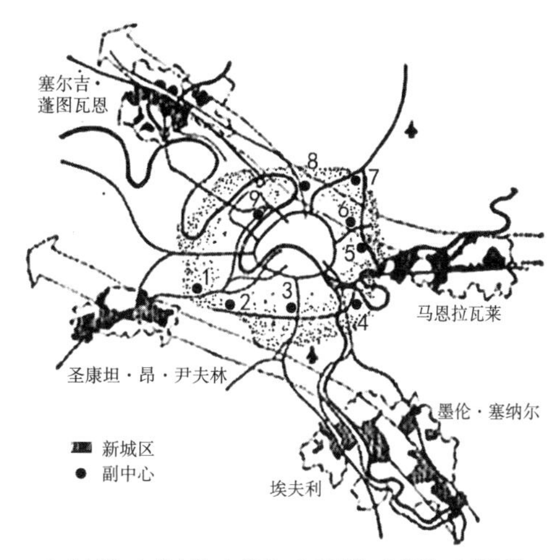

1. 凡尔赛　2. 弗力斯　3. 罗吉　4. 克雷泰　5. 罗西　6. 保比尼
7. 勒·保吉脱　8. 圣·丹尼斯　9. 拉德芳斯

图3-6　巴黎9个副中心和5个新城规划示意

新颖的城市设计使拉德芳斯在建成后的30多年里吸引了2500家企业入住，为15万人提供了就业场所，成为欧洲最大的CBD（表3.7）。但随后表现出来的功能单一、与周边地区关系割裂和内部系统过于复杂等问题，使其迅速进入了衰退期。为此，2006年12月针对上述问题的《拉德芳斯更新模式》（*Schema Directeur de Renouveau de La Défense*）获得批准。

拉德芳斯地区主要建筑类型及面积　　表3.7

建筑类型	总面积/万m^2	代表性项目/备注
写字楼	350	新凯旋门，拉德芳斯工业发展中心，EDF大楼
商业楼	24.5	四季商业中心，C&A商场，“奥尚”超级超市
住宅楼	95	1.56万套，可容纳3.93万人，其中在商务区建设住宅1.01万套，可容纳2.1万人；在公园区建设住宅5588套，可容纳1.83万人

资料来源：https：//www.ladefense.fr/.

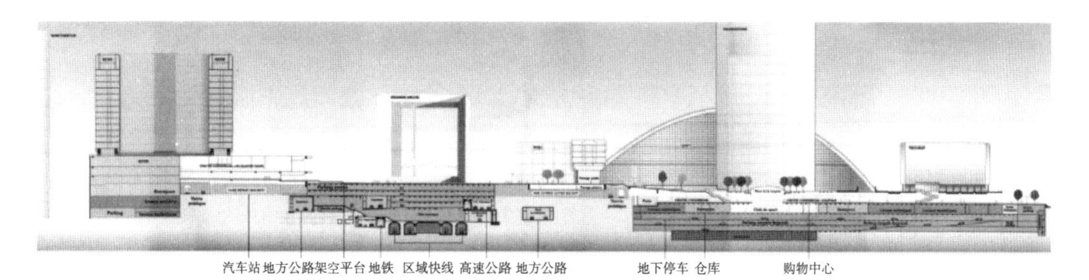

图3-7　拉德芳斯地区剖面图

图片来源：李明烨. 由《拉德芳斯更新规划》解读当前法国的规划理念和方法[J].

更新规划首先提出“缝补”割裂的城市肌理，将拉德芳斯区向西延伸至南泰尔（Nanterre）市镇（上塞纳省省会），占地面积由原有的160hm^{2}扩大至500hm^2（图3-8）。计划至2022年完成拉德芳斯环路与周边路网的衔接关系，将拉德芳斯融入所在区域。并且进一步提出引导健康、可持续生活方式的理念——使用公共交通或慢行交通，就近居住，就近购物，共享公共空间，公平就业……获得有趣的体验、美好的心情和公平的待遇，从而加强功能混合布局的考虑，预计新增30万m^{2}的办公楼，30万m^{2}的服务业，10万m^{2}的住宅，以弥补过去住宅、商业面积偏少的局面。在外围地区，着重增加居住空间，例如，在南泰尔市的两个ZAC城市设计项目中，住宅、办公和商业服务设施的比重分别为46%、32%和22%。[1]

图3-8 拉德芳斯地区更新示意图

图片来源：李明烨．由《拉德芳斯更新规划》解读当前法国的规划理念和方法[J].

二次更新的拉德芳斯地区占地面积500hm^2，非常接近30min预期出行时间限定的步行时代生活性城市的较大边界，因而更加符合拉德芳斯地区绿色可持续的生活与出行需求。然而，作为城市副中心，更新后的拉德芳斯仍仅主要作为独立的CBD存在，并未与周围城市区域形成非常紧密的功能辐射与互补关系，衰退趋势仍在。

（3）旧城空间保护与优化

从巴黎的经验来看，相对其他公共交通，在保护传统道路系统、解决交通问题方面，还是轨道交通作用最大[2]。

[1] 李明烨．由《拉德芳斯更新规划》解读当前法国的规划理念和方法[J]．国际城市规划，2012，27（5）：112-118.

[2] 王瑞珠．国外历史名城总体规划中的几个问题（二）：名城传统格局及空间形态的保护[J]．城市规划，1992（12）：56-61.

1979 年规划建设的巴黎市中心最大规模的地下商业空间——列·阿莱（Les Halles）商业区，在地铁与周边地下空间建设相结合的基础上，通过改造原食品交易中心，将商业、娱乐、交通、体育等多种功能、总面积超过 20 万 m^2 的多层次大型综合体统筹安排并消隐于地下。整体改造与周边历史街区和建筑相融合（图 3-9），成功解决了市中心的交通和人流集散。

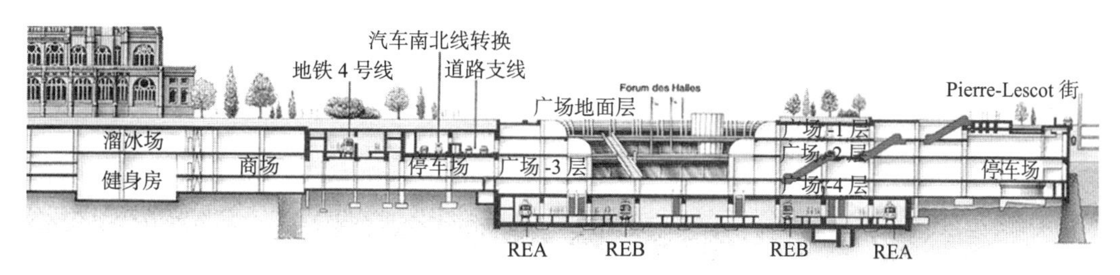

图 3-9　巴黎列·阿莱地区结合地铁的城市改造更新

图片来源：韩冬青，冯金龙．城市·建筑一体化 [M]. 1999.

卢浮宫扩建工程也是如此。由著名建筑师贝聿铭设计的玻璃金字塔，高 21m，底宽 30m，体量巨大，但透明的玻璃反映出旧建筑褐色的石头材质，削弱了扩建对广场和旧建筑在空间上造成的割裂感，既表达了对沉重历史建筑的敬意，又为广场增添了奇特的景色。设计通过地铁交通、地面出入口和倒玻璃金字塔，将人流和自然光线引入地下，创造出了宜人的立体城市空间（图 3-10）。

图 3-10　巴黎卢浮宫金字塔

2. 巴黎城市日常出行时空距离约束关系

巴黎结合轨道交通建设的旧城保护与大都市发展策略，以及积极打破城市单中心发展、保护原有城市古都风貌的方法，已经成为轨道交通城市适应时代发展的典范。

如今的巴黎老城已经成为世界级旅游度假胜地，站点以步行出行理想时间为半径全面覆盖，先一步为老城在合理规模和干扰较小的城市空间单元尺度上，进行必要的优化更新做好了准备。虽然尚未根据满足居民日常生活需求及时空距离约束展开日常出行城市空间构建研究，但仍然对日常生活出行环境形成了良好的实质性改善。老城局部城市设计优化，主要考虑消隐于地下，或与周边历史建筑相融合的方法，成为依托古城空间引导轨道交通合理布线，进而诱导局部空间优化更新的典范。

以拉德芳斯为例的巴黎副中心更新规划，综合考虑了居住、就业、购物、休闲等多种功能的混合布局。500hm^2 的面积接近步行时代受步行 30min 预期出行时间限制的生活性城市的较大边界，能够进一步引领拉德芳斯地区绿色、可持续的出行和生活方式[1]。

3.4.2 东京城市空间发展优化及其时空距离约束关系

在世界大城市中，巴黎旧城保护是受益于轨道交通的优秀案例，但也存在像伦敦、东京这样借助轨道交通进行更新或重建的国际历史名城。因为工业发展、城市火灾、战争破坏等因素，使城市原有历史地区和历史建筑呈碎片化分布，市区既是历史古城，又是高度现代化的国际都市。在这类城市轨道站域步行范围的城市设计和优化更新中，TOD 模式产生了积极的影响和作用，涌现了大量成功案例。如马里兰州、佛罗里达州、达拉斯市、波特兰市、柏林市、韩国首尔市、新加坡等的相关规划，都是基于轨道站点“合理步行区域”的典型案例与实践。

1. 依托轨道交通站点的市区发展更新与集聚

1930 年以来，“多核”的城市结构理念一直贯穿在东京城市规划与建设之中，实现“多核”都市结构的手段主要依托城市轨道交通建设[2]。东京的网络化轨道交通体系引导了多中心圈层式城市空间形态的发展，并在站区土地利用与建筑设计、地下空间开发等方面积累了较为成熟的经验。例如与所有城市地铁相联系的山手线，同时与放射线结合，带动了池袋、新宿、涩谷、上野等发展定位各不相同的城市副中心的形成（图 3-11、图 3-12）[3]。这些“副中心”不仅是商业中心，更是高度独立的多功能地区综合中心。

新宿地铁站共汇聚 10 条地铁线路，站区开发容积率高达 10% ~ 15%[4]。横滨是日本京滨工业地带的中心和研发基地，站点周围用地以商业及商务为主，容积率随站点距离变大而逐渐降低（图 3-13）。六本木、涩谷、汐留等站的跨界区的城市综合体将更多空间留给了城市，创造出一种更具效率和魅力的未来城市生活形态[5]。这些副中心的建设，在一定程度上促进了东京都市圈的形成与发展，很好地考虑了轨道交通时代

❶ 于东飞，乔征．轨道交通网络化的城市空间单元构建研究 [J]．建筑学报，2018（6）：22-27.
❷ 东京都政府．东京都市规划 100 年 [EB/OL]．http//www.metro tokyojp/．2006-04-20.
❸ 郑明远．轨道交通时代的城市开发 [M]．北京：中国铁道出版社，2006：100.
❹ 王治，叶霞飞．国内外典型城市基于轨道交通的“交通引导发展”模式研究 [J]．城市轨道交通研究，2009（5）：1-5.
❺ 陈伟，张帆．日本东京六本木新城建设的启示与反思 [J]．规划师，2007，23（10）：87-89.

城市空间建设可挖掘的巨大潜力，帮助东京打造了人口和 GDP 均居世界大都市之首的地位。

2. 日常出行时空约束距离分析

今天，轨道交通已经成为东京市民出行的主要交通工具，承担 70% 的公共交通出行需求，其中 90.6% 的城市中心及副中心客运量由轨道交通承担[1]。然而，无论是依托轨道站点的城市空间更新或集聚，还是环境优化与改善，东京早期依托轨道交通的城市更新与设计，主要都是 TOD 理念在一站一地的践行，其尺度规模，基本都会束缚在一个 TOD 模式的范围之内，因而并非全都获得了成功。

图 3-11 东京新宿站域城市形态鸟瞰

如新宿、涉谷、池袋等副都心，在建设初期都是仅以居住为主，功能的单一化实际上并没有实现对城市人口外迁的引导，反而因为钟摆式的出行流向加重了城市交通的负担，带来了大量城市问题。第三次与第四次东京区域规划将很多城市功能插入这些地区，由内向外将居住、休闲、教育、研究、工业等功能呈圈层布置，才逐渐形成了新宿、涩谷、池袋等城市副中心的空间分布格局[2]。

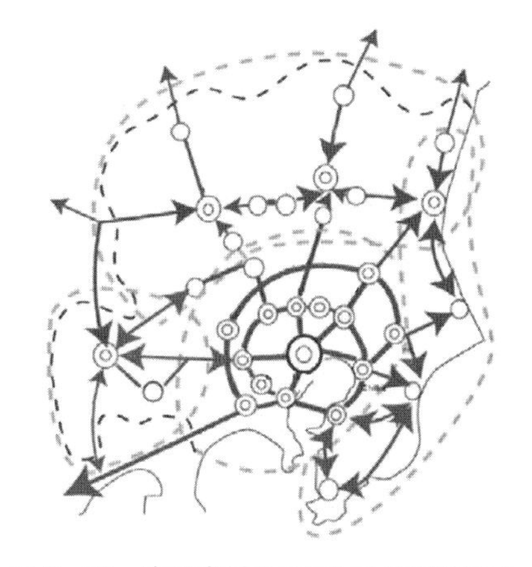

图 3-12 东京都市区域发展规划和多中心发展模式图

图片来源：丁日成. 城市空间结构和用地模式对城市交通的影响 [J]. 城市交通，2010.

3.4.3 巴黎和东京的轨道新城建设及其时空距离约束关系

1. 马恩拉瓦莱新城营建及时空约束规律

（1）马恩拉瓦莱新城空间结构及功能布局

马恩拉瓦莱新城位于巴黎北部发展轴线东端，为东西长约 22km，南北宽 3 ~ 7km 不等，占地面积约 152km^2 的带状区域（图 3-14）。新城在地区城市化加速发展的前提下短期迅速建成，区位、交通、环境、人文等条件得

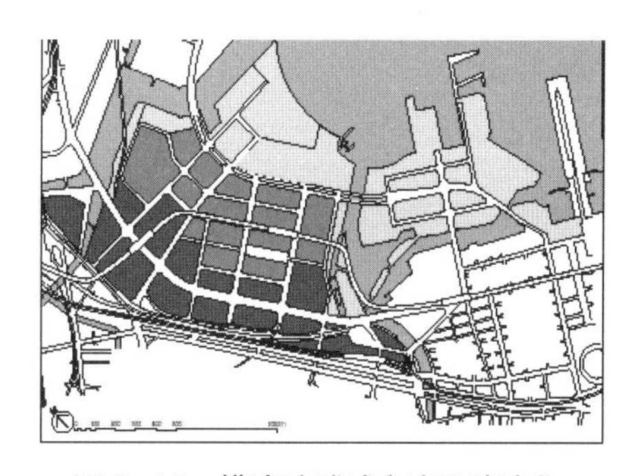

图 3-13 横滨站域城市容积率变化

❶ 冈田宏. 东京城市轨道交通系统的规划、建设和管理 [J]. 城市轨道交通研究，2003（3）：1-7.

❷ 李政. 天津城市商业体系和规划布局结构发展研究 [D]. 天津大学，2006.

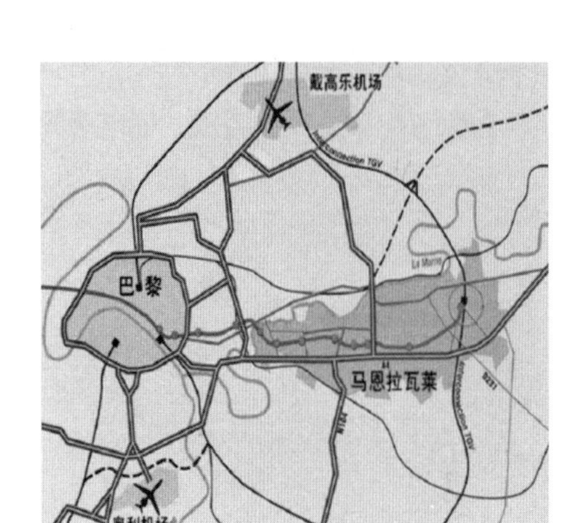

图 3-14　巴黎马恩拉瓦莱新城以 RER 的 A 号线为依托的城市发展轴

天独厚。

新城考虑了内部与外部的交通需求，并且针对公共交通和私人交通的特点进行了合理分工。新城与巴黎之间以及新城内部的交通联系以公共交通为主，其他对外交通则以私人交通为主。作为优先发展的公共交通由城际铁路、RER 轨道交通系统和公共汽车交通共同承担。轨道交通主要面向新城与巴黎以及各城市组团之间的联系，公共汽车交通作为对前者的补充服务于城市组团内部，特别是轨道站域与组团其他地区之间的联系。[❶]

新城建设大胆尝试了城市优先发展轴、葡萄串状不连续空间建设、等级化交通体系和具有凝聚力的城市组团等空间布局模式。依托 RER 线的城市优先发展轴，用地被重新组合成 4 个分区和若干独立的城市组团，又被南北向的绿色空间相互分隔，自然的林地、水系通过精心设计的林荫步道联系形成连续的绿脉，与密集的建成空间交织穿插。RER 车站作为空间组织的核心，周围集中布置各种公共服务设施、商务办公机构以及一定数量的居民住宅，形成相对密集的组团中心。外围是高密度集合住宅为主的居住区，间以部分占地少、干扰小的生产企业。居住区以外，沿公路或铁路布置大部分的生产企业。组团外缘，是低密度的郊区住宅及大片的自然空间（表 3.8，图 3-15）。[❷]

（2）马恩拉瓦莱新城日常出行时空距离约束关系

马恩拉瓦莱 4 个分区占地面积及人口规模　　表 3.8

城市分区	土地面积（km^2）	人口（万人）
巴黎之门	21	10.66
莫比埃古	38	8.66
比西谷	61	7.42
欧洲谷	32	4.05
合计	152	30.70

资料来源：http：//en.wikipedia.org/wiki/Stockholm_metro.

❶ 刘健．马恩拉瓦莱新城从新城到欧洲中心：巴黎地区新城建设回顾 [J]．国外城市规划，2002（1）：27-31.

❷ 刘健．马恩拉瓦莱新城从新城到欧洲中心：巴黎地区新城建设回顾 [J]．国外城市规划，2002（1）：27-31.

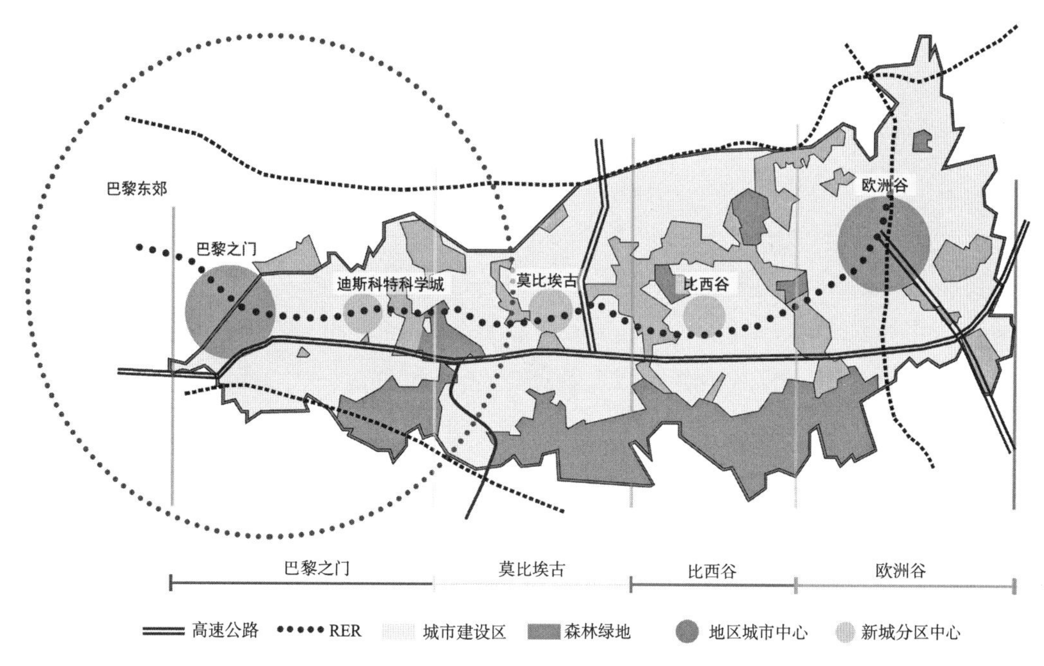

图 3-15 巴黎马恩拉瓦莱的“单元式”新城空间布局

新城 4 个分区形成 4 个核心功能各不相同的功能区，却存在着居住、教育、工作、休闲、购物等日常生活功能互补的关系，使新城获得了快速健康的发展。第 1 区包括发达的第三产业、商贸中心，以及 IBM 等世界著名企业的办公机构，居民近 10 万，可提供就业岗位 3.3 万多个；第 2 区主要是新型产业园区、研发中心，新建住宅增长速度为 4 区之首，可提供就业岗位 3.7 万多个；第 3 区主要接纳以知识经济生成为特征的新型企业，目前已形成住宅、商务办公和产业开发等几大功能组团。第 4 区以迪士尼主题公园建设为契机，集旅游、娱乐、商务、居住于一体，总体开放用于办公、教育和培训的建筑面积达 76 万 m^2。

巴黎 RER 线在远郊的运行时速在 90km/h 左右，东西长约 22km 的马恩拉瓦莱新城范围内，RER 线最远两站仅需运行 15min 左右。新城的公共汽车交通使南北宽 3 ~ 7km 的各组团内部最远端到达轨道站点仅需 5 ~ 10min。在这一时空范围内，4 个功能互补的组团共同组成了一个约为 30min 出行距离限定的城市空间单元，成为城市快轨交通背景下构建城市和空间单元的良好参考依据。

2. 多摩田园都市的营建策略及时空约束规律

（1）多摩田园都市的空间结构及功能布局

1950 年到 1970 年，日本的快速城镇化时期，东京周边产生了一大批新城。据统计，东京都市圈内超过 $3km^2$ 的新城 40 个。其中最大的新城是多摩田园都市，规划面积 31.6km²，人口 42 万人。最小的新城也就 2 ~ 3km²。[1]

多摩田园都市（Tama Garden City）位于东京西南，距东京 15 ~ 35km。主要沿东急田园都市线的梶谷站到中央林间站约 20km 的轴线展开，呈现出沿轨道线带状发展的典型特征。各站点周围配套设施齐全，规划以商业、办公、学校等为主，建有绿地、公园，并在一定范围内提供集合式高密度住宅，使更多居民能够方便到达轨道交通站。另外，在主要站点周围开发大型购物中心、综合商业设施等，以方便并丰富居民的生活。站点开发密度比周边区域高出一倍，开发强度按市区到市郊的顺序逐渐降低。[2]

多摩田园都市 1953 年开始建设，经过 20 多年就基本完成了规划目标，人口达到 44 万（是 1966 年人口的 9 倍），到 1989 年已初步建成了与轨道交通和基础设施配合良好的新城市。2006 年多摩田园都市规模继续增长，居住人口达到 57.7 万，开发面积约 50km²，远远超过了原来的规划目标。[3]

（2）多摩田园都市日常出行时空距离约束关系

多摩田园都市围绕轨道站点展开，平均轨道站间距 1.2km，较好的站点覆盖率和站城高度一体化建设，有力支撑了多摩田园都市的开发[4]。如图 3-16 所示，沿东急田园都市线呈带状展开的 4 个分区，每区 4 ~ 5 个轨道站约为轨道交通运行 6 ~ 8min 通过的距离[5]（图 3-17）。各站点空间职能和功能布局如表 3.9 所示，4 个分区各有其主要职能，生活便利设施完善，在有效时空距离约束下，相邻分区具有一定的功能互补和共享关系（表 3.9）。

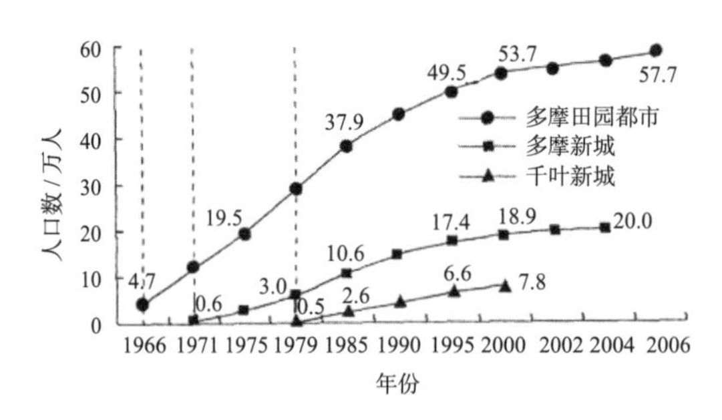

图 3-16　东京三个典型新城的人口变化

图片来源：谭瑜，叶霞飞. 东京新城发展与轨道交通建设的相互关系研究 [J].

---

❶ 文辉. 日本是如何建新城的 [Z/OL]. 经济观察网 .http：//www.eeo.com.cn/2014/0725/263985.shtml，2014-7-25.

❷ 吴春花，北田静男，周伊. 日本东急集团沿线高中低密度城市开发理念：访东急集团东急设计总建筑师北田静男、中国项目部长周伊 [J]. 建筑技艺，2015（11）：26-35.

❸ 郑捷奋，刘洪玉. 日本轨道交通与土地的综合开发 [J]. 中国铁道科学，2003，24（4）：133-138.

❹ 谭瑜，叶霞飞. 东京新城发展与轨道交通建设的相互关系研究 [J]. 城市轨道交通研究，2009（3）：1-5，11.

❺ 于东飞，乔征. 轨道交通网络化的城市空间单元构建研究 [J]. 建筑学报，2018（6）：22-27.

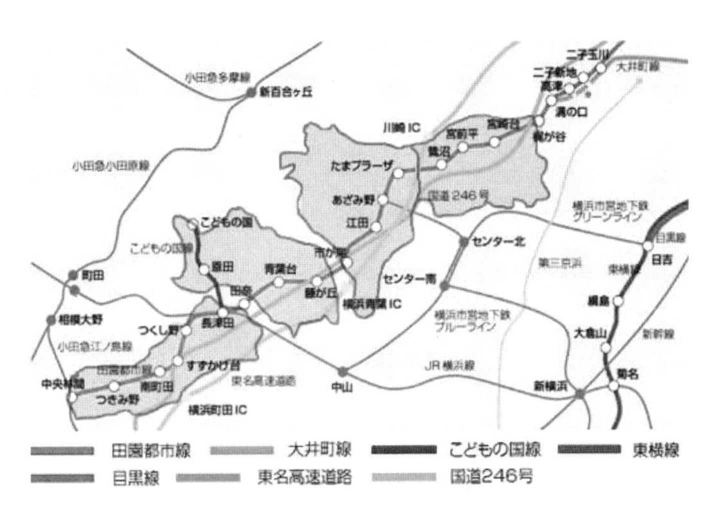

图 3-17　东急多摩田园都市地图

多摩田园都市分区及功能共享关系　　表 3.9

分区	各站点核心区功能	职能特点	功能分布与共享
梶谷站—鹭沼站	1. 梶谷站，安静的住宅区，站前有东急商店，步行 5min 左右的地方有家电量贩店。虎门医院在站点步行范围内。步行约 12min 有开放式花园。 2. 宫崎台，安静的住宅区，没有大的商业设施，车站内有便利店、面包店、邮储银行的 ATM 机等。车站的高架下有“电车和巴士的体验型博物馆”。 3. 宫前平站，集中着公共、教育设施，是居民日常生活中不可缺少的功能区域，车站旁边有家庭中心和超市，站域有天然温泉，宫前市民馆距离轨道站 10min 左右，常常举办很好的音乐会。 4. 鹭沼站，站前有东急商店、餐厅、药店、书店等便利设施，步行 3min 范围内有关东最大的足球设施。还有两条约 5km 的绿色步行道	1. 以政府公共和教育职能为核心的居住区域。 2. 便利设施满足日常生活需求	居住、教育、医疗、行政、体育设施、天然温泉
鹭沼站—市尾站	1. 多摩广场站，闻名的时尚住宅区。除了有东急百货店、超市、餐厅、商店，还有体育俱乐部、文化中心、保育园等上百家。球场上会举办野外演唱会等活动。从车站步行 5min 左右，有大学和栖息地自然公园。 2. 蓟野站，包括高尔夫练习场、网球、足球等体育设施和咖啡面包店等十几个商店和餐厅。 3. 江田站，站域设有初中和高中，周围有住宅和公寓。站前有东急商店以及其他一些便利店、书店、咖啡面包店等。 4. 市尾站，站前有东急商店，很多银行聚集在这里，步行 8 ~ 10min 的区域，可以到达“横滨市青叶体育中心”“市尾横洞古墓群遗址公园”以及青叶区政府每年举办“青叶区民节”的区域	1. 文体教育中心。 2. 日常生活便利设施丰富。 3. 区域相对较为繁华时尚	居住、教育、商业、文体设施、公园

续表

分区	各站点核心区功能	职能特点	功能分布与共享
市尾站—田奈站	1. 藤之丘站，站前是一个大型综合医院及其康复培训医院。车站附近公寓很多，车站前有购物中心、超市、药店和居酒屋等。“草野公园”距车站步行约8min。 2. 青叶台站，“青叶台东急广场”购物中心，有餐厅，也有室内装饰、文化中心、学童保育和宠物酒店等，可以举办古典音乐会，沿街有很多露天店铺。外围有大学和乡村旅游区。 3. 田奈站，周围田地很多。步行约8min的“四季菜馆”直销所，可以购买当地产的新鲜蔬菜、水果等。每年11月站前举办“区民交流中心节”	1. 大型综合医疗为核心职能。 2. 一定的文化与田园生活职能。 3. 便利设施满足日常生活需求	居住、教育、医疗、商业、公园、田园旅游
田奈站—中央林间站	1. 长津田站，车站周边除了住宅外，餐饮店和商业等便利设施也很丰富。山丘公园安详而广阔，“儿童乐园”利用多摩丘陵的杂木林形成了广大的游乐场。 2. 大野站，车站周边是安静的住宅区，站前有东急商店，学校步行5min，包括小学到高中的所有年级，外围有适合野外探险和烧烤的森林公园。 3. 铃木台站，安静的住宅区，步行5min处有东京工业大学的分校，及“南景野和勇公园”和一所中学，公园每月举办两次集会，有新鲜的蔬菜、手工制作等。 4. 南町田站，商业设施和城市型住宅、公园融合区，天然温泉和时尚住宅区是重要旅游景点。 5. 下野站，安静的住宅区，车站附近的推荐景点是“樱花散步道”。站域内有一个县立高中，散布着小商店、超市、家庭中心、药店、餐饮店、便利店等，每年7月当地会举行盂兰盆舞会。 6. 中央林间站，“中林间东急广场”周边餐饮店和商业等丰富的便利设施和高尔夫球场。当地例行活动，一是春秋2次的“中林间手工制作活动”，一是每年5月举行的春夏时装展，促进人们的艺术交流	1. 安静的居住功能为主。 2. 便利设施满足日常生活需求。 3. 田园文化内涵丰富	居住、教育、田园公园、天然温泉、田园文化

注：都市田园线运行速度40km/h。

资料来源：根据“东京急行电铁官网（http://www.tokyu.co.jp/）”相关资料整理绘制。

分析可见，轨道线路规划覆盖范围平均为1.58km^2/km（新城规划面积31.6km^2，绵延20km），依据TOD模式设计的站域影响范围已达400～800m步行空间尺度的上限；面积扩张到50km^2，其覆盖范围平均约为2.5km^2/km，新城区域到达轨道站点的平均距离达到1250m，局部距离甚至接近2000m，已经需要其他绿色交通工具作为步行的辅助才更有利于居民出行。

（3）多摩田园都市未来发展趋势及其借鉴意义

多摩田园都市未来将不再开设新的轨道线路，今后的城市建设重点是顺应每个时代的需求与特点，以推进住宅、公寓、商务楼、商业设施等独具魅力的整体生活环境创造为目的，对以前的城市空间不断进行更新，保障新城的良性可持续发展，因而有必要基于时空距离约束规律进一步探讨城市空间的合理布局等。

相比较而言，平均站距 2.5km 的卧城——多摩新城，平均站距 3.3km 的产业新城——千叶新城等，由于轨道交通不利于居民出行，城市功能和空间环境与轨道交通规划未能较好配合和同步建设，实践证明是不够成功的（图 3-18）[1]，其未来的更新发展存在较大余地，也需要更加合理的规划指导方法。

3.4.4 其他轨道交通城市空间发展优化及其时空距离约束关系

1. 斯德哥尔摩

（1）城市空间保护与优化

瑞士首都斯德哥尔摩是另一例依托轨道交通较好完成城市新旧分离、保护旧城风貌的经典案例。斯德哥尔摩新城与旧城中心区之间通过放射状轨道交通线网建立了便捷的连接（图 3-18）。规划将交通系统的扩展和新兴城镇的建设结合起来，在距离市区 15min 左右的周边郊区，选取大家都认可的地点，修建适合步行的新城镇中心，既保护了老城旧貌，又延伸了老城的空间与功能，推动了城市的现代化发展。

在新城建设中有意识地使轨道交通站点位于城镇中心，最大限度地方便居民使用轨道交通。环绕城镇中心步行广场的是公园，公园禁止一切车辆出入，所以人民步行穿过花园，走到公寓楼去。公寓楼的外围是联排住宅、别墅和独院家庭用房。停车场为居住在城镇外围的人而建，他们通过快速路从城市过来，到达城市后部并把车停在那里的停车场。[2]

图 3-18 斯德哥尔摩轨道交通系统与城区分布图

图片来源：孙玉．集约化的城市土地利用与交通发展模式 [M]．上海：同济大学出版社，2010.

（2）日常出行时空距离约束关系

斯德哥尔摩的城市规划始于 20 世纪 40 ~ 50 年代，其城市总体设计通过轨道交通联系远方星罗棋布的卫星

[1] 田超．交通导向发展模式下城际铁路促进城镇化研究：以武汉城市圈为例 [J]．城市发展研究，2014，21（5）：20-25.

[2] 约翰·西蒙兹．启迪：风景园林大师西蒙兹考察笔记 [M]．方薇，王欣编译．北京：中国建筑工业出版社，2010：76-78.

城，从而使得古香古色的典雅风貌和现代城市的繁荣并存。

从城市里的地铁站到卫星小镇的社区中心广场只要 15min 左右的时间，新修建的城镇中心及其规模，都以适合步行为目标。早晚到市中心上下班的人们，沿途都能看到令人赏心悦目的森林和农场，出行者的视觉感受和旅途感受被认真考虑，并付诸规划实践。

2. 香港

（1）生态的城市空间格局

香港城市用地狭小，建成区平均人口密度达 6000 人 /km^2，核心地区如香港九龙人口密度达 43290 人 /hm^2，是世界上人口密度最高的城市之一[❶]。在人口众多的不利条件下，香港便捷的轨道交通、四通八达的步行通道和天桥，满足了人们的日常出行需求，并使城市充分保留和拥有了一个广阔的生态绿地系统，有效限制了小汽车的使用，保障了城市交通、经济、生态环境等的可持续发展。

1992 年的分区人口统计结果表明，全香港约 45% 的人口居住在离地铁站仅 500m 的范围内。对九龙、新九龙及香港岛的居民统计，上述比例高达 65%；新界地铁周边 2.5% 的面积集中了 78% 的就业岗位，中环 - 金钟 - 铜锣湾地铁沿线的平均就业密度超过每公顷 2000 人，办公用地主要集中在 8 个位于铁路站附近的中心区域[❷]。

依托轨道交通，香港岛北部海岸线狭长的城市发展带，在长 17km、用地走廊平均宽度 1.3km、面积仅为 22.5km^2 的土地上，聚集了 94.7 万居住人口、47.8 万居住及就业人口和 71.2 万就业人口[❸]，很大程度上解决了城市土地缺乏及潜在的交通问题。

（2）人性的日常出行时空距离

70% 以上的香港地铁站点设置了人行接驳系统。为方便市民出行，减少其地面穿越马路的负担，地铁往往设置多个出入口，并尽量结合建筑过厅、地下过街通道、地面人行天桥和四通八达的二层步廊，将人流与周边酒店、购物中心、商业办公楼、交通设施、公园景区、公共建筑等直接相连。

不断扩大建设的城市全天候步行连廊系统，提升了站点周边街区步行的可达性和舒适性，已经成为城市独特的繁华景象。

轨道沿线的金钟太古广场、又一城等城市区域的发展更新与元朗、大浦、上水、天水围、将军澳等新市镇开发，始终践行 TOD 理念，注重便利设施配套，注重轨道交通与步行和公共交通的便捷联系。

❶ 香港特别行政区政府统计处. 香港统计数字一览 [EB/OL]. http：//www.censtatd.gov.hK/products_ and services/products/publications/statistical_report/general_ statistical_digest/index_tc_cd_B1010006_dt_latest.jsp.

❷ 北京轨道站点专题研究 [R]. 世联顾问，2008.

❸ 香港特别行政区政府统计处. 香港统计数字一览 [EB/OL]. http：//www.censtatd.gov.hK/products_ and services/products/publications/statistical_report/general_ statistical_digest/index_tc_cd_B1010006_dt_latest.jsp.

3.5 城市发展各阶段时空距离约束规律的一般性归纳

3.5.1 前轨道交通城市日常出行时空距离约束规律

通过传统城市时空距离约束分析可以发现，直到中世纪，生活性城市规模基本都受限于步行半小时左右的距离。19世纪交通大发展时期的城市规模，以及田园城市、邻里单位和TOD模式等现代城市生活空间结构的探索，进一步显现出这样的时空距离约束关系（表3.10）。

现代城市交通条件下，有关出行时间容忍性的调查也表明，居民预期出行时间（可容忍时间）通常单程以半小时为限，若单程出行时间超过半小时，人们往往会减少这类出行[1]，大部分人步行理想时间只有5～7min，最多不超过10min[2]。

依据历史城市实践和时空可达性研究，以及多个国家出行情况调查分析，可以认定城市空间进化过程中存在一个特定的“时间基因”，制约并决定着城市日常出行空间的尺度范围。也即满足居民日常生活与出行的空间规模与空间品质,取决于“时间基因”限定的基本“城市空间单元”范围，以及这一范围内城市功能与公共资源的配置情况。

城市交通方式与规模的对应关系　　表3.10

	交通方式（时速）	较小边界数据	较大边界数据	城市空间单元尺度
希腊罗马时期生活城市规模	步行（约4km/h）	0.015km^2	0.4km^2	一个城市即为一个完整空间单元
中世纪的生活城市规模	步行（约4km/h）	0.15km^2	0.6km^2	一个城市即为一个完整空间单元
19～20世纪工业化初期的城市规模	自行车（约11～14km/h） 有轨马车、有轨电速度约16～19km/h 汽车时速受限于技术和“红旗条令”法的限制，设计时速最高可达40km/h，但城市长期限速在几千米或十几千米以下	—	城市直径为8～10km	田园城市：①面积1000英亩的中心城市直径约为2km，大约为自行车10min通过的距离；②面积6000英亩田园城市直径约为5km，大约为速度16～19km/h的交通工具10min通过的距离
20世纪汽车交通大发展的城市规模	一般限速40～60km/h，特大城市实际运行速度低至20km/h	—	—	邻里单位、TOD模式等理论以10min理想步行时间为依据进行限定的，半径500m左右的步行范围
轨道交通网络化的城市规模	一般设计速度最高80km/h、平均运行速度35～40km/h	—	—	应由时间基因分层限定

资料来源：根据《世界城市史》《全球城市史》《明日的田园城市》《汽车发展史》等资料研究绘制。

[1] 王炜，陈学武，陆建．城市交通系统可持续发展理论体系研究[M].北京：科学出版社，2004.

[2] 石铁矛，李志明．约翰·波特曼[M].北京：中国建筑工业出版社，2003.

3.5.2 轨道交通城市时空距离约束规律及其影响

分析可见，诸多成功案例的开发，并非源于一站一地的影响与得失，关键的成败因素及有效影响范围，与满足人们日常出行需求的时空距离约束规律密切相关。因此，在我国轨道交通快速发展的背景下，探讨这一时空距离约束规律以及城市生活空间近域匹配尺度与组织方法，构建居住、办公、商业、教育、休闲等综合布局的中观城市空间结构，具有未雨绸缪的必要性和现实意义。

1. 一站一地理念的弊端及其再更新

分析巴黎拉德芳斯新区的更新改造，以及以居住为主的多摩新城、产业发展为主的千叶新城和早期的东京新宿、涉谷、池袋等副中心的情况，功能的单一化都曾妨碍那里的良性可持续发展。之后不断的更新改造，综合考虑周围中观尺度上城市功能、空间性质、交通状况、人口密度等的统筹设计，推动了一定城市区域的繁荣发展。

2. 城市整体优化存在一个中观尺度

分析巴黎、东京等轨道交通城市空间的更新以及较为成功的轨道新城的空间尺度，可见居民日常出行受到时间和空间的双重束缚，其规模范围基本保持在借助轨道交通等多模式绿色交通出行 30min 左右的范围。受到这一时间因素约束，拉德芳斯新区、马恩拉瓦莱新城、多摩田园都市等的面积和空间形态不尽相同，但明显具有轨道交通城市的共同特征。

目前，针对轨道交通网络化城市职住空间匹配的调研也显示，大部分就业人口样本的居住地距离就业地大约 0 ~ 10km；就业中心对应的居住核密度最高区域，均出现在 5km 近域范围之内[1]，这与对巴黎、东京等城市副中心和新城的尺度分析具有明显的一致性。

3. 轨道交通城市时空约束的分层特性

便捷有序的轨道交通网络和步行、自行车等为主的绿色交通系统，使城市形成了以轨道站点为枢纽的出行网络，从而使城市空间整体性优化产生了分层考虑的契机及优势。宏观层面上，以轨道交通为主的绿色交通方式出行 30min 左右的范围内，综合考虑城市空间的布局及功能互补；微观层面上，站域范围内考虑完备的绿色出行系统，以提升居民出行环境质量和出行体验。

[1] 张艳，辜智慧，周维．大城市职住空间匹配及其与轨道交通的协调发展研究：以深圳市为例 [J]．城市规划学刊，2018（1）：99-106．

3.5.3 时空距离约束规律的时间基因和空间单位界定

1. 城市空间限定的本质因素——时间基因

除了中世纪之前的生活性城市最大规模基本由步行半小时左右的距离来限定外，19 世纪交通大发展时期的城市规模，以及轨道交通新城的尺度，都可见到居民日常出行半小时的约束性。轨道交通条件下，30min 的出行距离远远超越了人们以往的认知边界，但一般情况下，30min 的预期出行时间同样限定了这一空间尺度。可见，居民“预期出行时间”实为隐形的城市生活空间调控之尺，依据历史城市实践和时空可达性研究，以及多个国家出行情况调查分析，可以认定这一时间约束即为决定城市空间进化的“时间基因”。

2. 城市空间基本组织单位——城市空间单元

古代城市受到步行出行距离限制而规模有限，但城市尺度符合人们日常出行的时空距离与出行需求相匹配，城市尺度宜人、可识别性和认知度较强，满足人们日常物质生活和精神生活的出行范围就是城市本身的规模，我们可以将其视为一个“城市空间单元”。

从“田园城市”开始，“邻里单位”“协调单元”“TOD 模式”等，多以明确的“城市空间单元”为基础进行演进研究，实际上形成了迁延、互补的城市发展研究体系。一方面，城市设计注重物质环境与场所精神的相互关系、注重城市意象、三维空间的整合设计；另一方面，TOD 模式的出现，促使注重单一居住生活和微观物质空间的传统城市空间研究，转而向注重与城市设计相结合的空间整合方向转变[1]。在这样的情况下，“城市空间单元”研究或许早已超越了传统范畴，但仍是认识和组织城市的最好尺度和单位。

近代系统论验证了很多复杂系统本质上往往是由基本核心因素所决定的。城市演进发展中潜在的“城市空间单元”和“预期出行时间”就如同 DNA 一样，限定了城市居民日常生活的核心范围与区域，或许正是决定城市空间进化的基本甚至是至关重要的因素。

《易》曰:“君子慎始，差若毫厘，谬以千里”，《老子》说“九层之台，起于垒土”，皆指万事起于忽微，主张“慎微慎始”。这一传统哲学观念，形象论证了“大生于小”，凡事需要慎小慎微、慎终如始的道理，更论证了万物按其本然发展、不敢强为的道理，指出“为之于未有，治之于未乱”的正确演变过程，对大城市空间发展而言，唯有“把握其本质，遵循其规律”，研究发现城市空间的基本组织单位，分析确定决定这一基本

[1] 于文波．城市社区理论与方法研究：探寻符合社会原则的社区空间 [D]．浙江大学，2005.

组织单位空间形态、结构、布局的关键性本质因素，才能使其按本然发展，不因强为而有失偏颇。

3.6 交通影响城市空间发展的作用机理与途径

3.6.1 交通影响城市空间发展的作用机理

城市空间的发展与建设，依赖于社会生产力水平和人们对城市演化规律的认识。交通方式对城市空间结构与形态模式具有显著的控制和引导作用，其中，城市的外部交通条件基本决定了城市的总体性质，而城市空间的发展明显受制于交通技术的变革。

1. 城市经济空间布局受制于时空可达性

自 18 世纪 30 年代杜能开始在经济学领域关注城市空间问题以来，农业区位论、工业区位论以及中地论等在城市经济学方面的研究，都指明了交通线对城市区位的重要作用。距离交通线的远近，会直接对城市区域形成有利或不利的影响。

某一商品或服务的多层次组合、各级商业中心的规模，受人口密度、购买力等的影响，而服务半径取决于交通可达性。此后，同心圆到多核心模式的经济胞体组合发展研究，进一步发现中心商业区、外围商业中心、重工业区，以及不同层次的住宅区等，具有根据交通线路及其时空可达性布局的空间特征[1]。

中地论所表现出的客观经济地域规律，既可最大限度地利用时空可达性避免商业布局的浪费、提高经济效益，也能为广大居民提供周到的商业服务。各级各类商业中心地以竞争的形式形成各自有效的覆盖范围，可以称之为城市经济空间最基本的组成单元。

2. 城市社会空间形态受限于经济可达的心理预期

城市社会空间结构主要是指人及人所从事的经济活动和社会活动在空间上的表现，它产生于有目的的社会实践。根据霍曼斯在社会心理学中提出的社会交换理论，个人在社会活动中总是希望以最小代价来换取最大报酬，这是大多数人所追求的行为准则。[2] 因此几乎所有居民在安排自己的居住、生活与交通出行时，首先都是从经济、便捷的角度来考虑。由此体现在价值、喜好以及贫富等方面的社会空间差距，其关键正是经济与出行时间及体力消耗的博弈。

不仅如此，城市居民对日常出行时间的容忍性也有一定的限度，即理想出行时间

---

❶ 周立波 . 中国城市郊区化动力机制研究 [M]. 北京：经济科学出版社，2008.

❷ 汪娟，陈学武，王庆. 出行者心理需求对城市公共交通发展的影响分析 [C]// 第一届中国智能交通年会论文集 . 上海：同济大学出版社，2005（12）：760-764.

边界。居民日常出行时间如果超出了可容忍的出行时间范围，就会对交通系统的服务产生不满[1]。超出的时间越长，越容易产生烦躁情绪。

3. 城市物质空间规模受控于日常出行时空距离

交通技术进步是城市空间发展演化的关键，根据主要交通方式与城市规模的对应关系分析，可见城市发展的不同时期，城市的尺度规模都与当时的主要交通方式密不可分。

可以肯定的是，从人类自身的角度来看，无论交通工具如何变革，人们对预期出行时间和出行环境的要求并不会发生本质变化，人们日常生活出行范围及出行距离，始终受到预期出行时间的约束。理想出行时间和出行可容忍时间限定了城市居民日常生活的范围与区域，进而限定了城市物质空间的“基本组织单元”。

3.6.2 交通控制和引导城市空间发展的途径

1. 借助“时间基因”控制和引导城市空间发展

交通工具在技术上的突破让城市跨越原有界限向外围区域发展，交通工具通过自身的特性对居民出行活动进行影响，间接作用于城市空间形态的变迁。满足居民日常生活与出行的空间规模，取决于“特定出行时间”范围内的最大可达距离，以及这一时间距离范围之内的城市公共资源配置情况，包括满足日常生活需求的各类城市功能，以及适宜的慢行空间尺度、舒适有趣的街道空间形态及生活形态等，以此可达到改善现代城市机械特征，助推城市公共资源保护与共享，激发城市空间传统健康活力和道德行为约束力，打造山水花园城市，纾解居民最原初的山水乡愁等。

2. 借助“时间基因”限定“城市空间单元”

纵观城市发展史，除了象征神权或皇权且服务于少数统治阶级的宇宙魔力城市外，大多数城市的尺度规模，都与当时的主要交通方式密不可分，而人们的日常生活出行范围更是受到出行时间与交通方式的深刻影响。

步行城市的尺度取决于步行距离，典型的土地利用特征是总体规模有限、街巷狭小、布局紧凑、城市活动密集；汽车交通使城市内部空间的可达性差异大幅度缩小，出行主体从速度到距离都获得了前所未有的解放，城市规模得到扩张；轨道交通使城市呈现出多中心发展趋势，沿轨道线路形成了一个个高密度发展的城市次中心（图 3-19）。然而，从人们自身的角度来看，无论交通工具如何变革，人们对预期出行时间和出行环境的要求并没有本质变化。故而在轨道交通带来速度和时空距离发生新变化的背景下，有必要立足城市居民预期出行时间与交通工具运行的距离关系，探索构建轨

[1] 王炜，过秀成．交通工程学 [M]．南京：东南大学出版社，2001.

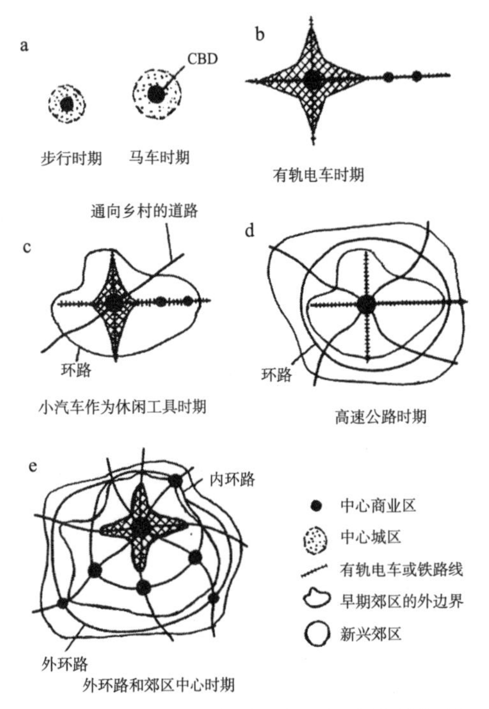

图 3-19　交通方式对城市空间演化的作用

图片来源：黄亚平．城市空间理论与空间分析 [M]. 南京：东南大学出版社，2002.

道交通网络借助“时间基因”限定的“城市空间单元”模型，探讨研究轨道交通网络化发展的城市空间优化的途径与方法。

无论步行时代、车马时代、汽车时代，乃至轨道交通时代，合理的出行时间和出行距离对城市空间环境的影响规律，都是其城市物质空间优化重构及城市设计的必要依据。因而，城市物质空间、城市经济空间和城市社会空间的统筹考虑可归于一途，即通过时间基因控制下的“城市空间单元”模式研究，为提升城市空间环境质量和满足居民“生活要求”创造一个综合解决问题的方法。

3.7　轨道交通网络化城市空间优化的途径

3.7.1　构建便捷活力的基本“城市空间单元”

无论步行时代、车马时代、汽车时代还是轨道交通时代，交通方式的可变性和人们日常出行时空距离的有限性，基本形成了一个不断突破与制衡的循环关系。

汽车时代以前，城市是步行者的城市，其有限的规模范围、完备的功能结构，基本构成了一个完整的生活性“城市空间单元”，且空间尺度和功能分布，基本与当时交通方式的可达性及人们对理想日常出行时间的要求相吻合，这反映了漫长的步行历史时期，人们对交通与城市空间关系的认识，以及与之相对应的城市空间形态构建的普遍规律。

随着汽车交通的快速发展，现代城市单中心扩张和“职住分离”式规划，一方面表明人们潜意识里对传统城市空间布局及分区的认同与继承，另一方面，由于交通技术超乎想象的迅速进步，城市研究理论不可避免地产生了延迟与滞后。城市规划与城市设计跟不上城市空间变化的速度，潜意识的认同与继承被迫成了一种简单匆忙的形式呼应，这种呼应忽略了人们生理和心理特征限定的日常出行时空范围，及其不可替代的基本“城市空间单元”的作用。现代城市生态环境破坏、规模不经济和交通拥堵等问题，集中体现了城市发展为此付出的代价。

轨道交通进入城市，极大地改变了城市内部的流动性状况和特点，逐渐成为影响城市内部空间变化的主导性因素之一[1]。轨道交通站点作为人们生活过渡的中介或转译空间，将原有城市的线性认知浓缩为点对点的区域性关系，开启了城市空间的新层次，也为城市提供了更多空间共构的机会。随着城市轨道交通网络的进一步发展，中国可能会进一步涌现出世界级大城市或巨型城市[2][3]，然而，不论城市大小，满足城市日常出行需求的基本“城市空间单元”不可替代。因而，有必要探讨轨道交通城市的日常出行时空距离约束规律，探讨满足人们日常生活出行的城市空间单元尺度与规模特征。

3.7.2 系统优化中观尺度的城市空间可达性

现代城市长距离交通骨架建设，支撑了城市的单中心扩张，由此带来的经济、交通、生态等问题，迫使城市要求出现多中心的空间结构来缓解。目前，世界多数大城市的多中心发展研究与实践，已经验证了多中心分区模式是降低现代城市负面影响，提高城市品质的重要手段之一。

根据巴黎拉德芳斯新区、马恩拉瓦莱新城，以及东京的新宿、涉谷、池袋等副中心和多摩田园都市、多摩新城、千叶新城等著名案例分析，轨道交通城市副中心与新城建设，往往突破了一站一地的影响与得失，呈现出中观尺度上的城市空间单元特征。其成功与失败的关键，并非源于某个站点城市综合体或TOD模式的成功开发，而与满足人们日常出行需求的时空距离约束范围，也即中观尺度上的城市空间整体设计布局密切相关。满足居民日常出行的中观城市空间，取决于预期出行时间范围内的最大可达距离，以及这一距离范围内的城市公共资源配置情况。

因而，城市空间单元既应有与城市紧密联系的长距离交通，也应形成内部完善的中短距离交通体系。城市空间单元的中心，应尽量结合长距离交通设置公共中心，以商业、办公、餐饮服务等日常出行频次较高的公共服务设施集中为主，为人们的高频次日常出行提供最为便利的可达途径；其他如文教、医疗、休闲及文化娱乐等功能，则宜尽量考虑借助系统完善的局域绿色交通体系，促进相邻轨道站域之间的辐射与共享。

[1] 冯越，陈忠暖．国内外公共交通对城市空间结构影响研究进展比较 [J]．世界地理研究，2012，21（4）：39-47.

[2] Hall P，Pain K．The polycentric metropolis：learning from Mega-City regions in Europe[J]．Journal of the American Planning Association，2006（16）：384-385.

[3] Scott A J，Agnew J，Soja E W，etal. Policy. Oxford：Oxford University，2001.

3.7.3 空间单元有机组合整体优化城市格局

1. 单元有机组合是城市空间优化的必然选择

速度的解放可以称得上是人类最伟大的发明之一。从古代步行为主，发展到有轨马车、有轨电车和自行车出行，再到小汽车、公共汽车以及地铁、轻轨，交通方式的发展演变都对城市空间产生了深远影响。现代城市的快速发展，甚至使研究关注的主导因素和主要矛盾，在表面上看起来产生了较大的复杂性、不确定性甚至是可变性。然而，当系统论和协同理论产生之后，城市是一个有机系统的概念越来越为更多的人所接受。“系统不是各要素的机械组合或简单相加，而是要素有机组合”的思想进入了城市研究工作者的视野。协同作用是系统有序结构形成的内驱力，一个系统的发展方向不仅取决于偶然的、阶段性的实际状态，更取决于它自身所具有的、必然的方向性。因此，城市的不同发展状态也不会是偶然的，其各种要素相互作用的结果，必定与某种必然的、方向性的客观规律或约束关系密不可分。

2. 以中观“城市空间单元”组合作为城市空间优化的桥梁

城市集聚效应是催生大城市的一个重要原因，保障集聚效应是目前城市优化发展的核心。多中心和副中心建设这种大城市优化发展过程中探索出来的成功经验，也仅仅适用于局部区域的改善或优化，甚至也存在多摩新城、千叶新城等这类仅从经济角度出发的失败案例。

从城市设计角度出发的TOD模式等研究，侧重于微观尺度。无论是“社区TOD”，还是“城市TOD”，只能适用于有限范围内人们生活质量的提升，以及局部城市经济、交通等的改善，“TOD”之间的关联性相对模糊，更缺乏从城市层面进行空间整合的综合考虑，城市空间整体性优化研究不足。

借助“城市空间单元”组合的城市空间格局整体优化，需要综合考虑几个轨道站点覆盖范围内的空间总体布局和生活功能复合建设。就更大的城市区域而言，这一尺度依然需要考虑一定的主要职能集中分布情况。城市空间单元组合应尽量结合实际，突破行政区划和功能分区，考虑功能空间的互补、共享。

3.8 本章小结

纵观城市发展史，无论步行时代、车马时代、汽车时代，乃至轨道交通时代，交通方式的可变性和人们日常出行时空距离的有限性，基本形成了一个不断突破与制衡的循环关系。但人们往往对居民出行时间要求和出行距离约束分别展开研究，却对二者之间的制约关系关心不足。虽然“直到现在，还很少有人想到要准确地为后人保留传统城市道路体系和建筑结构的基础资料，因而为研究提供的文献资料有限，而且也不尽详尽和准确”[1]，但即便分析现有资料，也足以发现城市日常出行时间和空间都存在着不可忽视的值域范围，以特定“时间基因”限定的中观“城市空间单元”，历史上一直存在，并且必然存在。

20世纪是一个城市化的世纪，交通变革在世界各地催生了大量大城市与特大城市。然而，现在我们知道大部分这样的城市在过大的领域游荡，失去了其特有的都市风格、身份、人性化等本质内涵，因而并不成功。为了解决现代主义城市规划快速发展所产生的诸多弊端，城市工作者将目光更多着眼于技术手段，尝试通过局部调和来修补大城市人性尺度的缺失。这种观念以“邻里单位”“TOD模式”为代表，创造了具有多种用途的小型地方社区，但城市并不能被简化为两个极端尺度——广泛化的全局式和人性化的局部式，因为，局部人行尺度并不能改变城市规划尺度上的问题[2]。

研究表明，日益建成的网络化轨道交通系统，扩展了居民日常生活出行空间的可达界域，从根本上改变了传统城市既有的日常生活出行时空约束关系。适当约束条件下的中尺度空间单元建设，有望同时消弭TOD模式等小尺度城市空间单元局部修补和广域生活圈等大尺度城市空间单元量化不足等缺陷，跨越行政区划和自然边界，形成城市整体与局部、宏观与微观协调发展的平衡点。因此，在“生态绿色、以人为本”“城市空间均衡发展”等“人民城市建设”要求和国家政策导向引导下，在新冠疫情促使城市空间均衡匹配、资源共享等理念更加深入人心的情况下，中尺度城市空间单元探索构建，对我国轨道交通城市空间格局优化意义重大。根据轨道交通城市中尺度空间单元建设案例分析，其成功构建有赖三个必备条件：其一，匀速准时的轨道交通作为骨干交通系统；其二，遵循必要的时空约束规律；其三，“以人为本、均衡发展”的空间匹配方式。对应到实际城市空间单元形态上，则体现为单元尺度量化、分形组合、竞争机变等主体特征。总体而言，轨道交通城市空间优化更新的关键，在于呼应新的时空约束关系、兼顾多方利益平衡的中尺度城市空间单元的合理构建。

[1] L.贝纳沃罗．世界城市史[M]．薛钟灵等译．北京：科学出版社，2000.

[2] Serge Salat．城市与形态[M]．北京：中国建筑工业出版社，2012.

4 时空距离约束下的轨道交通城市空间单元构建研究

对城市发展史、现代城市研究理论，以及多个国家出行情况的调查结果进行分析，可以发现不同时代的城市，居民日常出行时间与城市空间之间存在一定的值域匹配规律，随着交通方式的变革和城市的扩张，时空值域匹配出现了分层设计的要求。通常情况下，轨道交通具有一定的优点，适宜于骨干交通网络的构建，但往往不能通达街巷深处，对整个城市而言难以达到均匀布线的程度，更难以完全取代其他交通形式，因而，城市空间单元构建首先立足于轨道网络为主的绿色交通体系。其次，由于存在快速轨道交通和步行等慢速交通导致的日常出行需求分层，城市空间单元构建最终由精神生活圈和核心生活圈两个层面有机叠合而成。因此，根据城市分层与分裂的对比分析，以及GIS分层思想对城市设计的指导意义分析，轨道交通网络化城市优化建设，需要在发掘空间分层关键性影响因素的基础上，探明其作用机理，并建立起与之相应的城市设计与空间组织理念。

4.1 轨道交通“时空压缩”效应对城市空间产生分层影响

4.1.1 “时空压缩”导致居民身份两重性演化

人们的日常城市生活定位一直以来只是固定的居住者，城市研究工作者对城市居民的认识一直也只限于“居住者”的角色。然而，在物质生活极大丰富，交通变革不断推动城市扩张的情况下，城市居民的身份已经具有了“居住者”和“观光客”的两重性。

目前国内的城市轨道交通分类包括节点导向与功能导向两类[1]。然而无论哪一种类

[1] 节点导向的分类依据主要是车站的交通功能，例如分为大型换乘枢纽站、换乘站、一般车站等。功能导向主要是按照站点周边用地功能及在城市中的作用进行划分。从对站点地区土地开发引导的角度来看，功能导向的分类更为适宜。

型的区域功能，都同时包含两种基本属性和使用人群，即居住和居住者、观光和观光客，一种类型站点区域的居住者有可能就是其他站点区域的观光客。

4.1.2 两重身份与两种出行尺度范围的分层对应

“时空压缩”效应促使城市日常休闲和旅游出行表现出一定的趋同性，进而导致此类出行需求频次的提高和可容忍出行时间的缩短，致使这一类出行需求与日常生活出行产生了交集。

由于人们不变的生理和心理特征，满足人们日常生活和居住的物质生活需求的城市空间单元，无论交通工具怎样变革，都难以突破 10min 理想出行时间范围的边界。而为满足精神生活需求以及“观光者”身份的行为活动，包括前往图书馆、美术馆、博物馆，以及大型城市公园、绿地等第三空间，却跟随交通工具速度的变革产生了巨大的变化，出行 30min 左右时间为上限所能通过的距离远远突破了满足物质生活需求的城市边界。

在传统城市空间中往往难以区别对待的这两个方面，随着轨道交通网络化的发展，以及城市居民两重身份的出现，产生了分离设计的要求。因而，轨道交通网络化的城市空间单元，从功能、范围、组织形式等方面都远远超越了以往的认识范畴，成为城市空间组织的基本层级。

4.1.3 轨道交通城市空间单元的时间——空间分层特征

1. 时间分层——核心生活出行时间与精神生活出行时间的分层

轨道交通为主的城市，满足交通方式可变与日常出行时间需求不变的规律。人们不变的生理和心理特征，基本限定了 10min 理想出行时间的核心生活出行时间范围不变，30min 的城市居民预期出行时间约束，也同样会随着居民生活品质，尤其是精神生活出行需求的提高而固定下来。

轨道交通网络化的城市日常生活出行仍然存在一定的时间约束，因此日常出行范围具有有限性——这是轨道交通背景下城市日常生活空间尺度研究的依据，也是城市绿色出行环境研究的关键。

2. 空间分层——核心生活圈和精神生活圈的空间分层

满足物质生活需求的空间，由于人们不变的生理和心理特征，其时空距离变化有限，组成城市空间单元的短臂距离向度，出行频次相对较高，可称其为核心生活圈。

如果将我国居住区规定的各项设施适宜的步行时间距离与服务半径视为汽车时代的核心生活圈，那么在轨道交通网络化背景下，依赖良好的轨道交通加步行、自行车等生态出行系统，以轨道站点为中心向外扩展的时空半径，将有能力使人们的核心生

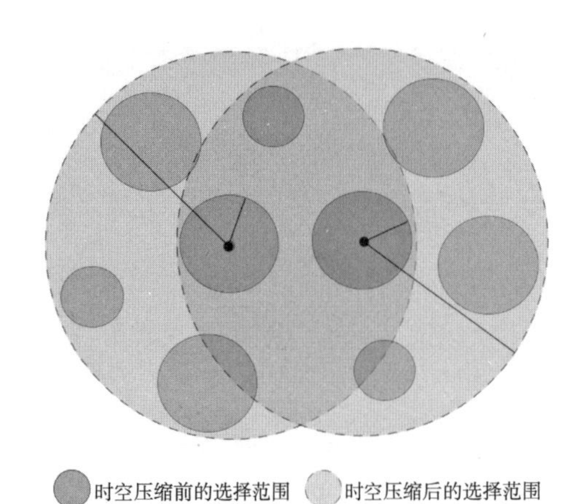

图 4-1　时空压缩效应带来的日常出行范围变化

活圈进一步向外扩展。

满足精神生活需求的空间，因其时空距离随交通变革而获得延伸，组成城市空间单元的长臂距离向度，并成为“时空压缩”效应向外扩展的主要空间部分，可称之为精神生活圈；其与相邻空间产生叠加，致使城市空间单元在长臂距离向度上与周边城市空间产生了共享与互补的可能，从而有效放大了影响范围固定的城市要素的辐射能力，为有效节约城市公共资源、促进公共利益共享、避免城市资源重复浪费开发或分配不均提供了可能（图 4-1）。从这一层面来说，满足精神生活需求的城市空间单元的向度，将会是现代城市空间整体性设计的切入点与结合点。

总体而言，轨道交通网络化背景下的城市空间单元应由核心生活圈和精神生活圈两部分组成，即轨道交通背景下的城市空间单元，是由核心生活圈和精神生活圈，通过有条件的分层叠加而形成的城市空间区域。依据轨道与步行、自行车为主的绿色交通体系的时空可达性，及特定出行时间所覆盖的出行范围来看，轨道交通背景下的城市空间单元具有多向度、不等臂、立体化等空间特征。

4.2　轨道交通网络化城市空间单元时空距离模型构建

4.2.1　轨道交通城市居民预期出行时间及日常出行空间范围界定

1. 时间范围界定

（1）预期出行时间范围下限

随着交通技术的快速发展，理想城市规模、邻里单位和 TOD 等 10min 步行理想城市空间单元的构想,都是城市研究中尝试从“个体出行”和“出行时间”方面入手的理论探索。10min 一般被认为是步行出行的理想时间，而研究中一般将出行 5min 作为一次出行行为。因此，轨道交通城市居民日常出行的时间范围可以 5min 步行出行时间为下限。

（2）预期出行时间范围上限

综合空间尺度、时间尺度以及预期出行时间与城市生活空间尺度的研究，可得出如下结论：

①步行 30min 左右的距离，限定了中世纪之前生活性城市最大规模直径基本不超过

2 ~ 3km。因而，步行时代，一个城市即为一个满足人们日常生活需求的完整空间单元。

②公共交通时期城市规模虽然有了显著扩大，但其直径大多保持在公交或有轨电车出行 30min 左右的距离范围内。

③现代城市交通条件下，居民出行时间预期（可容忍时间）通常单程以半小时为限的出行时间容忍性的调查，进一步佐证了城市日常出行时空距离存在着 30min 的束缚边界。

由此可见，城市居民日常出行时空距离，受限于交通工具的时空可达性。一般情况下，使用城市的主要交通方式半小时通过的距离，就是居民日常生活愿意到达的空间范围，这一空间约束大约决定了城市空间单元演化的规模（图 4-2）。

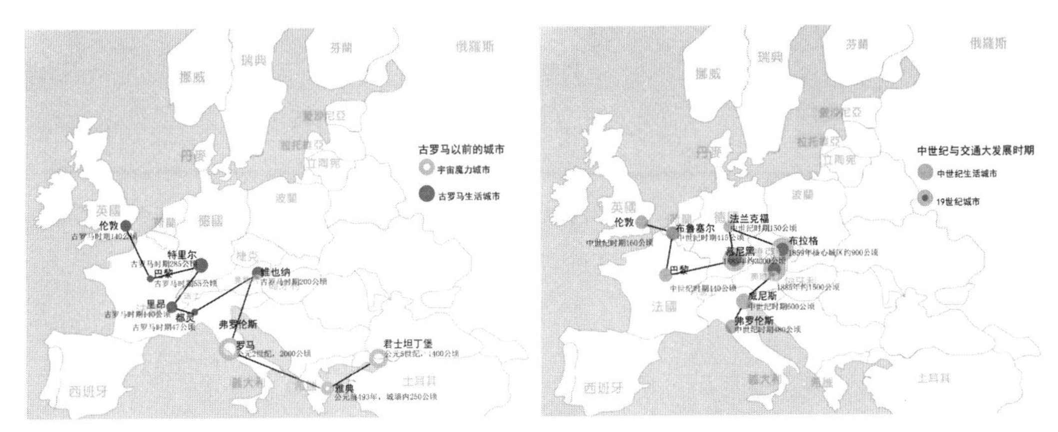

图 4-2 不同历史时期不同交通方式对应产生的城市

（3）预期出行时间范围界定

基于可识别的城市空间单元最大规模，是以城市主要交通方式运行 30min 通过的距离为直径限定的空间这一认识，在轨道交通为主的绿色交通系统下，城市中单次出行活动可以在 30min 以上，但承载人们日常物质生活和精神生活的“城市空间单元”应以 30min 出行距离为直径加以限定。在轨道交通网络化的城市空间中，考虑以轨道交通和步行、自行车等绿色交通方式为主，公共汽车和小汽车为必要补充，确定城市居民合理的日常生活出行时间范围为：

$$S_0 \approx 5 \sim 30\text{min}$$

S_0 包括步行所用时间，自行车所用时间，轨道交通所用时间，以及候车、换乘、垂直交通等完成一次出行的必要时间。其中，步行速度：1.03 ~ 1.28m/s，自行车速度：11 ~ 14km/h，轨道交通平均运行速度：30 ~ 40km/h（表 4.1）。

城市中不同交通方式的运行速度及其 10min 出行距离　　表 4.1

出行方式	运行速度	10min 出行距离
步行	1.03 ~ 1.28m/s	618 ~ 768m
自行车	11 ~ 14km/h	1.83 ~ 2.3km
公共汽车	30 ~ 40km/h	5.0 ~ 6.7km
小汽车	60km/h（限速）	10.0km
轨道交通	35 ~ 40km/h	5.8 ~ 6.7km

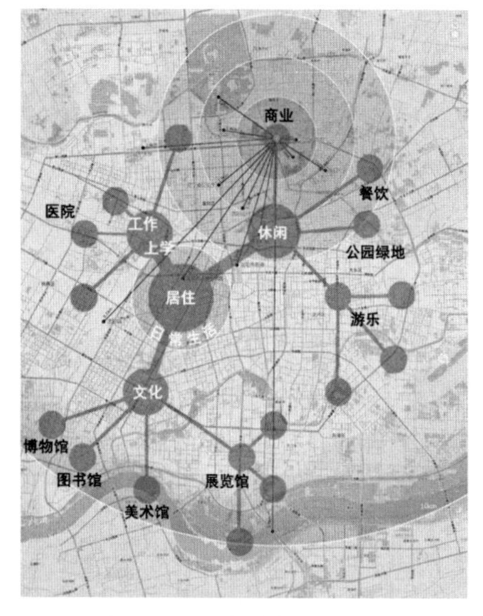

图 4-3　现代城市功能扩展

2. 基于时间预期的出行空间范围界定

随着社会的发展进步，现代城市居住、就业、游憩、交通等四大功能不断扩展，除了工作、上学、就医等刚性出行需求和必要的旅行活动之外，购物、休闲、健身、运动交往、外出就餐，以及去图书馆、博物馆、美术馆、展览馆、影剧院、游乐场所和大型公园绿地等众多逐渐发展增加的现代城市社会及文化娱乐活动，都已成为人们日常出行范围内的期望目标（图 4-3）。但人们对大多数活动出行时间的心理预期及出行容忍度，比之工业革命以前却并没有什么本质的变化。因而，从人性化的角度来看，城市整体最终应由预期出行时间（可容忍时间）限定的可达性空间单元组成。

4.2.2　预期出行时间约束下城市空间单元时空距离模型构建

依托轨道交通的日常出行，距离最小值可确定为步行出行 5min 所通过的距离，而最大值及中间值则需对步行、自行车和轨道交通等交通方式在候车、换乘及运行 30min 内所产生的距离进行计算。建立其合理出行时空距离模型：

$$L=\sum_{n=1}^{\infty}(V_n \times S_n)$$

式中：L 为出行距离，V_n 为交通运行速度，S_n 为运行时间。

当公式中“轨道交通”所用时间 $S=0$ 时，代表轨道交通背景下轨道站点周围地区的短臂出行行为。“轨道交通”所用时间 $S>0$ 时，代表借助轨道交通、步行、自行车相结合的绿色交通体系发生的长臂出行行为。其中，步行距离 = 步速 × 步行时间，自行车出行距离 = 自行车速 × 自行车出行时间，轨道交通出行距离主要受到轨道运行时速、进出站及候车时间、换乘时间等因素影响，包括轨道运行时速、进出站及候车时间、换乘时间等。

4.3 基于时空距离模型的理想城市空间单元分层构建研究

4.3.1 短臂距离：核心生活圈的空间尺度与特征

1. 核心生活圈的空间尺度

（1）理想出行时间内借助“多模式绿色交通体系”的距离拓展分析

由于核心生活圈范围受 10min 理想出行时间的约束，增加轨道站点辐射半径和影响力的可行性方法，就是合理建设结合轨道交通的绿色交通体系，有效放大 10min 所能通过的距离。

借助步行与自行车相结合的绿色交通体系，10min 理想出行时间的最大出行范围分为两种情况。一种是自行车进入社区，以私有自行车为主，另一种是自行车进入社区公共中心，以公共自行车为主。进入社区端和社区公共中心端的公共自行车网点，都可以实施城市和社区共建的制度。

根据国际上关于轨道站点 150m 半径范围内大部分人愿意步行的调查结果，以及人行平均步速 1.03 ~ 1.28m/s、自行车出行时速约 11 ~ 14km/h 的相关研究成果，公共自行车需在轨道站周边 150m 半径处设置停靠点。150m 步行大约需要 2 ~ 2.4min，则在 10min 理想出行时间里，借助自行车出行的时间最长可达 7.6 ~ 8min，出行距离达 1390 ~ 1860m（表 4.2）。因此，根据步行理想出行时空距离的限制，以公共自行车和步行等绿色出行方式为主，依托轨道站点可形成一个 500m 半径的绿色出行空间组团，共同组合形成绿色交通体系下半径为 1500m 的核心生活圈。

步行 + 自行车绿色出行 10min 覆盖范围　　表 4.2

出行方式	运行速度	10min 分配	出行距离
步行	1.03 ~ 1.28m/s	2 ~ 2.4min	150m
自行车	11 ~ 14km/h	7.6 ~ 8min	1390 ~ 1860m
		10min（合计）	1540 ~ 2010m（合计）

受步行理想出行时空距离限制，在核心生活圈外层，绿色交通系统的布局，应考虑社区步行半径范围中心设置社区中心公共自行车网点；在核心生活圈核心，不影响

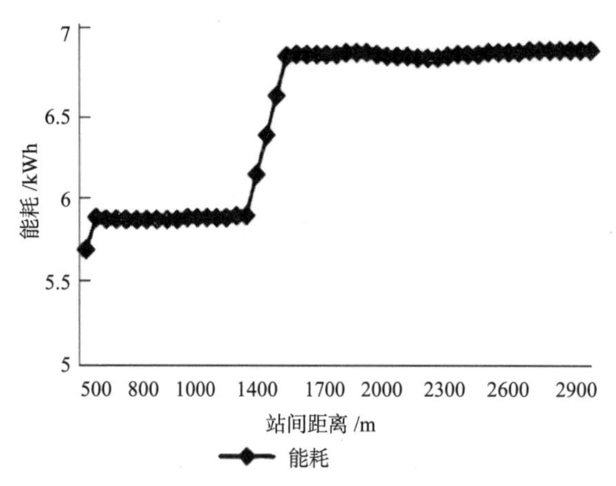

图 4-4 城市轨道交通能耗与站间距关系示意图

图片来源：王琼，梁青槐 . 城市轨道交通合理站间距的研究 [J].

交通和疏散的情况下，公共自行车站点设置应不超过轨道站点 150m 半径的范围。

（2）借助轨道交通运行属性的距离限定分析

有研究表明，地铁车辆启动、加速至最高运行速度、停车的全过程约需运行 1100m，因此小于 1100m，列车无法达到最高运行速度，影响其运行效率。而列车运行能耗的增加存在两个平台效应，即站距在 550m 以下和 1300 ~ 1500m 之间两个能耗快速增长梯段，如图 4-4 所示，能耗随着站间距的变化并非直线增长。站间距 550m 以下能耗虽小，但列车运行速度也难以满足轨道交通的服务要求；站间距在 550 ~ 1300m 时，能耗变化较小，列车运行效率随站间距的增加而增大；1300 ~ 1500m 能耗增加明显，不建议选用[1]（图 4-4）。考虑到列车运行效率及能耗的限制，站间距宜在两个平台效应区间选择，且需综合考虑出行时间、吸引客流强度等影响因素。即短距离站距宜选在 550 ~ 1300m，长距离站距宜选择 1500m 及以上。

（3）核心生活圈有效范围界定

依托轨道交通站点的核心生活圈的范围，受理想出行时间和轨道交通运行特性的双重限定，其有效影响范围，并非借助绿色交通工具而具有无限放大的能力。

根据本节研究，结合目前地铁站域城市研究以步行 500m 为半径的范围界定，以及轨道交通站点间距设置受能耗因素影响，借助轨道交通为主的绿色综合交通体系建设，可将以轨道站为中心的核心生活圈范围扩大到 1500 ~ 1800m。

2. 核心生活圈的空间特征

（1）核心生活圈的空间布局特征

通常情况下，轨道交通具有一定的优点，适宜于骨干交通网络的构建，但往往不能通达小区街巷深处，对整个城市而言难以达到均匀布线的程度，更难以完全取代其他交通形式。结合站域绿色交通体系的核心生活圈建设能够有效扩大轨道站点影响范围，实际上能够与居民日常出行需求形成较好的叠合关系（图 4-5）。

因此，短臂距离上核心生活圈的空间特征如下：

[1] 王琼，梁青槐．城市轨道交通合理站间距的研究 [J]．铁道运输与经济，2012，34（6）：82-85，90.

①核心生活圈依托轨道站点，以步行500m为半径形成轨道沿线的核心影响带，以及步行＋自行车辐射带，轨道站点影响半径扩大到1500m。

②站域开发以核心影响带＋圈层发展为主，围绕站点形成规模更大的商业、办公，以及公园绿地等第三空间系统；外围可以是以500m为半径的独立居住组团，也可以通过增加绿色交通站点形成更大规模的居住空间，或者与轨道站点功能形成联合开发区域（图4-6、图4-7）。

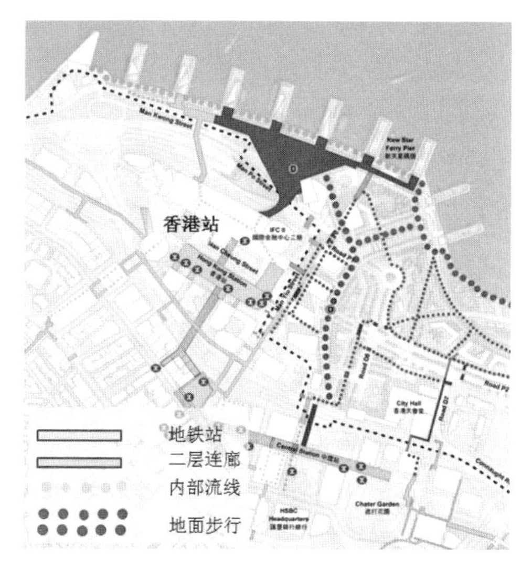

图4-5　站域与轨道站点的便捷衔接系统示意

图片来源：城市轨道沿线地区规划设计导则，2015.

③在单元核心区距离轨道站点150m半径范围内，设置公交自行车站和自行车停车场；在核心生活圈外层各个500m半径的组团中心，结合公共空间设置公交自行车站点。确保轨道站点影响范围内，任意一点步行＋自行车出行10min可转换为轨道交通。结合各组团中心或公交自行车设置带安排满足居民日常生活需求的居住、办公以外的第三空间。

④绿色、人性化为核心的便捷出行环境设计，越靠近轨道站点越应重点考虑“小街区、密路网”，地下开发应主要集中在轨道站域500m左右的步行范围。

⑤相邻核心生活圈考虑城市功能共享与互补（图4-8），因而其影响范围可以作为测算城市中心及外围轨道线网、确定站点间距的重要依据和因素。

相对于轨道交通网络较密集的城市中心，越到城市外围区域，轨道站距增大，线网密度相对越小，结合绿色交通系统的城市空间单元的时空可达性优势越明显。

土地混合使用方式，更容易增强区域的集聚效应，也更容易营造较大的绿色出行环境和静谧的生活空间，为倡导稳静化交通的城市设计提供了较好的参考尺度及建设实施的可能性。

根据站点地区最低容纳的居住及就业人口，国际通常的TOD模式已有一定的土地混合利用理论研究成果及研究经验，即站点半径0 ~ 500m范围内土地使用强度分布的理想模式：（1）0 ~ 150m范围，为核心控制区，容积率大于2.5，用地功能包括轨道交通站点、公共广场和公共设施用地，提倡较高强度开发，办公与商业以及部分住宅的混合开发，以增加核心区的多样性以及活力。（2）150 ~ 300m范围，为一级强度控制区，开发强度次于核心控制区，为中高强度开发，容积率为1.5 ~ 2.5，土地使用功能主要为商业办公和住宅开发。（3）300 ~ 500m范围，二级强度控制区，

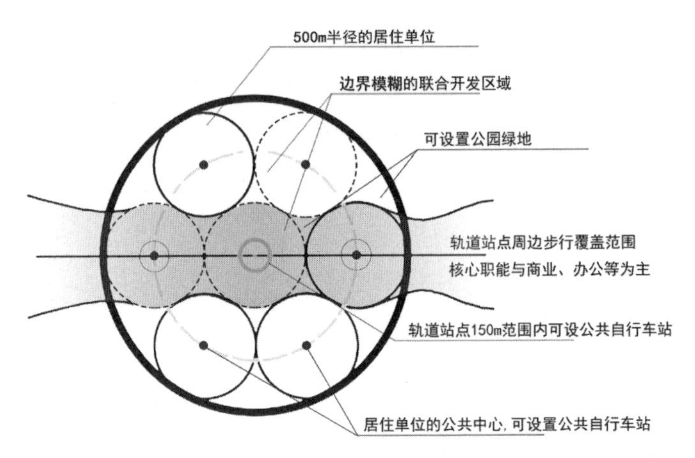

图 4-6　核心生活圈绿色交通站点设置及其功能形态组合示意

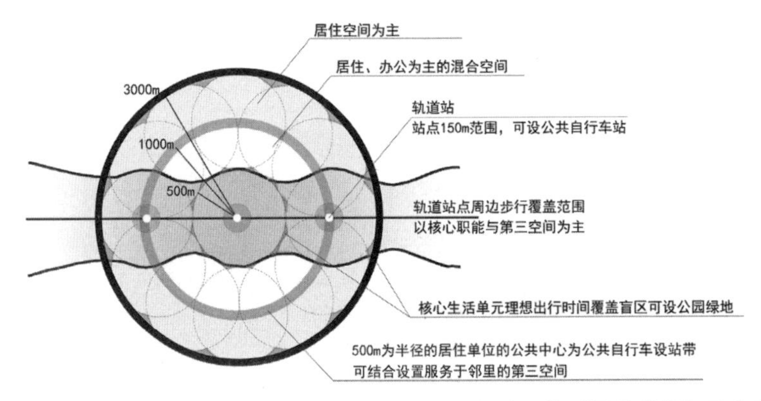

图 4-7　通过增加绿色交通站点的方式引导“核心生活单元”外围的“居住单位”呈实质性带状发展

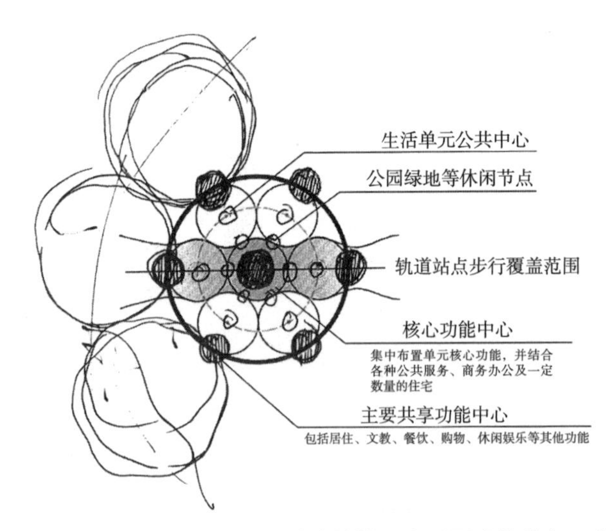

图 4-8　依据“时空压缩”效应的核心生活圈功能共享示意图

为中强度开发，容积率为 1.5 左右，土地使用功能主要为住宅用地以及配套公建用地[1]。这些成果体现了轨道站域开发强度的圈层式递减规律，可借鉴应用于借助绿色交通体系扩展的站域开发，但其半径范围可以考虑依次向外，以及向地下延展的机会（表 4.3，图 4-9、图 4-10）。

短臂距离上核心生活圈的空间模式　　表 4.3

序号	核心生活圈空间模式	
	特征	图示
1	轨道站点影响半径扩大到 1500m，轨道站域 500m 范围沿轨道线形成步行覆盖带，站域开发以核心影响带 + 圈层发展为主。城市空间立体化开发目前应主要优先考虑轨道站域 500m 的范围内	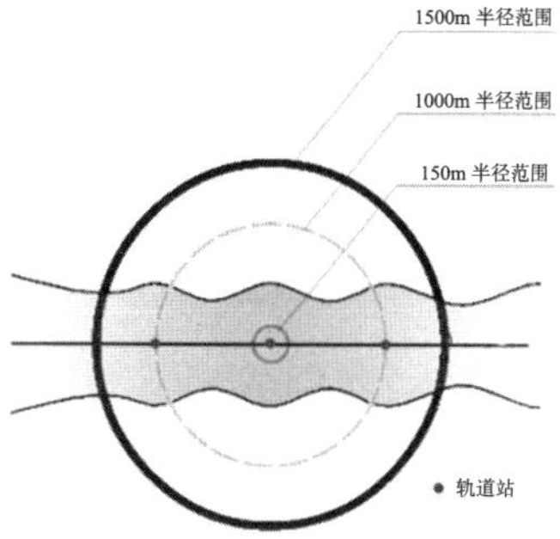 1500m 半径范围 1000m 半径范围 150m 半径范围 轨道站 绿色出行拓展的站域范围，立体化开发优先考虑轨道站域 500m 的范围
2	围绕站点形成规模更大的商业、办公、公园绿地等第三空间系统。外围可以是以 500m 为半径的独立居住组团，也可以与轨道站点功能联合开发。满足居民日常生活需求的居住、办公以外的第三空间可结合圈层各组团中心或公交自行车设置带安排	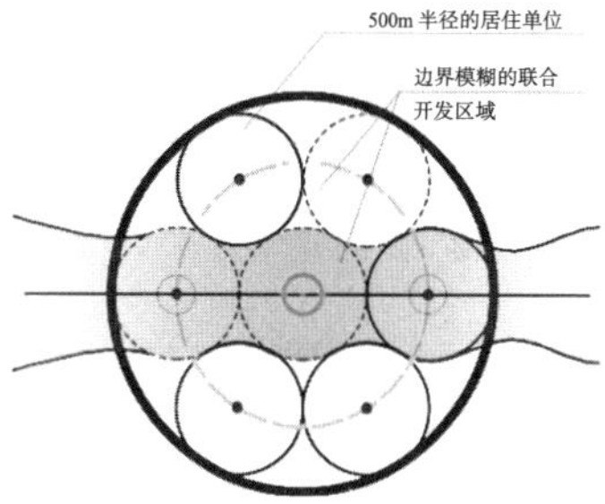 500m 半径的居住单位 边界模糊的联合开发区域 “边界模糊”的联合开发，绿色交通优势覆盖盲区优先考虑城市公园绿地建设
3	组团进一步联合可形成单一职能的核心生活圈	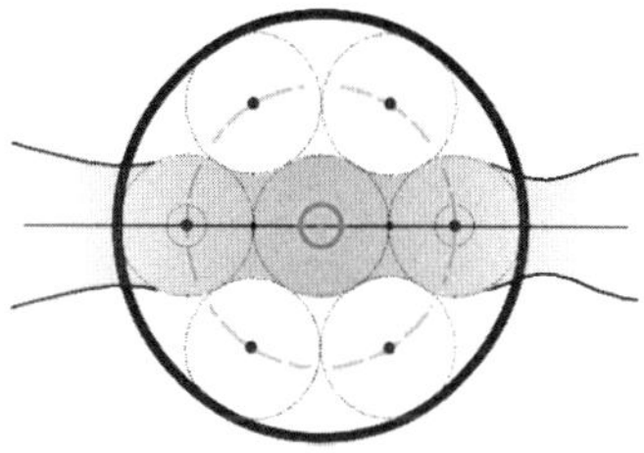 组团边界模糊，形成规模更大的城市商业、办公、休闲、娱乐等空间

[1] 郑文含．不同类型轨道交通站点地区开发强度探讨 [J]．城市发展研究，2008（S1）：93-95.

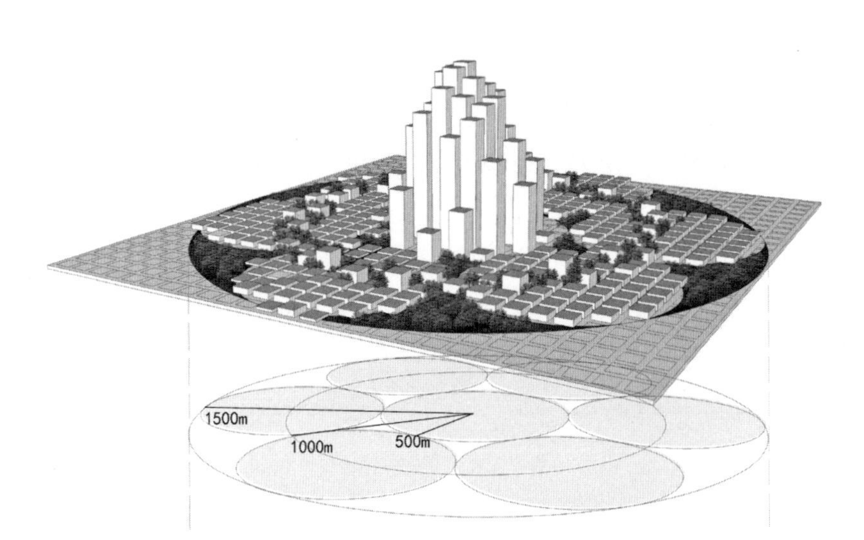

图 4-9　以轨道交通站点为中心的核心生活圈开发强度示意

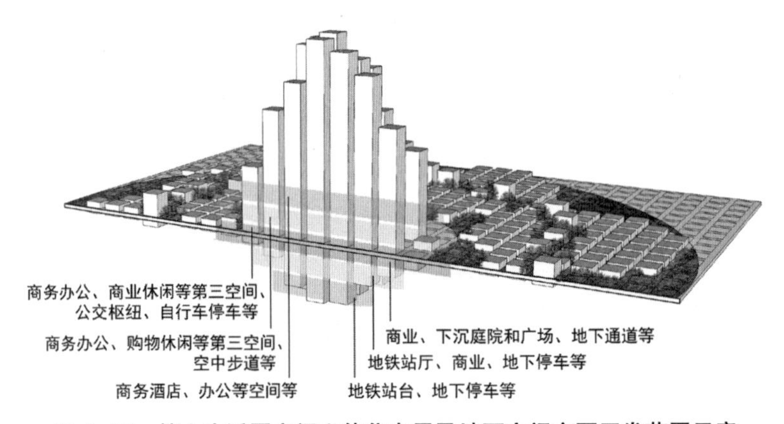

图 4-10　核心生活圈空间立体化布局及地下空间主要开发范围示意

立体化已是轨道交通城市发展的必然趋势，城市空间单元的立体化营建与空间的立体化组织方式将会是轨道交通城市的重要特征之一。[1] 尤其是地铁建设，广泛带来了城市地下空间的开发利用（图 4-11）。轨道交通的城市设计不同程度都尝试了城市空间的立体化利用。在城市地下空间开发成为必然趋势的情况下，轨道交通网络化的现代大城市迎来了空间立体化发展的新时代。未来应结合轨道交通的快速发展建设，在城市空间单元立体化方面进行大胆而新颖的探索，突破零界面认知基础。

[1] 在《国家中长期科学和技术发展规划纲要》（2006 ~ 2020 年）中，城镇化与城市发展为重点开展研究领域，其中明确指出城市地下空间开发利用技术为优先主题之一。地下空间开发是解决城市人口、资源、环境三大危机的重要措施。引自：姚杨主编．城市地下空间环境质量保障关键技术．北京：中国建筑工业出版社，2010.

图 4-11 轨道站点步行范围内城市空间立体开发示意

图片来源：城市轨道沿线地区规划设计导则，2015。

相对于营造健康舒适的城市空间环境、完善和改进不利环境因素，城市步行体系零水平面的存在与否并不重要，如果因为它们四处存在，而使城市环境质量有所改善，则正是轨道交通城市空间环境优化所应采纳的方式。步行系统应与轨道站点衔接便捷，地面步道应较好联系空中和地下步行系统。通过多意空间或公共设施设计，将公园搬入人行系统，为市民在繁忙的城市车流之间创造一个安全舒适的慢行休闲环境（表 4.4）。

便捷衔接轨道站点的立体化步行系统设置模式 表 4.4

类型	设置模式	示例
空间步道：完善城市低空衔接，设计空中休闲和可停留空间	独立的空中步道，结合设计茶室、咖啡厅、花店、街市、图书馆和温室等城市第三空间，丰富城市空间层次和功能	韩国首尔路 7017 空中花园步道

续表

类型	设置模式	示例
空间步道：完善城市低空衔接，设计空中休闲和可停留空间	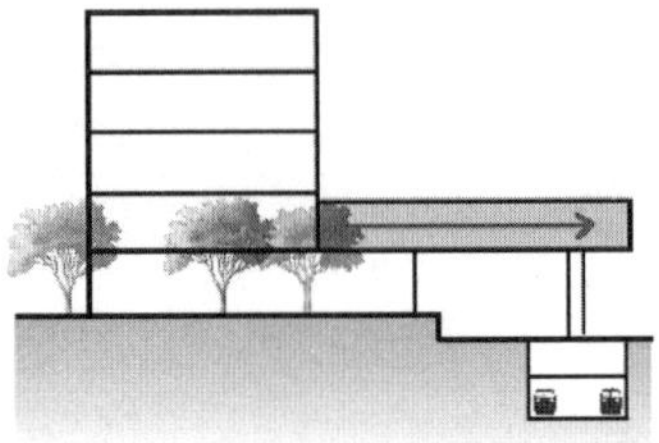 与建筑平台结合，成为建筑的延伸部分，进一步弱化建筑室内外与地上地下的概念	 松江金融集聚区城市设计
	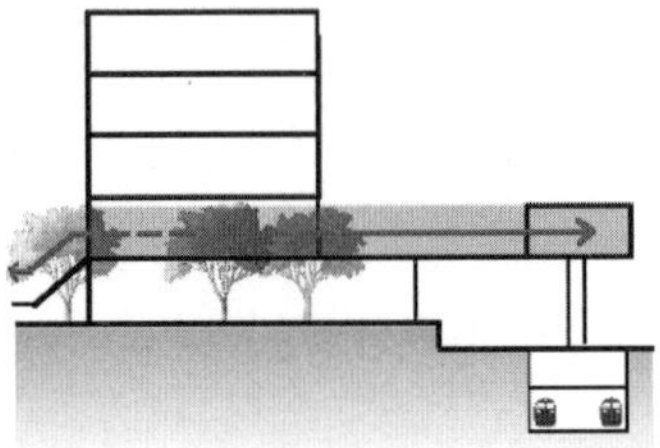 进入建筑内部或穿越建筑，形成联系站点建筑的多层次立体步道	 松江金融集聚区城市设计
地下步道：便捷联系轨道交通站点，同时通过下沉或中庭等，将阳光、风等自然要素引入地下，改善地下空间环境质量	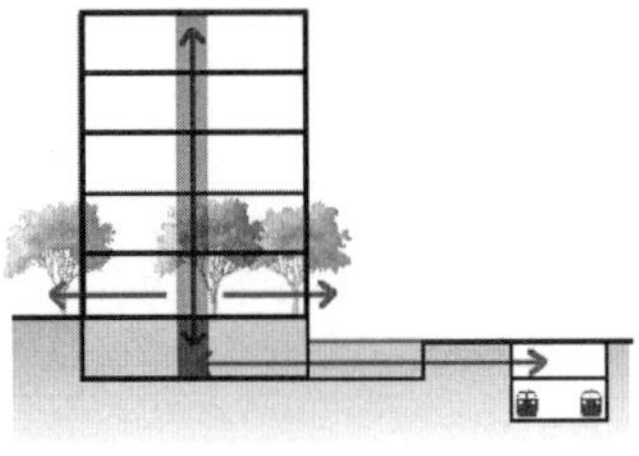 下沉式步道，以下沉庭院、广场作为重要节点	 南京江北新区中心区下沉步道与广场设计
	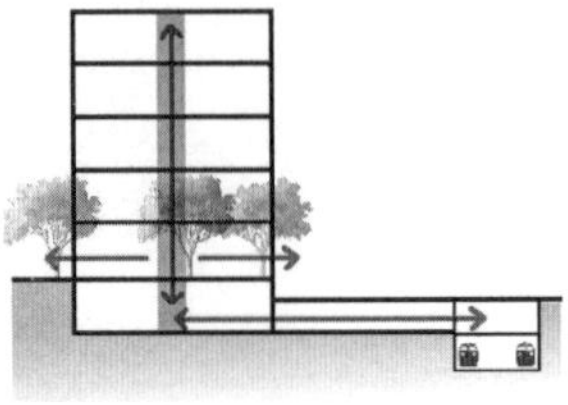 下穿式步道与地下步行街，可结合地下功能建筑	 南京江北新区中心区地下空间设计

续表

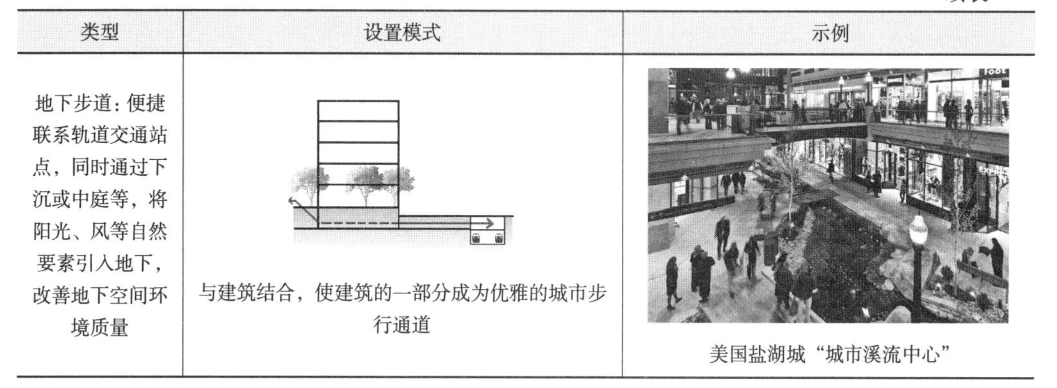

类型	设置模式	示例
地下步道：便捷联系轨道交通站点，同时通过下沉或中庭等，将阳光、风等自然要素引入地下，改善地下空间环境质量	与建筑结合，使建筑的一部分成为优雅的城市步行通道	美国盐湖城“城市溪流中心”

（2）“核心生活圈”引导城市空间呈实质性带状发展特征

在轨道交通为主的绿色交通体系下，轨道站点的核心影响范围大幅度扩展。以北京轨道站域影响范围的空间句法分析为例，可见轨道交通对城市的可达性影响沿轨道线路均匀向外辐射，城市空间沿新的轨道线路分布，一定程度上打破了“摊大饼”式的发展形态，促使城市空间扩展方式转向“辐射式”廊道发展（图 4-12）。

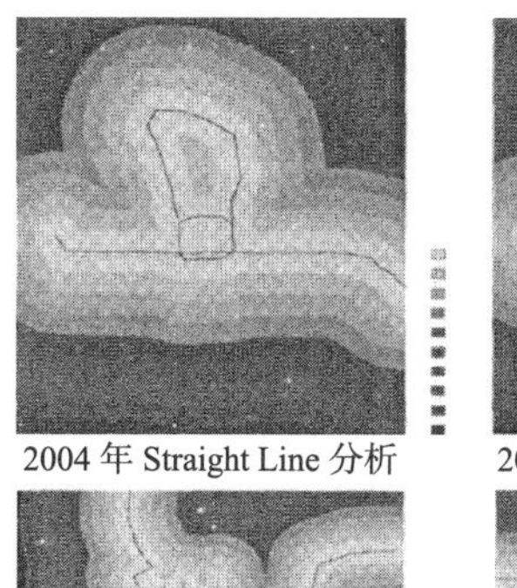

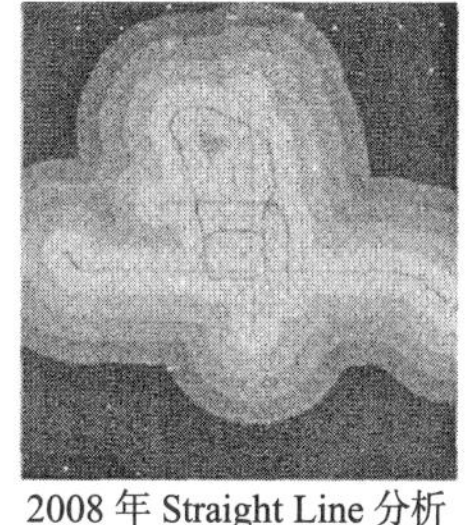

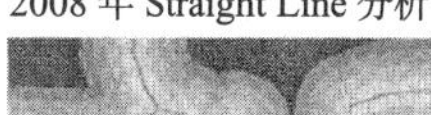

2004 年 Straight Line 分析　2008 年 Straight Line 分析

2011 年 Straight Line 分析　2011 年 Straight Line 分析

图 4-12　北京不同时期轨道交通可达性分析

图片来源：李晓贝．轨道交通影响下北京城市空间形态演变研究基于空间句法的分析：基于空间技法的分形 [D]. 北京交通大学，2013.

我国通常以步行 10min 距离规划轨道站点影响范围，远小于借助步行、自行车为主的绿色交通系统出行 10min 的轨道站点影响范围。满足基本生活需求的核心生活圈得以扩大，轨道沿线发展将突破串珠状形态，而呈现出实质性的带状发展形态（图 4-13、图 4-14）。

4.3.2　长臂距离：精神生活圈的空间尺度与特征

轨道交通网络化的“精神生活圈”研究，可系统分析轨道交通网络化站点与各级城市中心、地上地下城市空间、大型商业、公园绿地等大型公共资源的相互关系及影响，探索分析轨道交通网络化背景下城市空间单元长臂距离上的尺度、范围、规模、形态、时空距离等方面的变化，以及满足现代城市生活出行需求的新的空间单元的组织及设

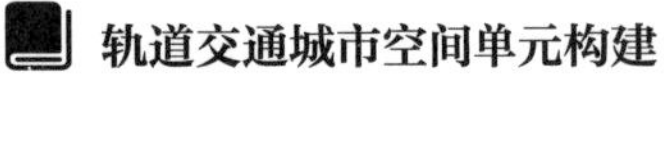

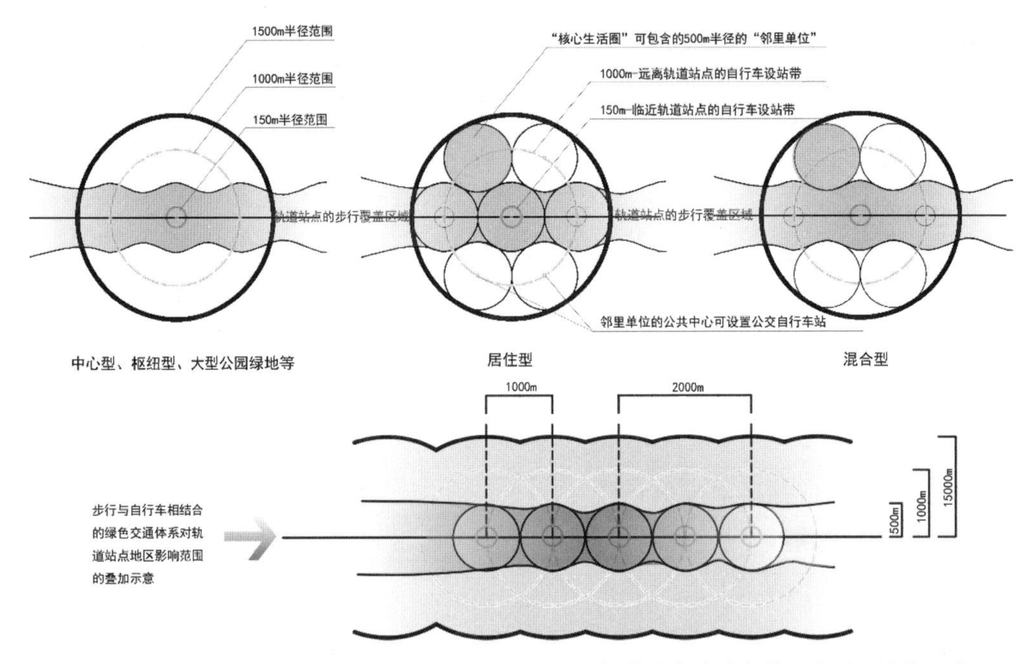

图 4-13　轨道线网密度较大的城市中心区域，依托轨道站点的城市核心生活圈结构示意（1500m 半径为例，平均站间距 1000m）

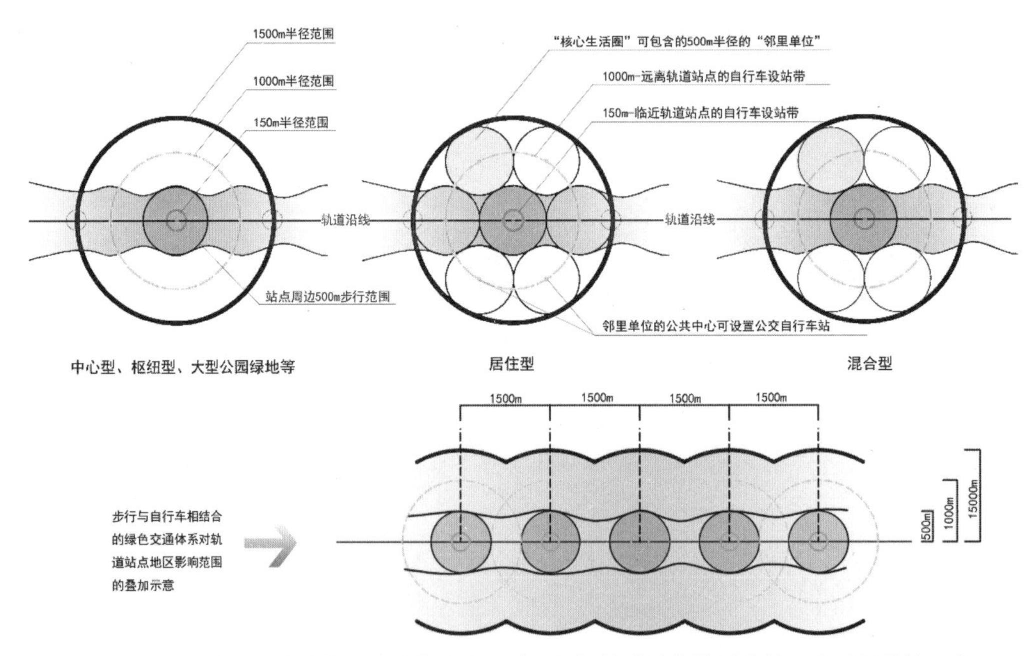

图 4-14　轨道线网密度较小的城市外围区域，依托轨道站点的城市核心生活圈结构示意（1500m 为例，平均站间距 1500m）

计方法。

1. 理想精神生活圈的空间尺度

由出行距离模型可知，依靠轨道交通的日常生活出行距离是控制“长臂距离”的主要因素，在一定出行时间范围的限制下，这一距离的具体数值受轨道线网布局、站点地区城市功能、综合交通情况，以及轨道交通换乘次数、与其他交通驳接等多方面因素的影响。

从尊重轨道交通公平共享的原则出发，精神生活圈的有效影响范围计算，应以区域内居民出行时间上限为依据。根据相关研究和规范要求，轨道站设计标准进出站加候车时间约为5min；一次绿色换乘约为5min；考虑轨道站点与起始点和出行目的地都存在门对门、点对点的绿色出行耗时大约5 ~ 15min；因此在30min左右日常生活出行时间范围内，依靠轨道交通出行的最大距离约为10 ~ 15min所通过的距离。

依据：

$$L=\sum_{n=1}^{\infty}(V_n \times S_n)$$

式中，S_n包括步行所用时间，自行车所用时间，轨道交通所用时间，以及候车、换乘、垂直交通等完成一次出行的必要时间。其中，步行速度：1.03 ~ 1.28m/s，自行车速度：11 ~ 14km/h，轨道交通宜保障其正常平均速度：约为35 ~ 40km/h。

计算得到居民轨道交通理想出行最大距离约为5.83 ~ 10km，也即轨道交通城市空间单元长臂覆盖距离精神生活圈的极限范围。根据轨道交通线网覆盖情况的不同，城市空间单元的长臂距离覆盖范围及形式亦会有所不同。

当轨道交通所用时间$S=0$时，代表轨道交通背景下轨道站点周围地区的短臂出行行为。当轨道交通所用时间$S>0$时，代表借助轨道交通、步行、自行车相结合的绿色交通体系发生的长臂出行行为。

轨道交通运行速度较小，表明轨道站点密度较大，则其他出行减少的时间反而可以用来延长轨道交通出行的距离。当轨道交通运行速度较大时，例如，50km/h以上的速度，基本属于运行在市郊的单线轨道交通线路，轨道站距较大，结合绿色交通体系建设，可形成类似于马恩拉瓦莱新城、多摩田园都市等主要沿轨道线路展开的“带状”城市空间单元。

2. 精神生活圈的空间特征

现代城市日常生活的出行目的地主要包括教育、文化、商业、餐饮、休闲娱乐、公园绿地等。精神生活圈层面宜优先考虑城市的集聚效应和规模效应，城市设计充分体现公共资源共享和公共利益保护的原则。

在轨道交通为主的综合交通体系下，商业、餐饮等“第三空间”可结合单元中心布置，其余功能可根据需求频率，布置于单元内轨道线路的最远端，从而使这些城市功能都有机会与其他城市空间单元形成共享关系，并在该处形成集聚中心，凸显其集聚效应。因而，长臂距离上的“精神生活圈”具备以下特征：

①精神生活圈以轨道交通为主的绿色交通体系出行 30min 所通过的距离为直径加以限定。

②精神生活圈包含数个以轨道交通站点为依托的核心生活圈，并且借助轨道交通站点形成城市空间单元的公共中心和多个副中心。

③结合公共中心综合考虑单元核心功能的空间布置。在长臂距离的单元中心位置设置公共中心，以商业、办公、餐饮服务等日常出行频次较高的公共服务功能集中为主，为人们的高频次日常出行提供最为便利的可达途径。

④结合副中心合理考虑图书馆、书店、展览馆、美术馆、博物馆、区域性城市记忆档案馆、影剧院、大型综合医院、大型公园绿地（包括高校、景点）等各类社会及文化娱乐功能的组合安排与布局。

⑤与相邻城市空间单元共享的功能中心，本着城市资源节约共享与公平的原则，尽量结合轨道站点布置在单元外围，与其他城市空间单元形成共享关系。

⑥各主要功能节点依靠轨道交通联系，并以步行、自行车、公共汽车等绿色交通方式为辅助。

轨道交通网络化的大型城市中心区域，其精神生活圈可在延续田园城市研究的基础上，系统分析轨道交通网络化站点与各级城市中心、地上地下城市空间、大型商业、公园绿地等大型公共资源的相互关系及影响，探索分析轨道交通网络化背景下城市空间单元长臂距离上的尺度、范围、规模、形态、时空距离等方面的变化，以及满足现代城市生活出行需求的新的空间单元的组织及设计方法。

4.3.3 分层叠合：构建完整城市空间单元的基本模式

一个完整的理想城市空间单元由短臂距离的核心生活圈与长臂距离的精神生活圈分层叠加而形成。依据田园城市模型，轨道交通线网采用“△”型和“米”字型成网，精神生活圈和核心生活圈形成包含、相交或相切的关系，相邻城市空间单元则以相切的关系进行组合形成城市总体，并以单元形式限定城市边界。因而，理想城市空间组合模式中，精神生活圈直径宜取核心生活圈半径的倍数。根据核心生活圈符合预期出行时间及站距能耗优化约束而确定下来的 1500m 有效影响半径，结合轨道交通短距离站距宜选在 550 ~ 1300m、长距离站距宜选择 1500m 及以上的较小能耗研究，精神生活圈尺度宜为 5.83 ~ 10km 范围内轨道交通 4 ~ 6 站的距离，也即直径 6 ~ 9km 的中观城市空间结构。

如图 4-15 所示，精神生活圈限定了城市空间单元长臂距离的极限——满足居民日常精神生活出行的最大覆盖范围，精神生活圈的中心应尽量与轨道交通换乘点结合。核心生活圈以 1500m 为半径形成了城市空间单元的短臂距离。

大部分核心生活圈的中心呈现为精神生活圈的共享中心，在城市设计中应重点考虑其功能叠合与效益集聚的实现，结合适当的轨道交通站点间距，精神生活圈与核心生活圈也可存在完全包含关系（图 4-15）。

核心生活圈的主要功能宜与精神生活圈的各功能节点统筹设计，实现城市功能叠合与效益集聚，实现轨道交通背景下城市居民日常出行范围的有效扩大和生活范围的有序扩展（图 4-16）。总体上，城市空间单元在短臂距离和长臂距离上的分层叠合应根据出行需求进行以下五个方面的考虑：

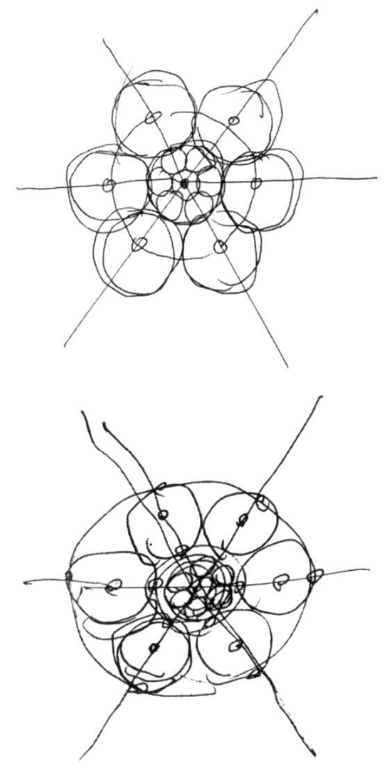

图 4-15　精神生活圈与核心生活圈叠合示意

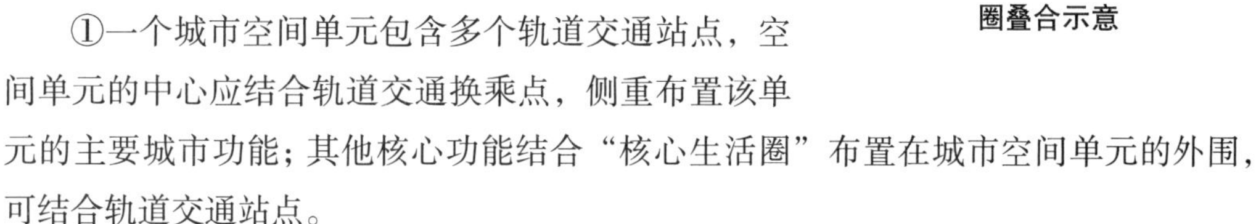

①一个城市空间单元包含多个轨道交通站点，空间单元的中心应结合轨道交通换乘点，侧重布置该单元的主要城市功能；其他核心功能结合“核心生活圈”布置在城市空间单元的外围，可结合轨道交通站点。

②城市空间单元受到时空距离的限制，最大尺度范围由精神生活圈的范围决定，包含数个以轨道交通站点为核心的核心生活圈。

③交通小区与城市空间单元对应，组成单元的核心功能都围绕轨道交通站点布置，尽可能为城市创造公共资源公平共享的机会。

④应依据时间规划进行城市功能及公共资源布局，以轨道交通为主的绿色交通体系出行 30min 所通过的距离为直径加以限定。生活方便易达，突出核心功能为目标，借助轨道站实现城市功能共享和辐射范围有效放大。

⑤随着轨道线网布线密度的变化，长臂距离上的精神生活圈呈现不等臂现象。市区城市空间单元及轨道线网应尽量考虑核心生活圈的全覆盖，市郊城市空间单元上要考虑轨道沿线的带状覆盖。

实践中，短臂距离借助站点周边绿色出行系统，覆盖范围各向相对具有均质性。长臂距离覆盖范围由轨道交通线网密度决定，线网密度大的区域，覆盖范围各向相对均质，线网密度小的区域，长臂距离覆盖范围沿轨道线路呈带状分布。

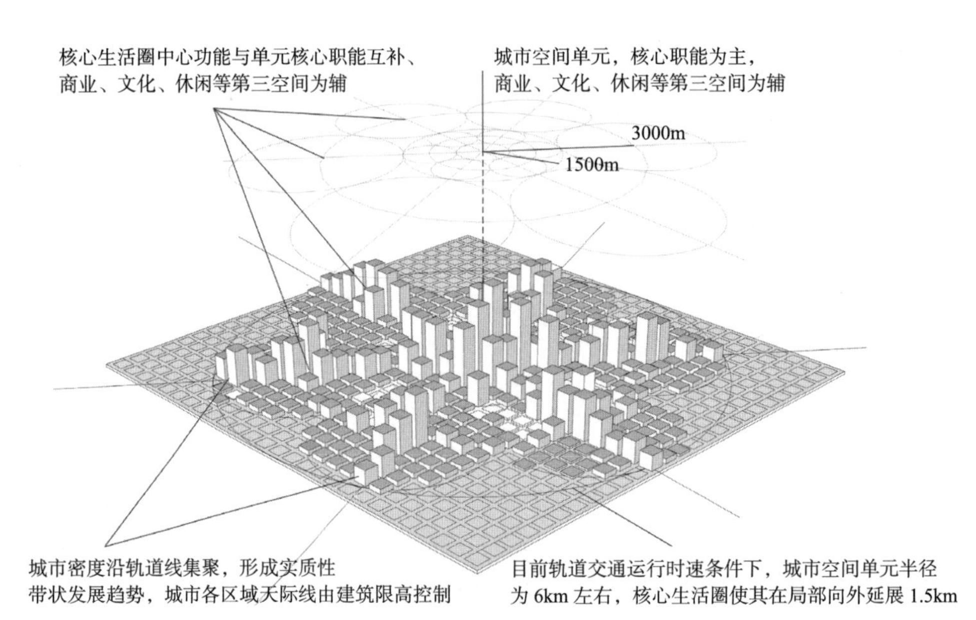

图 4-16　轨道交通网络化城市空间单元开发密度示意

（沿轨道线突破串珠式形态呈现实质性带状发展）

4.4　本章小结

当一种新的交通方式出现后，原有交通与城市空间的平衡关系将被打破。历史上城市的形成过程漫长而缓慢，发展过程中遇到的问题可以在长期的演化过程中得到协调解决。现代城市化进程中的“职住分离”式地块功能划分，一方面表明人们潜意识里对传统城市空间格局的认同与继承，另一方面，由于变化速度之快超乎想象，潜意识的认同与继承被迫变成了一种简单匆忙的形式呼应，忽略了人们生理和心理的特征以及由此限定的日常出行时空可达性边界，忽略了必要的生态需求与人文关怀。因而，轨道交通网络化城市空间的优化建设，重点应该在于交通与城市空间发展的平衡机制及其作用机理的发掘与认识。

研究在轨道交通城市空间发展分析与界定的基础上,提出的“城市空间单元”概念，是以出行时空距离约束规律研究为基础，借助网络化轨道交通为主的绿色交通体系建立联系的中观城市空间尺度单位。城市空间单元布局宜优先考虑满足人们日常核心生活和精神生活的要求。长臂距离上,城市空间单元功能匹配应主要从生活职能混合布局、公共资源开放共享、区域职能集聚放大等方面加以考虑。短臂距离上，考虑以人为本、公平匹配等国家政策导向和新时代城市建设要求，人均指标明确量化到各个城市空间单元的无障碍步行或绿色交通可达区域。城市空间单元既应有与城市紧密联系的长距离交通，内部也应形成完善的中短距离交通体系，有意识地促进城市结构依据逆幂律原则分形发展。长臂距离上的精神生活圈承担城市空间单元尺度界定、中观空间布局整合，以及通过单元有机组合优化城市空间的作用；短臂距离上的核心生活圈结合站域绿色交通体系建设，起到扩大轨道站点有效覆盖和影响范围，优化城市空间单元内部空间结构，详细考虑居民日常出行需求的作用。

落实到城市更新实践中，应进一步加强中尺度城市空间单元分层响应及中短距离交通体系建设完善方面，进而突破轨道交通目前仅作为交通系统而被看重的局面，从城市空间规模尺度、功能布局、空间环境设计等方面，探讨其满足居民日常精神生活出行需求的理想城市空间单元模式，探索城市空间从微观到宏观的整体优化途径。

5　依据分形原理的城市空间单元组合研究

依据分形城市原理，城市空间单元的组合也绝非简单复制和机械重复，从普遍规律上来看，其组合在“时间约束”的基础上，存在部分与部分、部分与整体的自我相似性。理想的空间组合模型之下，还存在着一定的竞争和机变关系，从而导致其组合出现了一定的异化。

5.1　理想城市空间单元的分形组合

系统中的每一元素都反映和含有整个系统的性质和信息，即对称性和自我相似性。具有分形特征的城市，街道网络的整体包含了无限的局部，而局部又体现着整体，整体与局部的绝对对立消失了，有限与无限的绝对对立也消失了（图 5-1）。因此，轨道交通网络化的城市或许可以通过“城市空间单元”这一局部，依据分形原理来构造和控制城市整体，在时空距离约束量化研究基础上，借助“城市空间单元”的构建与整体性组合，提升城市居民日常生活出行环境及其生活质量。

图 5-1　巴黎街道格局的结构分形与树叶分形结构的对比

我们不能将分形递归与树形混淆，树形的分叉产生无数断开的分支，而叶子在更小尺度内是完全连接的。

图片来源：Serge Salat. 城市与形态 .

5.1.1　城市空间单元分形组合策略与方法

1. 自相似有机增长策略

自然分形关系可以上至无穷大，下至无穷小。而根据城市分形研究，轨道交通网络化城市以空间单元的形式组合形成更大城市空间，并考虑到城市功能最大化的时候，其分形大小的变化受到轨道交通城市时空距离约束规律的束缚。即日常出行时间 30min 左右限定的空间规模,因而存在有限的组合关系(图 5-2)。当选取“核心生活圈”半径 1500m 为例时,“精神生活圈”的合理尺度宜取 6 或 9km。城市空间单元理想分形组合如图 5-3 所示;当适当的轨道交通站点间距,使“精神生活圈”与“核心生活圈”存在完全包含关系时,城市空间单元理想分形组合如图 5-4 所示。

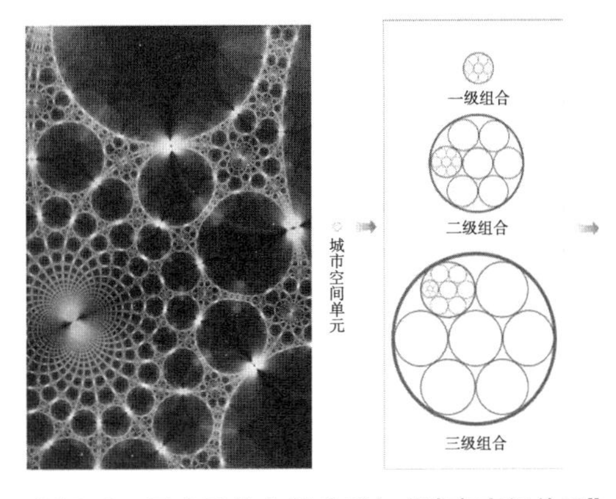

图 5-2　无穷尽的自然分形与“城市空间单元”分形规律的比较示意

最简单的组合关系以自相似有机增长的方式出现,各城市单元空间尽可能满足单元尺度上的功能要求,在单元与单元相邻之处,存在着单元之间功能共享的节点区域。各功能区域主要以轨道交通相联系,从而反过来推动轨道交通建设进一步适应以城市空间单元为单位的新的城市结构,线路布线及线网密度应借助绿色交通体系,在 10min 的理想出行时间范围内覆盖空间单元的任意一点。

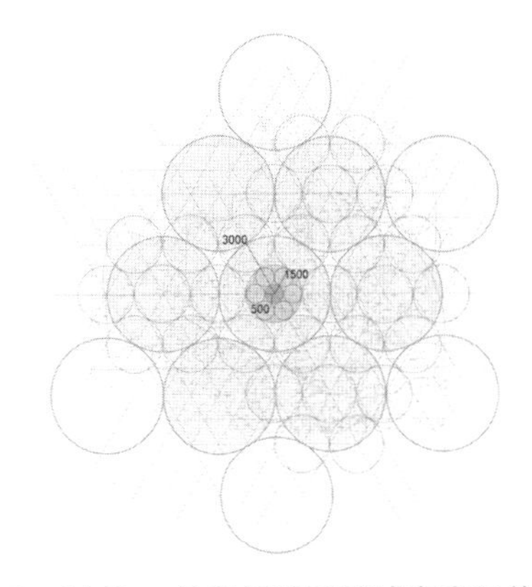

图 5-3　以 6km 为直径的理想城市空间单元组合示意

当然,以 6 或 9km 左右为半径的城市空间单元组合研究,仅是一种理想模型的论证,实际中由于各种可达因素的限制,以分形形式存在的相近尺度的“城市空间单元”广泛存在。未来随着轨道交通平均速度的提升,对应的城市空间单元半径或许会有所突破。

2. 空间逆幂律策略

城市空间单元考虑生活功能复合建设,就更大的城市区域而言,依然存在一定的主要职能集中分布情况。城市空间单元内部功能需优先考虑满足人们日常核心生活和精神生活的要求。尺度越小、日常生活需求频次越高的要素,其重复数目则应越大。

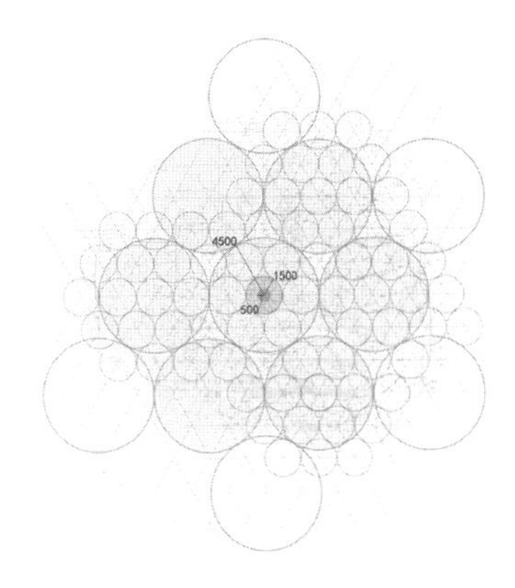

图 5-4　长短臂呈完整包含关系的城市空间单元组合示意图

在遵循空间逆幂律的同时,还需本着

资源节约、共享与公平的原则，借助轨道交通网络考虑各功能节点的统筹布局和组织安排，包括以城市空间单元建设限定城市边界，功能布局实现多元共济，为城市生态建设留有余地，突破现有认知基础，引导城市空间立体化发展等。

3. 分形层级增长策略

体现在城市空间组合成城市区域或城市整体的过程中，可借此决定更大区域内城市的主要职能设置及其区位关系。建设功能复合，并具有商业、商务、科技、居住等显著核心功能的城市职能区，有效放大城市的集聚效应。

5.1.2 分形城市的边界限定与优化

1. 分形衍生与边界

自然界的分形衍生看似无穷无尽，然而，承载分形变化的形体却往往都有其特定的边界，大自然十分聪明地计算着它们的边界效应及承载力。正因为城市也受制于这样的自然限定，包括水资源的承载能力、空间的净化能力、生态的修复平衡能力等，因此城市不是无穷衍生的庞大机器。

轨道交通进一步拉大了城市骨架，促进了轨道沿线城市化的发展，但边界限定也明确了轨道交通网络化的范围，更有助于预估和确定城市空间结构和轨道交通网络未来的发展势态，促使城市建设与城市空间的长远发展相协调，充分发挥边界限定的城市的最大效益。

通过对巴黎、香港、东京等轨道交通城市案例在不同空间尺度和视角上进行的分析，可以发现，分形衍生与边界限定的重要现实意义体现在以下三个方面：

其一，在城市边界划定的情况下，城市土地利用、城市中心和人口转移、城市功能布局、城市生态优化等方面，都出现了与轨道交通网络化建设协同发展的趋势。

其二，在城市空间结构优化方面，轨道交通城市的新城及副中心建设常见沿轨道线路向外延伸的情况，轨道交通线路的规划布局和建设顺序，往往对城市结构的发展具有较大的冲击和导向作用。因而轨道交通作为城市基础设施，须依据城市总体规划进行建设，符合边界限定要求，与城市空间长远发展及承载力水平相协调。

其三，在城市土地优化利用方面，轨道交通建设推动了沿线土地的高密度利用、人口的高密度发展，轨道沿线便利的出行条件还促进了城市各级中心的形成或转移，并进一步促进了城市空间功能的合理布局，以及城市环境、城市效益的优化。可见，边界划定使城市发展由粗放的外向扩张转为精致的内向推演，同时推动城市地下空间的协同开发。

2. 功能布局多元共济

城市空间单元的中心尽量设置公共中心，集中以商业、办公、餐饮服务等日常出行频次较高的公共服务设施为主，为人们的高频次日常出行提供最为便利的可达途径；其他如文教、医疗、休闲、社会及文化娱乐等功能，宜尽量与轨道站点结合布置，较大规模的此类功能应设置在城市空间单元交界处，与相邻单元形成共享（表 5.1）。

城市空间单元内部，居民住宅围绕轨道站为核心组织形成的空间呈圈层状布局，建设如同马恩拉瓦莱新城一样的景象：“自然的林地、水系被经过精心设计的林荫步道联系在一起形成绿脉，与密集的建成空间相互交织穿插。”

5.2　理想城市空间单元组合三种典型特征

5.2.1　理想的城市空间单元组合——公园带我们回家

依据时空距离约束规律限定的城市日常生活出行范围，构建的是一种理想的城市空间单元，但“核心生活圈”和“精神生活圈”的有效覆盖范围都存在理想出行时空半径难以覆盖的部分，这既是理想城市空间单元模型的缺憾，也是它的优势特色。因为，保留并连接这些不具备出行优势的区域形成城市绿地，恰恰可以弥补并拓展“田园城市”绿环的思路，使城市形成真正意义上的城市与自然交融的组群式理想模式，构建真正意义上的“山水城市”（图 5-5）。

理想“城市空间单元”组合模式分析　　表 5.1

理想“城市空间单元”组合		
	特征	图示
1	以轨道交通为主的绿色交通体系出行 30min 所通过的距离为直径加以限定 市区城市空间单元及轨道线网应尽量考虑核心生活圈的全覆盖，市郊城市空间单元主要考虑轨道沿线的带状覆盖 各主要功能节点依靠轨道交通联系，并以步行、自行车、公共汽车等绿色交通方式为辅助	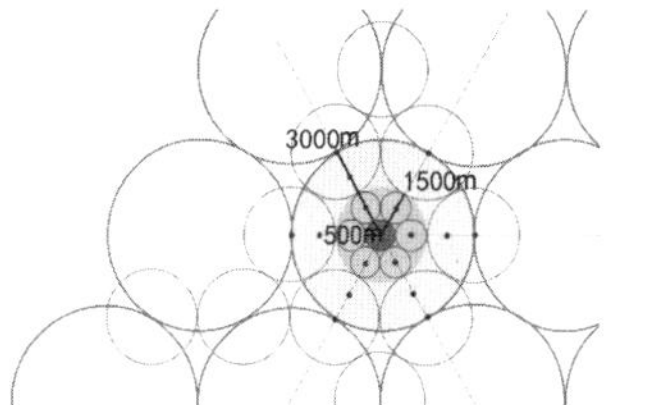 3000m 1500m 500m 直径约 6km 的“城市空间单元”组合示意
2	精神生活圈包含或辐射数个以轨道交通站点为依托的核心生活圈，并借助轨道交通站点形成城市空间单元的公共中心和多个副中心 借助副中心合理考虑第三空间（图书馆、书店、展览馆、美术馆、博物馆、区域性城市记忆档案馆、影剧院、大型综合医院、大型公园绿地、学校、城市景点等各类社会及文化娱乐功能）的组合安排与布局	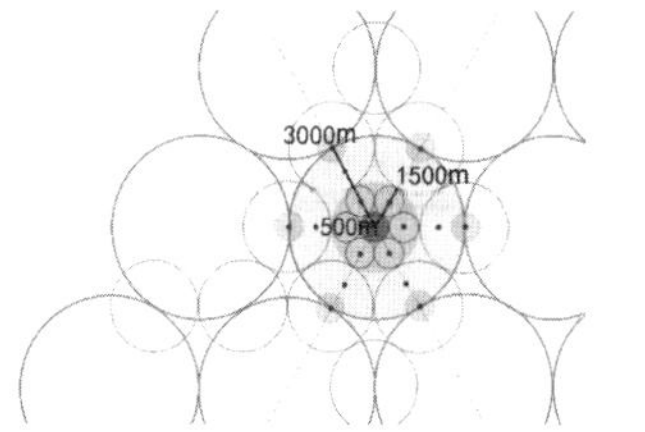 3000m 1500m 500m 单元公共中心和多个城市空间单元共享的各副中心位置示意

续表

理想“城市空间单元”组合		
	特征	图示
3	借助公共中心综合考虑单元核心功能的空间布置。在长臂距离的单元中心设置公共中心，集中以商业、办公、餐饮服务等日常出行频次较高的公共服务功能为主，为人们的高频次日常出行提供最为便利的可通达途径 与相邻城市空间单元共享的功能中心，本着城市资源节约、共享与公平的原则，尽量结合轨道站点布置在单元外围，与其他城市空间单元形成共享关系	生态保护区 商业区 3000m 1500m 500m 副中心 副中心 单元中心 旧城保护区 产业中心 文教区 借助精神生活圈尽量实现城市资源公平、共享的同时，突显其集聚效应，突出单元核心功能和优长特色

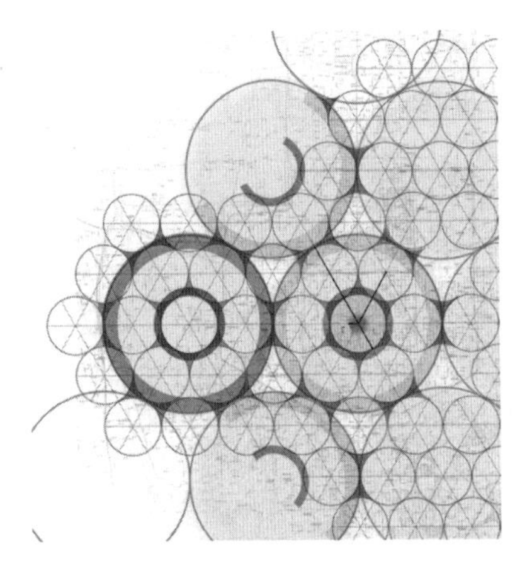

图 5-5 精神生活圈与核心生活圈的覆盖盲区可安排城市绿地公园

借助这些绿环可优化城市慢行街道空间，由城市慢行道路、水系、城市带状绿地等串联城市公园、广场、历史文化场所、商业街区、主要的公共交通站点等公共场所和重要空间节点，形成环境良好的供步行、自行车等出行的慢行网络体系。

研究表明，目前每个城市都非常重视绿化建设，但普遍存在以标志性绿地建设为重，以社区性绿地建设为轻的现象。作为验收标准的平均值达到甚至超过了规范要求，但大多数社区的绿地覆盖率和实际人均拥有的绿地却远远达不到这一标准[1]。带状绿地、街区公园、区域公园等城市绿地以散点状镶嵌在城市之中，相互隔绝，排斥城市，甚至与城市存在对立关系，人们亲近自然、希望置身于自然的天性往往需要长途跋涉才能得到片刻满足。

为弥补这一不足，借助前瞻的规划理念和综合开发手法，可利用城市空间单元之间的“优势出行覆盖盲区”建设生态绿环（eco green loop），并结合公园、绿地、广场等城市原有公共空间节点，放射和增强绿色出行系统的渗透性和可达性，在城市设计视角上，为约翰·克劳迪斯·劳登（John Claudius Loudon）[2]、霍华德（Ebenezer

❶ 伍学进. 城市社区公共空间宜居性研究 [M]. 北京：科学出版社，2013：120-121.

❷ 1829 年，约翰·克劳迪斯·劳登的伦敦规划希望通过规划来确定居民可以安全扩张的某些区域。该规划模式是，环绕伦敦现有的建成区外围，即从城市中心距离大约 1.6km 到 2.4km 的范围规划一个开放乡村区域，大约 0.8km 宽。大都市交替延伸 1.6km 的建设区域和 0.8km 的乡村获准公园区域发展，直到其中一个区域抵达海边。按照这样完成规划，居住者距离开敞的新鲜空间的距离都不超过 0.8km.

Howard)、恩温(Raymond Unwin)[1]、阿伯克龙比(Patrick Abercrombie)[2]等的城市绿色空间构想建立一个有效的执行及管理尺度，推动并实现从家门口到花园，从花园到公园，从公园路到绿楔，从绿楔到绿带的绿色城市空间体系(图 5-6)。

图 5-6 阿伯克龙比城市开放空间和公园系统

在绿环及绿色出行系统中引入多元的休闲空间，打造各具特色的生活休闲场地，实现空间从单一属性的城市景观系统到城市生活系统的转变，为城市打造生态复合、活力智慧的绿色出行与休闲环境(图 5-7)。

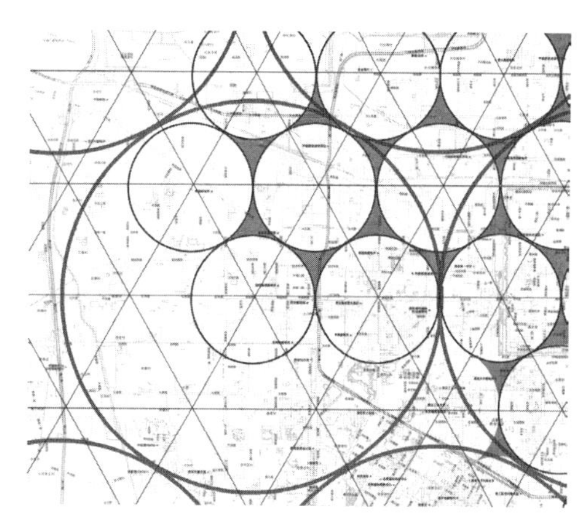

图 5-7 利用城市空间单元覆盖盲区建设公园绿地系统、打造花园城市

5.2.2 竞争的城市空间单元组合——优化空间可达性

由于原有城市街道路网、用地结构、建筑布局、交通设施及服务水平、城市文脉等限制因素的存在，大多数城市，尤其是以方格网方式规划的城市，很难形成“米”字型或“△”型轨道线网，因此，城市空间单元形态很难以圆形存在。

因此，参照“田园城市”模型的理想城市空间单元是现实城市空间布局的一种抽象概念。事实上，轨道站点密度较大的城市中心，争取土地利用最大化的竞争结果，会争相瓜分理想空间单元组织形式存在的覆盖盲区，破坏城市绿环形成的可能基础。单元功能布局中应将城市公园绿地作为重要功能部分加以考虑，并应着重考虑其公平共享性(图 5-8)。

5.2.3 机变的城市空间单元组合——保护文脉修复景观

无论如何，理想“城市空间单元”并不是一成不变的固定模式，而是时空距离约束

[1] 1933 年，恩温大伦敦规划布置宽 3 ~ 4km 的绿色环带，呈环状环绕伦敦城区。环带布局是城区的隔离带和休闲用地，还是实现城市空间结构合理化的基本要素。

[2] 1943 ~ 1944 年，阿伯克龙比伦敦规划包括了伦敦郡规划和大伦敦规划。其远景规划提出：在大伦敦地区规划一个协作的公园系统，公园系统使得城镇居住者可以通过一系列流畅的开放空间，规划建议形成一个绿带环和特征差异明显的外圈乡村环。

图 5-8　城市空间单元组合及其分异演化示意

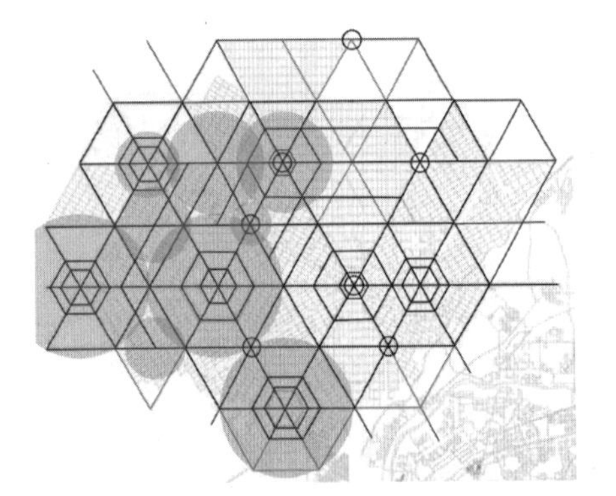

图 5-9　理想“城市空间单元”分形组合及竞争变化关系示意

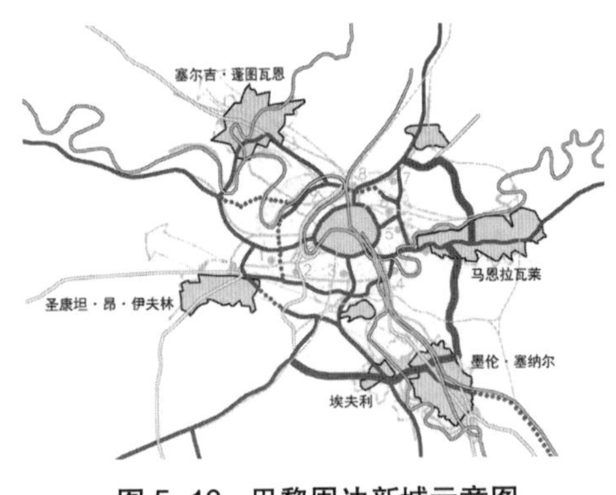

图 5-10　巴黎周边新城示意图

下的有机变化形态，因而“城市空间单元”构建及组合存在着一定的竞争和调整，即存在着一个从理想到现实的变化（图 5-9）。

理想“城市空间单元”是一种基础理论上的探讨，对应在现实的城市空间中则可能存在千差万别的变化。轨道交通背景下，已有一些新城或新的城市副中心实践，展现出依托轨道交通的“城市空间单元”优化发展意识。如巴黎周边新城和副中心的布局（图 5-10）、杭州余杭新城建设、香港串珠式城市空间形式等，其实践经验值得进一步总结借鉴。

5.3　不同区域城市空间单元的尺度范围及组合变化

5.3.1　不同区域城市空间单元的组合原则

从世界范围来看，轨道交通建设普遍对城市空间布局产生了优化作用。借助轨道交通建设，不仅缓解了老城的建设压力，刺激了城市经济的发展，不同程度上还达到了保护城市生态环境、保护旧城风貌、引导城市副中心建设和发展等目的，形成了轨道交通与城市空间相耦合的城市发展模式。

城市空间单元的组合，应尽量考虑功能空间的互补、共享，突破行政区划、突破功能分区，结合实际，具体问题具体分析。

1. 城市中心区保护更新为主

实践中，老城区以保护更新为主，借助轨道交通减少地面交通压力，完善绿色出行，为老城区空间环境注入新的活力。

2. 城市发展区优化整合为主

现代发展区域重点应放在空间布局的调整优化方面，结合轨道交通建设与老城区城市功能关联互补的职能单元，结合轨道站点优化空间单元本身的结构与功能。

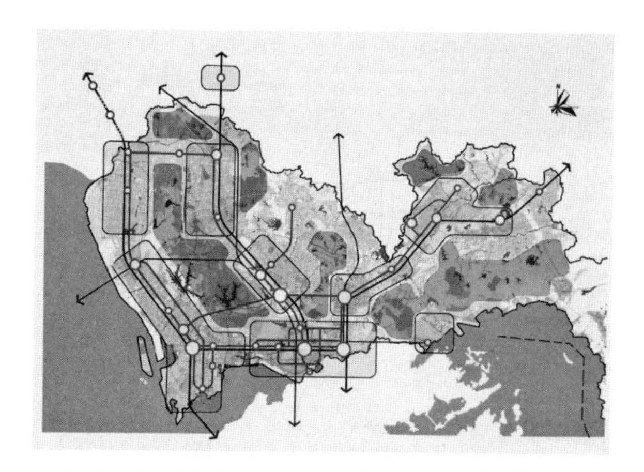

图 5-11 深圳一、二、三期轨道网络服务范围图

图片来源：城市 . 我们：深圳市城市规划设计研究院建院二十周年作品集 [M]. 北京：中国建筑工业出版社，2010.

例如，在城市现代发展区域更新完善过程中，针对某些布局不够合理、难以设置轨道交通站点的中心区域，可以将轨道站点设置在现有中心附近，带动站点周边地区快速发展，对现有中心形成反磁力作用，引导中心区功能逐渐衰退并向站点地区发生空间转移，从而充分发挥轨道交通优势，完成城市空间优化更新。

3. 新城建设区随线网灵活设计

新区则应充分发挥轨道交通的优势，借助城市空间单元规划符合轨道交通时空可达性的全新的城市空间。

在轨道交通线网密度较大的城市现代发展区域，可形成完整的“城市空间单元”模型。而在轨道线路局部覆盖和轨道线路单线向外延伸的情况下，则需在轨道线路覆盖较完全的空间布局基础上进行调整，形成跟随轨道线网演变的空间单元组合形式（图 5-11）。以公交车、出租车、私家车等作为轨道交通的延伸工具，建设规模适当的新城，鼓励城市公共自行车系统、绿道系统和步行系统的建设，积极推动城市沿轨道线网的实质性带状发展趋势，建设生态健康意义上的城市空间。

此外，城市中心区、发展区、新城建设区天际线应由建筑限高控制（图 5-12）。居住空间、工作空间，以及第三空间应依托轨道线网形成有序混合的城市布局形态。

5.3.2 不同区域城市空间单元的尺度变化

1. 城市中心区的城市空间单元尺度

网络化的轨道线路最具有各向同性的特征，因而，市中心形成以近圆形为主的城市空间单元。在目前轨道交通网络化的时空距离约束下，应以 7 ~ 11km 的直径作为理想城市空间单元规模范围的衡量尺度。

2. 城市发展区的城市空间单元尺度

轨道线网密度降低，覆盖不均匀，城市空间单元在该区域机变与分异显著，形态

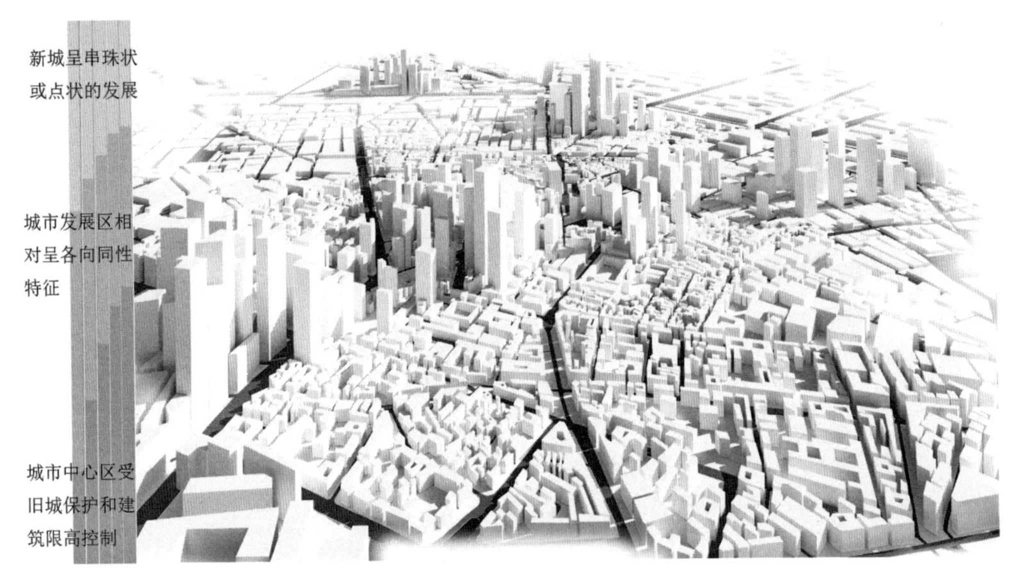

图 5-12　轨道交通网络化城市形态理想示意

城市形态取决于时空距离约束规律限定的城市空间单元组合。城市中心区密度低，有选择地集聚发展；城市发展区密度高，留下绿道和风道，注意城市天际线的形成；新城建设区域按城市空间单元尺度，沿轨道线呈局部集聚发展状态。

跟随线网覆盖情况灵活调整。但合理的规模尺度，也受到 7 ~ 11km 直径尺度的约束。

3. 新城建设区的城市空间单元尺度

轨道交通多呈单线发展状态，有效影响宽度根据站域绿色交通系统建设情况应达到 3km 左右，长度受轨道交通出行时空距离关系与预期出行时间约束，主要取决于轨道运行速度。

主要依靠轨道交通出行的多站点支持的城市空间单元，长度应基本满足轨道加绿色交通方式出行 30min 的时空距离约束规律，并应在相邻单元之间形成一定的功能互补和共享关系，但各单元主要职能鲜明，生活便利设施完善。单站点支持的城市空间单元，长度大约可达 20km（轨道交通运行速度 90 ~ 100km/h），并应建设完善的公共交通等绿色交通系统作为站域核心生活圈的主导交通。

5.3.3　城市空间单元有机组合的多重尺度

在轨道交通网络化城市空间单元的多重尺度组合形式中，理想城市空间单元作为限定性的“分形维度”参与组合，也还需要“核心生活圈”和 TOD 模式作为弥补性的“分形维度”参与组合，形成多元有机的城市空间形态。

1. 城市尺度

各个城市空间单元的核心职能，仍然可以支撑城市以分区的形式，形成城市功能的核心集聚区域，即以复合功能的“城市空间单元”组合构建形成城市区域空间。

2. 城市空间单元尺度

尺度规模以轨道交通城市居民日常出行时空距离约束规律限定。“城市空间单元”中心以城市区域职能为核心职能，与邻近“城市空间单元”形成城市层面上的功能共享与互补。“城市空间单元”内部，结合各“核心生活圈”职能，形成地理位置、分布格局上的功能共享与互补支撑关系。居住、工作及“第三空间”混合布局，比例适当，满足居民日常生活需求的便利设施完善。

3. 轨道站域尺度

借助多模式绿色交通体系扩大的“核心生活圈”，依托轨道交通站点形成半径约1500m的有效覆盖范围。“核心生活圈”中心以“第三空间”为主，并呼应“城市空间单元”的核心职能。

5.4 城市空间单元组合模式下的整体性优化策略

5.4.1 交通小区与城市空间单元呼应建设

目前，轨道交通的规划设计一般按交通小区划分的方式对实际的地理网络进行区域划分。这样的划分方式将交通小区作为一个整体，是一种宏观的、整体的反映出行情况的方法。一定程度上使得可达性的分析显得更加宏观，只能较为粗略地反映城市整体可达性情况，交通小区的大小、内部的可达性往往忽略不计，因此与实际的城市人流组织及人们日常出行活动需求存在较大的差异，甚至难以与实际城市空间建设需求相符合。

从城市设计的角度来看，交通小区与城市社区并不存在必然的重叠关系，二者之间存在一定的错位。因而，应从人们日常出行时空距离需求的视角出发，以城市空间单元为基础组织构建城市交通体系，统筹交通小区与生活单元的空间匹配关系。

5.4.2 交通秩序与城市空间呼应匹配

对比古代城市与现代城市，绿色、有序交通有可能重新建立城市空间组织的秩序性（图 5-13）。因而，轨道交通城市需要基于“窄马路、密路网”的城市道路布局理念，加强人车分流设计，建设形成完整的立体化路网系统，提高道路的连续性、流动性和通达性。

城市空间单元的可步行区域内，应以相对稳定有序的步行、自行车和公共交通等，组建城市新的交通秩序和流动空间系统，以达到有效组织城市立体化功能空间和人流的目的，汽车仅作为补充交通方式。

步道空间应体现多元“无障碍”立体设计特色。结合公园绿地、广场、建筑、地

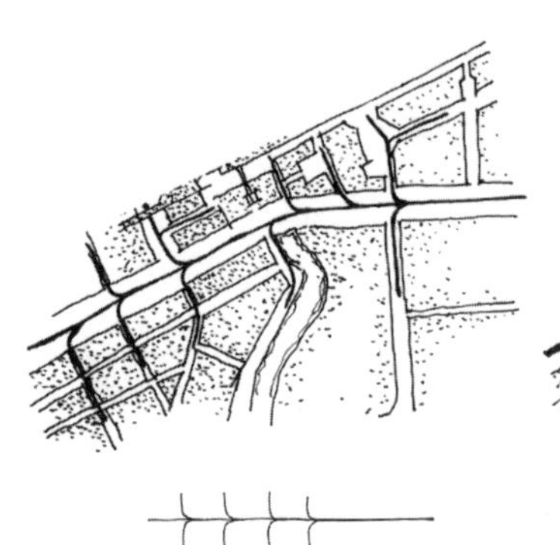
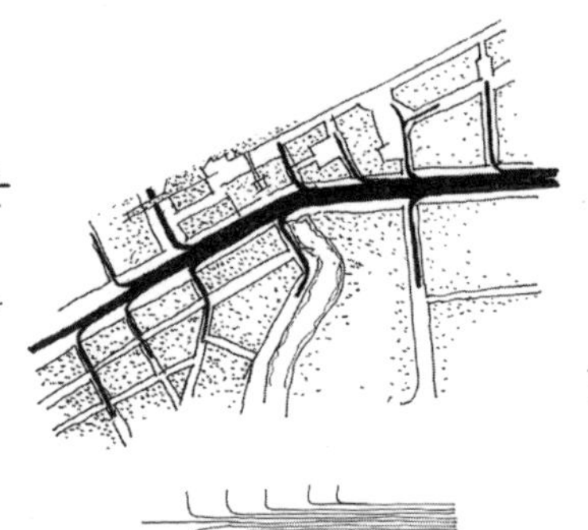
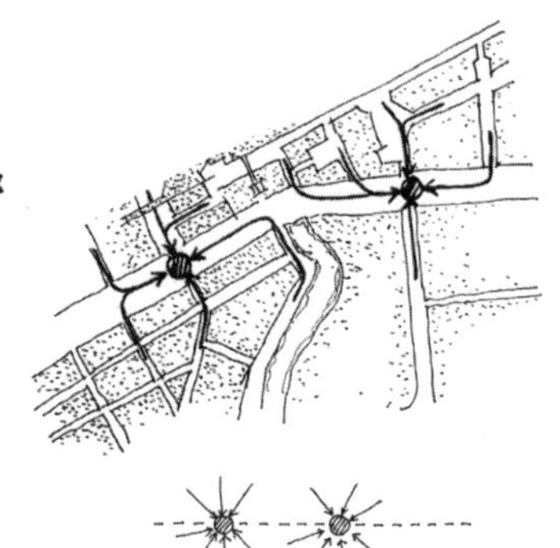
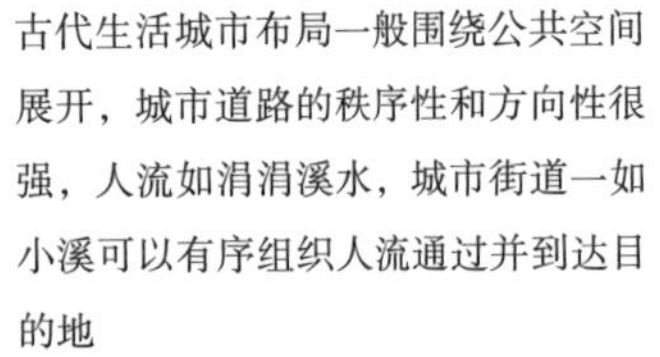

古代生活城市布局一般围绕公共空间展开，城市道路的秩序性和方向性很强，人流如涓涓溪水，城市街道一如小溪可以有序组织人流通过并到达目的地

汽车时代日常出行出发点和目标点的随机性，导致出行交通流无序性大增，城市道路仅剩下通道的意义，不再具有容纳并有序组织城市交通和生活的能力

轨道交通为主的绿色、有序交通可能重建城市空间组织秩序性。绿色交通体系界定的“城市空间单元”应是未来城市空间组织的重要依据

图 5-13　不同交通流的空间组织方式及其秩序性分析

形高差变化等，巧妙进行城市步道系统在空中、地面和地下的立体衔接与过渡处理，改善汽车时代的步道空间环境认知和环境质量，建设适宜非机动车通行的无障碍、立体化连续步道系统。加强“室内空间室外化、地下空间地上化”的城市空间发展意识，巧妙思考空间的跨界设计方法，在有限的道路空间条件下，协调步行、自行车交通与其他出行方式的关系，达到和谐共生的状态。在步行通行的基础上，考虑轮椅、自行车、滑板等非机动代步工具的无障碍通行，注重行人过街配备人性化提示信号、设置过街安全岛等二次过街设施。结合公园绿地、广场、建筑、地形高差变化等，建设适宜非机动车通行的无障碍、立体化连续步道系统。

5.4.3　轨道站点与公共中心有机耦合

国内外许多建设副中心的成功实践经验都表明，把轨道交通站点和城市中心区结合设置、规划，有助于形成交通与城市空间建设协调互补、相互支撑的优势作用[1]，推进城市资源的公平共享。

对诸多城市的调研显示，轨道交通站点与城市各级中心存在耦合关系，以及互相推动、互相促进的作用。在耦合状态下，轨道交通站点地区与各级城市中心地区结合设置，轨道交通网络和城市的公共中心网络体系之间得以充分整合（图 5-14）。每个节点都可以作为提供高可达性的综合性平台，成为整个空间结构系统中的重要节点，借助不同等级的先进公共服务设施（包括商业办公等）布置，保证地区邻近性（proximity）

[1] 姜翠梅．基于空间耦合的轨道交通站点与城市区域中心的规划探索：以西安土门为例 [D]．西安建筑科技大学，2012．

和可达性（accessibility）的统一，通过友好的城市空间设计，可实现多样化、多功能、社会意义上内涵丰富、归属感较强的城市复合中心和人性化场所建设[1]。

5.4.4　分层组合限定城市空间合理边界

轨道交通进一步拉大了城市骨架，促进了轨道沿线城市化的发展，但轨道交通网络化的城市可以借助城市空间单元的边界，组合限定城市明确的边界范围，从而帮助城市更好地预估和确定空间结构及轨道交通线网未来的发展势态，促使城市建设与城市空间的长远发展相协调，充分发挥边界限定城市的最大效益。

5.4.5　突破零界面认知促进立体化发展

立体化是轨道交通城市发展的必然趋势，未来应结合轨道交通的快速建设发展，在城市空间单元立体化方面进行大胆而新颖的探索，突破零界面认知基础。相对于营造健康舒适的城市空间环境、完善和改进不利环境因素、提供空间环境质量方面，零水平面存在与否并不重要。如果因为它们四处存在，而使城市环境质量有所改善，则正是轨道交通城市空间优化设计所应采纳的方式。

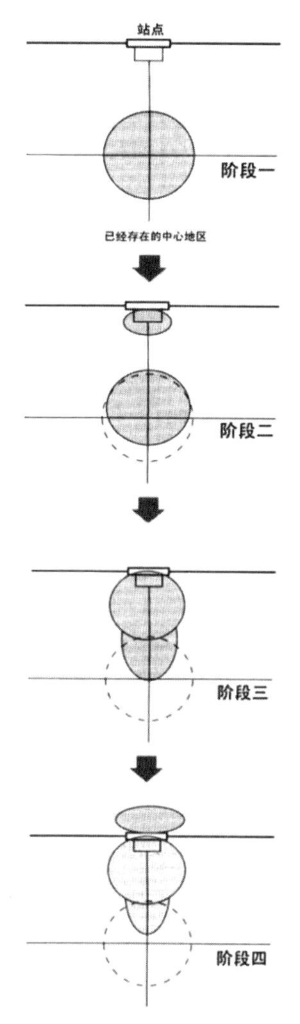

图 5-14　轨道交通站点与城市中心相互作用示意图

图片来源：潘海啸，任春洋．轨道交通与城市公共活动中心体系的空间耦合关系研究：以上海为例 [J].

国外轨道交通城市，从 1863 年伦敦第一条地铁线路修建后不久，轨道交通的城市空间立体化发展就已展开。借助地下交通、“人车分流”的立体交通和地下空间开发等专项研究，城市空间立体化的实践从不同城市功能类型的立体分布、城市结构上下发展、城市空间竖向综合利用等方面都已积累了一定的经验和成果（图 5-15、图 5-16）。20 世纪 70 年代，多伦多、蒙特利尔等城市运用联合开发机制，配合地铁、地下步行系统与大型商业综合体，连通周边建筑的地下层，成功发展

[1] 潘海啸，任春洋．轨道交通与城市公共活动中心体系的空间耦合关系研究：以上海为例 [J]．城市规划学刊，2005（4）：76-82.

出了规模庞大的地下城市。多伦多 Young Street 地铁线开通，市内有一半的高层住宅和 90% 的写字楼都建在了距地铁车站步行 5min 范围内（Heenan，1968），地铁不仅使闲置未开发土地得到开发，而且还使大量已经开发的空置楼宇得到了回收利用❶。蒙特利尔的市民可通过长达 30km 的地下走廊到达各个室内公共广场和地下大型购物中心。这个日客流量达 50 万人的地下网络中，包含了 60 座住宅和商业综合楼，建筑面积达 360 万 m^2，占去了蒙特利尔市整个商务中心区 80% 的办公面积和 35% 的商业面积❷。

结合轨道交通的立体化城市空间建设，加强了地下空间以及地上、地下空间的衔接过渡关系，有效分散了地面交通及用地压力，增强了城市空间立体化和步行化的体验，从内部促进了城市空间的合理演化、优化和宜人化。

图 5-15　加拿大多伦多伊顿中心

图片来源：http：//www.zhongguosyzs. com/news/19407720.html.

图 5-16　蒙特利尔地下城步行环境

图片来源：http：//blog.sina.com.cn/hihainer.

5.5　本章小结

当一种新的交通方式出现，原有交通与城市空间的对应关系被打破时，这时需要的不仅仅是更多技术层面的修复，原有的原则或理论也面临着进一步更新或修改的必要。

城市演变过程始终伴随着交通形式的不断创新。但无论速度如何变化，城市如何扩展，满足城市居民日常生活需求的某些本质性因素基本不变。在交通拥堵、机械枯

❶ 蒋谦．国外公交导向开发研究的启示 [J]．城市规划．2002（8）：82-89.

❷ 姚舰．城市的倒影：初探国外名城的地下空间 [J]．公共艺术，2014（2）：90-95.

燥的现代城市环境中，满足人们日常生活出行需求的因素，不仅取决于速度优势，更重要的在于“特定出行时间”范围内所通过的最大距离，以及这一时间距离范围之内城市公共资源的配置情况，包括满足日常生活需求的各类城市功能、适宜的慢行空间尺度、舒适有趣的街道空间形态及生活形态等。“特定出行时间”范围内人们出行距离发生的变化，限定了居民日常生活需求的基础与城市空间演化的方向。

借助地理学的层级系统和分形城市分析，轨道交通网络化城市存在以“城市空间单元”为基础进行分形组合构成城市整体的可能。首先，研究借助分形理论的城市空间形态探索，进行了轨道交通网络化发展的城市空间单元组合规律分析；其次，借助城市分形的有限性以及城市自然与社会资源的有限性分析，明确了城市边界限定与城市分形的一致性，进而在城市分形理念的基础上，探索了边界限定的城市空间单元的宏观组织策略，分析了城市空间单元的理想组合及异化模式；第三，探讨了提升有限规模下城市综合效能和承载能力的方法。

总体而言，在中观至宏观层面上，城市空间存在以单元形式组合的可能和特征，城市空间整体性构建与优化的执行途径值得进一步探讨。

6 城市空间单元理念下的城市设计原则

轨道交通的网络化发展有望解放地面交通，减少地面交通的占地面积，从而起到节约城市土地资源、提高城市效益的作用。城市空间单元构建基础上的研究从人本主义视角出发，重点在于关注轨道交通网络化城市设计的生活化、生态化、人性化、立体化、人文化和有序化等方面。

各种交通方式占用道路面积（静态） **表 6.1**

交通方式	每位乘客占用的地面道路面积 / m^2
自行车	6 ~ 10
小汽车	10 ~ 20
公共汽电车	1 ~ 2
轨道交通	0.5

资料来源：孙有望 . 城市轨道交通概论 [M]. 北京：中国铁道出版社，1999.

图 6-1 同样的空间用来通行承载 60 人的私家车、公交车、自行车和行人的显著差异

图片来源：Amount of space required to transport the of passengers by car，bus or bicycle.Poster in city of Muenster Planning Office，August 2001.

城市轨道交通与其他交通方式相比，每位乘客占用的地面道路面积非常小，占用城市土地空间资源也最少（表 6.1，图 6-1）。能够进一步促进城市形态和土地使用格局相应调整，促进城市土地的集约化、立体化利用与城市生态环境改善。列车按事先安排好的运行图由自动化系统指挥运行，包括运行中的及时调整和停经路线的排列均自动完成，因此列车的正点率高达 99% 以上。这对于早高峰上班人员来说，可以准确计算并主动掌握出行时间，其较强的规律性深受乘客喜欢，从而有利于减轻地面交通的压力，构筑有序的城市空间环境。

因此，从城市设计角度出发，深入研究轨道交通网络化城市居民日常出行活动的时空距离变化，探讨以城市空间单元为单位的城市空间整体优化，需在城市空间单元研究基础上进一步考虑精细化城市设计的基本原则。

6.1 流动空间的秩序化设计

6.1.1 路网结构关联优化

根据约翰・O. 西蒙兹对风水理论的理解，杰出的城市选址、土地利用方式及城市结构形式的设计应该依据自然界中的能量流动路径,并与之和谐[1]。在现代的城市设计与理论研究中，不妨将人流看作自然界中能量流的一种。

步行时代，大型宇宙魔力城市出行目标明确，小城市规模有限，在城市布局上，人们的生活一般围绕公共空间展开。因而,人们的出发点和目标点具有一定的秩序性，城市道路的秩序性和方向性也很强，人流如涓涓溪水，城市街道一如小溪，可以有序组织人流通过并到达目的地（图 6-2）。城市依靠出行本身的有序性，以及步行较为灵活、占用街道空间较小的优势，可以很好地组织人流。

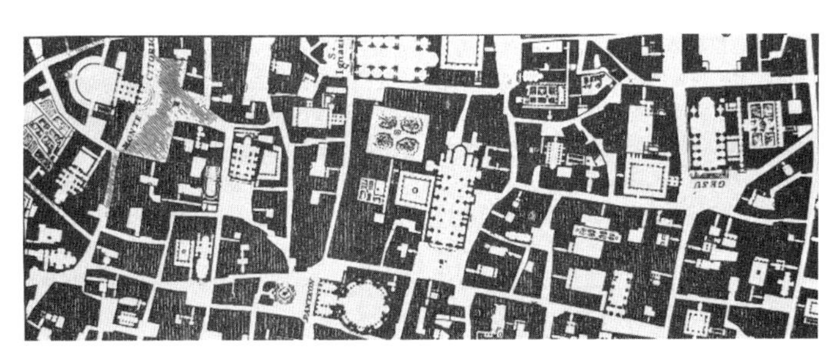

图 6-2 詹巴蒂斯塔・诺利的罗马地图，1748 年

地图将城市表现为具有清晰边界的建筑与连续不间断的公共空间网络，与独立的建筑相比，公共空间具有流动性。

图片来源：罗杰・特兰西克. 寻找失落空间——城市设计的理论 [M]. 朱子瑜，张播，鹿勤等译. 北京：中国建筑工业出版社，2008.

步行是城市设计应该一直保留并认真考虑的有效组织人流及空间的要素，是现代城市以机动车为主的交通体系中必不可少的重要组成部分。在满足居民日常生活出行

[1] 约翰・O. 西蒙兹著. 景观设计学：场地规划与设计手册 [M]. 俞孔坚，王志芳，孙鹏译. 北京：中国建筑工业出版社，2000.

的城市空间单元构建中，应以汽车交通作为补充交通方式，而以交通时速相对稳定、有序的步行、自行车和轨道交通等作为确定城市空间单元合理覆盖范围的主要依据。借鉴公共交通发达国家的建设经验，扩大公共交通专用道的覆盖范围，增强公共交通运力，统筹公共汽车、轻轨、地铁等多种类型公共交通协调发展，提高城市公共交通的分担能力，加强城市综合交通枢纽建设，促进不同运输方式和城市内外交通之间的顺畅衔接、便捷换乘。❶

6.1.2 道路结构设计优化

借助城市轨道交通体系，应加强自行车道、步行道的立体化和连续化设计，建设专用自行车道路网络系统。主要道路两侧设置独立的自行车道，汽车道、停车带、自行车道、人行道依次布置，并应考虑各类专用道之间的隔离设计。道路一侧设置单向或双向自行车道，在路的另一侧可考虑路边停车。道路中央设置较开阔的林带，形成居民休闲散步的林荫大道，自行车道沿林荫道布置，避免汽车交通对骑行和休闲散步活动产生较多干扰。社区街道一般设置自行车和机动车共享车道，机动车流量较小的道路可设置为自行车优先道，并辅以交通宁静化措施减少机动车车流。自行车道的安全与优先通行设计，可采用标记分隔、地面抬升、种植池分隔、物理分隔等，地面抬升可结合行道树种植带等方法。大力发展社区端与轨道站之间的绿色交通联系，完善自行车出行系统，加强低碳出行，同时还应加强自行车停车场地建设与管理，从而达到绿色出行系统设计的目标（表 6.2 ~表 6.4；图 6-3 ~图 6-5）。

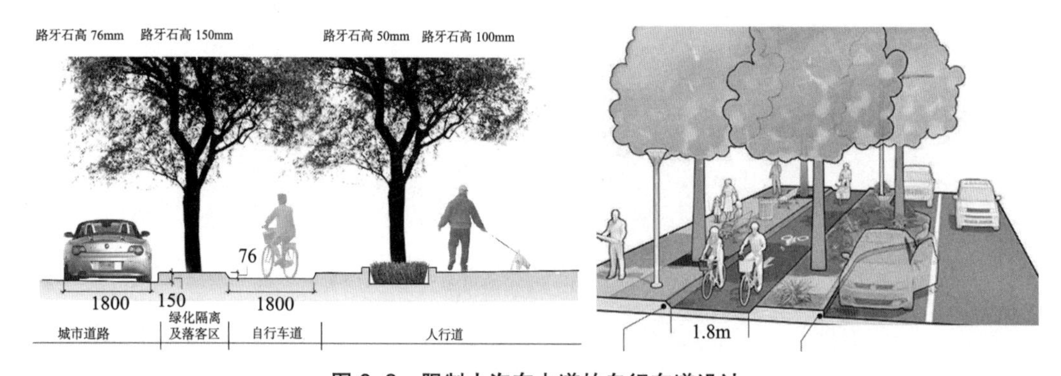

图 6-3 限制小汽车占道的自行车道设计

利用路缘石的高度、自行车道的宽度限定汽车占用慢行空间系统停放与通行。

❶ 中共中央国务院关于进一步加强城市规划建设管理工作的若干意见 [R]. 人民日报，2016-2-22（6）.

基于步行和自行车出行关怀的城市道路设计　　表 6.2

名称	主要设计内容	图示
主要交通走廊	主要道路两侧设置独立的自行车道。汽车道、自行车道、人行道考虑隔离设计	
城市主干道路	主要道路两侧设置独立的自行车道。汽车道、停车带、自行车道、人行道依次布置	
城市单向道路	可考虑道路一侧设置单向或双向自行车道，在路的另一侧可考虑路边停车	
住宅区的林荫大道	道路中央设置较开阔的林带，形成居民休闲散步的林荫大道，自行车道沿林荫道布置，汽车到临近住宅一侧，避免对骑行和休闲散步活动产生较多干扰	
社区街道	社区街道一般设置自行车和机动车共享车道。机动车流量较小的道路还可以设置为自行车优先道，并辅以交通宁静化措施减少机动车车流	

备注：1. 自行车道宽度一般是 5 ~ 6 英尺（约合 1.25 ~ 1.5m）。在路面空间允许的情况下，需要在自行车车道与机动车车道或路内停车之间设置 1 ~ 2 英尺（约合 0.25 ~ 0.5m）的缓冲区，与汽车道和步行道以道路标记、彩色铺装或植物种植池隔离，有时以护柱等进行物理隔离，也有抬高路基以阻滞汽车占道的情况。2. 步行道设计应结合城市区位、功能定位和路侧用地属性，兼顾行人通行和休憩停留。3. 需结合道路设计，合理考虑人行过街岛的设置。

资料来源：作者根据 National Association of City Transportation Officials 官网多个设计导则资料整理（http: //nacto.org/cities-for-cycling/design-guide/）。

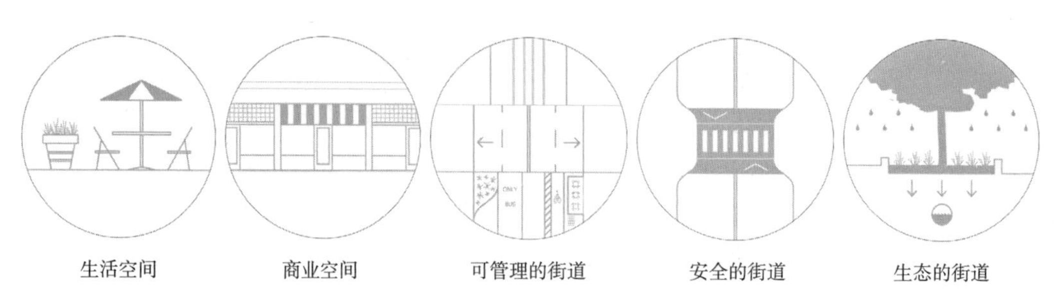

图 6-4　绿色出行系统设计的目标和作用

图片来源：National Association of City Transportation Officials，Urban Bikeway Design Guide，http：//nacto.org/cities-for-cycling/design-guide/.

自行车道安全与优先通行设计　　表 6.3

名称	图示
自行车道安全隔离设计	分隔可采用标记分隔、地面抬升、种植池分隔、物理分隔，地面抬升可结合行道树种植带
汽车穿自行车道的设计	汽车道可穿越虚标线转弯
汽车和自行车共享道路	汽车和自行车共享的道路，自行车拥有优先权
十字路口自行车优先设计	十字路口的减速分流设计与过街岛、自行车优先通行结合设计

资料来源：National Association of City Transportation Officials，Urban Bikeway Design Guide，http：//nacto.org/cities-for-cycling/design-guide/.

绿色出行道路设计

表 6.4

绿色出行系统	道路设计	道路与城市环境结合
步行系统	1. 步行系统包括沿城市道路布置的步行道和独立于城市道路的各类步行道路及过街设施。 2. 步行路网应综合考虑与城市自然空间、开放空间及游戏空间的结合	 社区共享街道　绿色小巷　商业步行街　商业小巷　城市道路　隔离出来的步行道
自行车系统	1. 轨道车站自行车站选址应便捷醒目，距离不宜大于 150m。 2. 建筑及社区配建停车场应在就近人行出入口位置设置	 专用自行车道　生态设施引导的自行车路权　安全的自行车道　共享自行车道　城市道路上划分出的自行车道

资料来源：作者根据 Urban Bikeway Design Guide，http://nacto.org/cities-for-cycling/design-guide/ 官网资料整理。

图 6-5　自行车停车场地结合绿化、小品、公共设施进行艺术化设计

6.1.3　城市慢行空间体验优化

古代城市的移动是人的移动，尽管主干道构成了层级的基础，然而，人行道却延伸遍及整个网络。街道是人们共同居住和共享空间的见证，它首先表征着一种亲近的关系，其次表征着人们共同居住的意愿……从这个意义上说，街道是生活的象征。

随着城市的现代化发展，城市最为密集的通行，逐渐集中在城市车行道路体系上。而在城市中心满足慢速移动的街道日渐式微，足以忽视它的存在。这种观念下加速通行的做法，即拆毁城市部分区域并将剩余区域分离，并未很好地解决出行矛盾，甚至实现不了它的初衷。

如今，随着人性化城市的进一步发展，城市慢行空间建设重回人们的视野。慢行空间建设不是潮流，也不是最终目标，而是达到有品质的城市生活的一种简单方法。坐在汽车里是对城市一带而过的感受，骑车是沉浸式的身处街道环境之中，成为街景的一部分，和穿越街景的感受截然不同。汽车带你穿过城市，自行车让你在城市的街道上停留，看人们如何生活。

步行是所有其他出行方式的基础。行人看到、听到、嗅到和感觉到的许多周围环境和城市形态会对选择步行有很大影响[1]。适合步行的城市会让人们对其产生眷恋和触摸城市、拥有城市的自豪感。然而，现代交通的每一次技术变革，似乎都对步行环境产生了负面影响（图 6-6），适合步行的城市随着 20 世纪 20 年代汽车和现代主义的出现而开始消失[2]。汽车工业以后，人们通常认为人的缓慢移动对汽车交通构成了威胁，因此着手进行人车分离，汽车通行取代了所有其他方式的移动（表 6.5）。

---

❶ 迈克尔·索斯沃斯著. 设计步行城市 [J]. 许俊萍译. 国际城市规划，2012，27（5）：54-64+95.

❷ 同上。

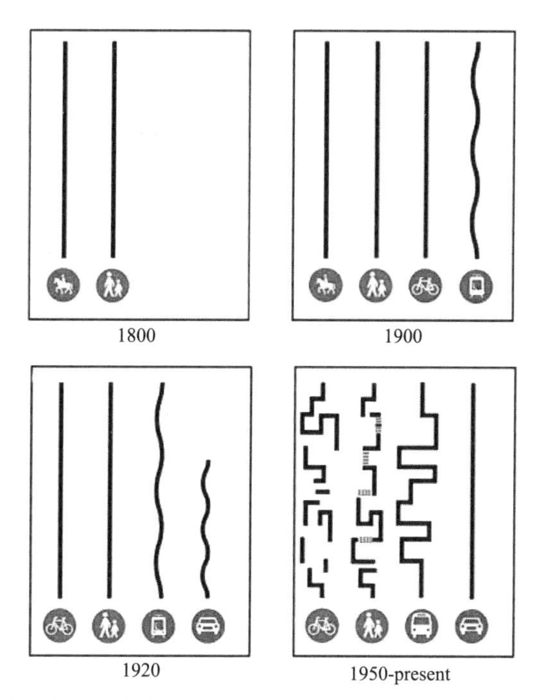

图 6-6 绿色出行由点对点的直线路径逐渐被割裂为迂回曲折的破碎路径的过程

图片来源：http：//nacto.org/.

不同城市交通方式相关数据库建设情况　　表 6.5

交通方式	运行车速统计	道路里程	客 / 车流量
私家车和出租车	有	有	有
公交车	有	有	有
地铁	有	有	有
轻轨	有	有	有
有轨电车	有	有	有
自行车	无	无	无
人行	无	无	无

当人们面对汽车交通带来的环境污染、出行时间过长等问题时，不难认识到汽车出行仅仅是提高交通效率的一种手段，远远不是目的[1]。在生态、节约、人性化等意识普遍受到重视的现代城市建设过程中，生活及空间环境品质提高、职住分离等城市问题改善的关键，都将取决于城市绿色出行环境的优化建设。

巴西城市规划研究小组在其官网上展示了在谷歌地图上搜集到的全球多个城市的

[1] 潘海啸 . 上海世博交通规划概念研究：构建多模式集成化的交通体系 [J]. 城市规划学刊，2005，155（1）：51-56.

街景图像，显示了近十年来，这些城市发展的前后对比（图 6-7）。尽管这些图像分别拍摄于不同地区，包括美国、英国、法国、意大利、匈牙利、加拿大、荷兰、比利时、澳大利亚、韩国、波兰、新加坡等多个国家和城市，但从中我们可以清晰地看到，以往的庞大街区、宽敞车道和被汽车破坏的公共场所，如今正在让位于以人为本的城市更新设计。

美国纽约，45th Avenue

美国纽约，Coenties Slip

加拿大魁北克，Rue St. Hubert

荷兰海牙，Noordwal 街区

比利时安特卫普，Amsterdamstraat

韩国首尔，Anam Ogori

波兰罗兹，6 Sierpnia

匈牙利布达佩斯，Ferencie ktere

丹麦哥本哈根，Vester Voldgade

图 6-7　近十年世界各地从机动车为主到绿色出行为主的街区改造

图片来源：http：//www.urb-i.com/；拜客绿色出行微信号 Bikegz.

现代主义城市中鼓励人们以车代步，不仅仅是因为在一座四散分离的城市中出行困难，同时也是因为在汽车专用道路空间上步行或骑车甚为无聊和单调[1]。而中国传统街巷曾经作为可以令人放心行走、令孩子们自由奔跑的场所体系，遍及中国城市日常生活的每一个角落，它们既具有交通功能，也是沉浸式的生活体验空间，为人们提供着不同于现代城市道路"穿越街景"的场所感受。与"机械特征"鲜明的现代城市街道相比，传统街巷空间宜人的尺度与规模，提供了具有凝聚力和受欢迎的环境，其"守望相助、展示生活"的传统街巷空间尺度感和组织精神，以及凝聚外化而成的独特街巷活动和习俗，展现着"中国式城市"的真正性格，可以作为我国轨道交通网络化城市慢行空间优化的参考依据。

6.2 生态绿地的系统性布置

6.2.1 "核心生活圈"覆盖盲区建设城市绿地系统

根据前面可知，满足城市居民生理和心理需求的理想日常出行时空范围，包括核心生活圈和精神生活圈两个圈层，核心生活范围以慢行 5 ~ 10min 通过的距离为半径限定。

结合轨道站域，利用"核心生活圈"覆盖盲区建设公园绿地系统是提升轨道城市空间质量、改善城市生活品质的关键。首先，应借助城市流动空间的多模式绿色交通系统以及绿道系统等，结合站点街区公园、广场、庭院和休闲街道，以及建筑空间与城市空间的一体化与立体化，构筑完整的友好型慢行空间。其次，慢行空间应穿越、连接更多的高强度慢行单元，链接休憩、娱乐、景观等公共空间，逐步发展功能多样的城市步道空间系统，使大多数城市居民、中小学生等一出门就能融入慢行优先的绿色街道（图 6-8）。再次，结合轨道交通建设的立体连续、宜停宜行的慢行空间体系，不被道路割裂，且与车行街道相连接。

图 6-8 利用"核心生活圈"内的绿色出行体系覆盖盲区建设公园绿地系统示意

[1] Serge Salat．城市与形态 [M]．北京：中国建筑工业出版社，2012．

与工业革命之前相比，除了必要的刚性出行之外，人们日常生活中的大多数出行活动需求、出行心理预期以及出行目的并没什么本质变化，轨道交通城市建设需要为人们创造出进行这些交流与活动的可以自由支配的时间，也需要创造出使人们享受这些交流和活动的适度空间。

6.2.2 绿色出行环境激活城市空间人文魅力

中国传统文化中人们行为秩序的建立，更多地依赖于“人看人”的道德约束力，同时也增加一定范围内人们的相识度，建立了一种亲切的邻里关系和乡愁记忆。轨道交通城市的空间体验，应尽可能满足人们在自己熟悉的环境中获得较好的日常生活体验的同时，以“人看人”的传统方式规范和约束人们的道德心和责任感，在现代城市中恢复和拓展中国传统道德与文化应有的约束力量。

轨道交通空间单元及其绿色出行环境的精细化设计，应创建和培养“坊间”更加丰富的互动活动，包括交往、游戏、买卖等，并应致力于创造容纳它们的管理方式和城市空间。将人们习惯于到市中心或城市公园、广场才能获得的公共空间体验，带到人们身边，从而减少寻找这种空间的大量人流给交通系统带来的压力。

6.2.3 生态环境修复纾解城市居民山水乡愁

热爱自然、向往自然是人的天性。建设田园城市、山水城市、生态城市，一方面是源于遵循自然规律的可持续发展要求，另一方面也是纾解现代城市最原初的山水乡愁的一种方式。

城市轨道交通是唯一在速度上对小汽车有竞争力的公共交通方式[1]。其明显的“稀缺性公共资源”特征，有助于推动旧城更新及城市次中心和新城的形成，并能够在其空间形态、功能组合、环境质量以及城市功能布局等方面进行严格把关，推进城市空间优化重构，为建设健康美丽的山水城市环境提供可能。根据轨道交通各个区域的承载力限定以及功能和形态集聚要求，结合轨道交通优势，覆盖出行盲区，规划合理空间用于公园绿地建设，是改善现代城市机械特征的有力举措，有利于助推城市公共资源保护与共享，激发城市空间传统健康活力和道德行为约束力，打造山水花园城市。

[1] 潘海啸．快速交通系统对形成可持续发展的都市区的作用研究 [J]．城市规划汇刊，2001（4）：43-46.

6.3 空间环境的高品质优化

6.3.1 放大要素辐射能力共享城市资源

轨道交通网络化“城市空间单元”的全部重要节点，应尽量本着彼此协调、有机联系的原则，依托轨道交通站点设置，而且各站点土地开发构成均应有所侧重。即不仅每一个站点规划都考虑土地混合利用，也要考虑每个站点的有机联系及其功能侧重，从而实现城市功能在空间上的全局性统筹开发与布局，有效放大城市要素的空间辐射能力。

以 TOD 建设的成功典范美国弗吉尼亚州的阿灵顿（Arlington）为例，其轨道交通线路属于华盛顿大都市区地铁系统的一部分，每一个站点都着眼于整个轨道交通网络化的有机联系，功能各有侧重，例如，Rosslyn 站侧重高密度的商业和居住用地建设，Courthouse 站侧重于政府机构用地，Virginia Square 站侧重于教育用地（图 6-9）[1]。站点周边 400 ~ 800m 范围内采用 TOD 模式，鼓励高强度开发，体现了城市发展宏观统筹考虑的全局观。

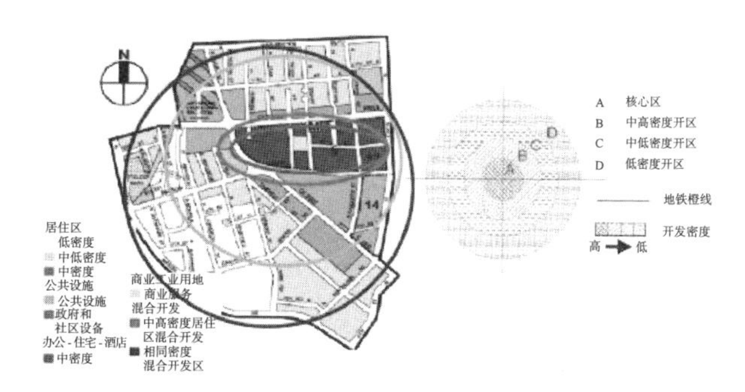

图 6-9　阿灵顿县的 R-B 走廊站点土地利用布局示意

图片来源：王伊丽，陈学武，李萌 .TOD 交通走廊形成机理分析及经验借鉴：以美国阿灵顿县 R-B 走廊为例 [J]. 交通运输工程信息学报，2008（2）：85-90，101.

6.3.2 利用反磁力作用优化空间功能

轨道交通与城市空间的相互作用自发存在。根据相关研究，在现有城市中心区难以设置轨道交通站点的情况下，新站点可设置在中心周边地区，由此带动站点周边地区快速发展，并对现有中心形成反磁力作用，致使中心区功能衰退并向站点地区发生空间转移，进一步发展成为新的城市中心。研究还表明，这种基于两者内在作用机制自发组织但又缺乏控制与引导而形成的城市空间质量普遍不高，这一点在我国早期轨

[1] 世联地产．轨道黄金链：轨道交通与沿线土地开发 [M]．北京：机械工业出版社，2009.

道交通站点周边都有十分明显的体现，因此，目前国内轨道交通建设应与城市空间发展充分结合起来[1]。借助轨道交通站点，“城市空间单元”的功能应结合“精神生活圈”的构建而进一步加强。

“精神生活圈”应落点城市各级次中心并推助其形成，其区域功能可借助精神生活圈的构建而进一步加强，集中考虑日常生活、餐饮娱乐、购物消费、运动休闲、科技文教以及大型公园绿地等的空间布局，及其与相邻城市空间单元功能的互补与共享，从而实现城市功能在空间上的全局性统筹开发与布局，达到有效放大城市要素辐射范围、节约城市资源、保护城市生态环境的目的。

例如香港金钟与中环地铁站之间相距仅 800m，但其间的办公建筑并没有均匀布置，而是分别向两站靠拢，大多数建筑到地铁站的步行距离仅为 200m 左右，围绕两站点的高密度建筑群之间分布着香港公园、植物园、渣打公园等城市开发空间，典型的强中心、高密度城市空间格局，使香港成为轨道交通建设与土地高效集约利用的典范。

6.3.3 双重空间尺度提升城市生活品质

以轨道站点为核心的慢行单元是城市步行、自行车交通的重要起讫点，深刻影响着人们日常生活的品质。在这一日常出行时空辐射半径范围内，便利设施（如学校、邮局、银行、电子阅览室、诊所、零售店、活动中心、餐厅等）及绿地设置比率应符合城市人均指标，并明确量化到各个城市单元的无障碍步行或绿色交通可达区域。

虽然快节奏的机动交通借助速度和自由两大优势成为城市发展的必然，但是，现代城市同样不能忽略慢节奏的非机动交通[2]。高品质的城市生活，呼唤城市空间既有服务于快速通行的大尺度，又有服务于慢速通行的小尺度，慢行尺度应反映人的使用要求以及人的视觉和心理感受。任何一个居民，当他走出自己的家门，都可以找到一块小小的公共绿地，那里有长椅，有 Wi-Fi，有可以坐下来和朋友聊天或一个人看书、上网、发邮件的公共停留空间。

轨道交通城市需要注重快速通道和慢行空间双重尺度设计，依托城市空间单元的短臂生活圈，在站点周边地区建设形成品质优秀的慢行生活空间单元和慢行生活空间。

---

[1] 潘海啸，任春洋．轨道交通与城市公共活动中心体系的空间耦合关系研究：以上海为例 [J]．城市规划学刊，2005（4）：76-82．

[2] 杨玲艳，姚道先．香港“以人为本”的步行环境 [J]．新湘评论，2012（4）：18．

6.4 城市空间的立体化利用

6.4.1 建筑空间与城市空间一体化与立体化

由于轨道交通跨越空间的致盲效应和跳跃式心理效应，典型站域空间地上地下相互联系、渗透，融合部分空间场所的立体化营造，已经成为轨道交通时代城市和建筑空间的重要创新方向。在人们不断提高空间环境质量要求的情况下，借助轨道交通建设和人居环境技术的进步，明确的室内外空间、地上地下空间界限正在被逐渐打破。

“地下空间地上化，室内空间室外化”的跨界设计，成为城市空间立体开发的新契机，因此有必要在城市空间单元研究基础上，系统分析现有轨道站域空间立体化开发的研究成果，以及地下空间环境质量保障技术已有研究成果，构思新的轨道站开发策略。

例如美国旧金山 Transbay 客运中心，定位是市中心公共汽车和轨道交通站之上的多式联运型客运中心（图 6-10）。新的交通中心跨越 Mission 大街的五个街区，较好地考虑了住宅、商业、办公和零售空间的混合设计，预计将为该区域创造 125000 个新的就业岗位。其巧妙的创新设计和可持续发展研究，深化了街区地上地下、室内室外的立体化发展。大面积的底层架空处理，增加了城市公共开放空间和种植绿化的面积，成功地将这一交通枢纽转化为城市公共用地。建筑略为起伏的金属丝网板（metal mesh panels）幕墙轻盈剔透，好似漂浮在街道上空，远观给人以优雅明快和友好的印象。

图 6-10 跨越城市街道的 Transbay 客运中心

图片来源：http://transbaycenter.org/.

街面上散布着商店和咖啡店，将吸引游客给这一区域带来勃勃生机（图 6-11、图 6-12）。交通中心内部空间开敞而明亮，高高在上而又结构清晰的“光柱”天窗将阳光引入室内。最大的光柱形成了客运中心主要公用空间，从屋顶公园出发，向下穿过公交车站和大厅，可一直通往轨道站台的地下两层，这一构思新颖的结构为交通中心的周边区域带来了充足光照（图 6-13）。

图 6-11　融入街区的建筑底层一角

图片来源：http：//transbaycenter.org/.

图 6-12　光柱天窗将自然光引入室内

图片来源：http：//transbaycenter.org/.

图 6-13　立体贯通的室内空间

图片来源：http：//transbaycenter.org/.

客运中心设计的核心是屋顶公园——一个占地 2.20hm^2 的公共开放场所，设计形成了一个可以为使用者提供高质量休憩和活动的多功能空间，并设有超过 12 个入口点，未来还将会修建一些与周围环境相连的步道桥，与周边建筑共同形成优雅深远的立体街区景观，建成后将成为促进新的邻里社区形成和巩固临近多用途街区发展的必要元素。

6.4.2 城市流动空间立体化

以汽车交通著称的欧美等发达国家，不断改造汽车通行为主的城市道路，使它们或让位于行人，或变为城市步行街和公共广场，并进一步借助行人过街岛、天桥、地下通道等过街设施，进行立体、连续、无障碍的绿色出行系统设计。

2016 年 2 月 6 日《中共中央　国务院关于进一步加强城市规划建设管理工作的若干意见》提出：要树立“窄马路、密路网”的城市道路布局理念，建设快速路、主次干路和支路级配合理的道路网系统❶。新增或开辟有利于绿色交通出行的狭窄街道、绿道，已在国内达成共识，而真正让位于以人为本，还需借鉴国内外已有建设经验，认真考虑其整体的更新和设计方法。

1. 步行街道无障碍立体化

香港结合建筑二层连廊发展形成了一个连续的空中步道系统，它覆盖了一定范围内的主要建筑，人们无需回到地面，就可以自由地在建筑之间穿梭，为人们提供了城市生活的独特体验。空中步道系统连接了主要的公共交通站点（包括轮渡码头、地铁站、公共汽车站等），人们可以方便地换乘不同的交通工具，可达性提高，人车分离的设计，使得行人的舒适性和车辆的高效率都有了保证。❷通过自动扶梯和升降梯，空间步道、地面步行系统之间可以完成不同标高之间的转换，保障了步行系统的立体连续性，促进了商业的繁荣。

2. 过街设施无障碍立体化

1918 年第一次世界大战之后，西方汽车工业蓬勃发展，汽车时代的到来，击溃了步行在街道中的绝对优势，为保障车行效率，兼顾基本步行行为，出现了符合简单适用要求的过街天桥和地下通道，其后，随着社会物质财富的积累，维持城市步行系统连续性的地上和地下过街设计更加普及。过街天桥的形式得到美化，串联城市各个建筑单体和公共空间的空中步道开始出现，逐渐增加了结合缓冲休憩、观景娱乐等可停留空间的设计。新的区域化的空中立体步道体系起到了积极引导人流方向、完善城市出行体验、激发区域竞争能力的作用。

❶ 中共中央　国务院关于进一步加强城市规划建设管理工作的若干意见 [R]. 人民日报，2016-2-22（6）.

❷ 费移山，王建国. 高密度城市形态与城市交通：以香港城市发展为例 [J]. 新建筑，2004（5）：4-6.

意大利卢卡人行过街桥设计和美国华盛顿州温哥华天桥都是值得学习的典范。意大利卢卡人行过街桥的设计突破了简单对称的传统形态，流畅优美的弧形流线，改善了传统人行过街桥功能单一、造型生硬、也很难与周围环境景观相融合的缺点。桥面结合花坛种植设计一定的公共停留休息空间。过街桥设计引桥步道与城市人行道相结合，或结合小型建筑、构筑物等设计休闲平台等公共休闲空间，减少桥下空间的浪费（图 6-14）。

图 6-14　意大利卢卡人行过街桥设计

图片来源：http：//www.chla.com.cn/htm/2011/0520/85957.html.

美国华盛顿州，14 号公路阻断了具有历史纪念意义的温哥华堡和毗邻的哥伦比亚河滨，温哥华天桥巧妙利用地形，用一个简洁的、优雅的弧线横穿铁路、公路进而连接了温哥华堡和哥伦比亚河水滨，保持了自然景观的连续性[1]。温哥华天桥仅供行人和自行车通过，桥上结合三个纪念亭，设长椅供人们休息并回顾美国历史。桥面覆土种植，改善了步道空间的环境质量。今日，就算哥伦比亚河边修建了铁路和宽阔的公路，人们仍能和昔日一样，毫无障碍地徒步从水滨往返堡垒，这与人们最初在这片土地上曾经拥有的出行感受并无异样（图 6-15）。

图 6-15　美国华盛顿州温哥华堡合理利用地形的天桥

[1] 路人 @ 行者．历史的温哥华堡，优雅的人行天桥 [OL]．http：//a4367007.blog.163.com/.

总之，除了过街天桥和下穿式道路之外，过街设施在没有有利地势条件的情况下，可以巧妙考虑借助建筑空间、下沉广场或庭院空间进行无障碍设计。合理利用自动扶梯和升降梯，进行地面、地下步道系统之间的高程转换，保障步道系统的立体连续性。积极利用街心绿带、街心公园、广场等公共空间设计地下空间的通风采光系统，改善地下空间的环境质量。

3. 结合地铁建设的地下步行系统无障碍立体化

为应对严寒的冬季、改善步行环境，借助地铁交通建设的契机，加拿大的多伦多、蒙特利尔等在 20 世纪 70 年代开始连通周边建筑的地下层与大型商业综合体，发展出了规模庞大的地下城市和地下步行系统。纽约、巴黎、东京等城市历时几十甚至上百年时间，依托地铁构筑了城市地下空间网络和步行系统，缓解交通压力的同时，带动了沿线经济活动的繁荣。

如今，城市步道系统的实践早已由满足简单的通行，转向了生态、友好、令人愉悦的城市步道设计，步行道路、空中步道和地下街不再是独立的概念，三者之间应实现无障碍连续设计。无障碍人行桥、空中步道、地下街、避免人车混行的下穿式道路等城市步道设施的发展，都已呈现出各自的精彩之处。

6.4.3 城市公共空间环境立体化

轨道交通城市的“最后一公里”，应以人为本，综合考虑行人尺度上的城市公共空间环境感受，全面整合街道休闲空间、街区公园广场空间、街区建筑庭院空间的立体化建设，使之成为一个连续有趣的空间体验系统。

1. 街道休闲空间立体化

相对于以交通和联系功能为主的流动空间，街道空间具有明确的停留空间特性。借助立体连续的城市步道系统，建设和联系立体多样的城市公共空间场所，可以活跃城市步道空间体系，丰富公共空间形态和景观形态，增加公共活动场地，激活城市经济。

墨西哥古老的查普特佩克大道最初建于 1532 年，1900 年代开通了有轨电车和地铁。城市现代化带来的弊病，使这条大道成为事故发生率很高、步行与骑行都比较困难的地方。2015 年墨西哥查普特佩克大道改造方案进行了一系列的立体城市步道和城市空间设计（图 6-16），尝试通过重塑交通与公共空间为这里带来“和谐环境”和“畅行街道”。这个区域原来 70% 的空间提供给车辆通行，30% 属于人行，政府希望通过“查普特佩克文化之廊”生成新的空间，反转这些数据，从而达到 70% 供给人行及公众使用，30% 用于交通空间整合。

2. 街区公园广场空间立体化

借助公园、广场的立体化设计，完成城市功能的完美整合与分离，是轨道交通推

图 6-16　墨西哥查普特佩克大道改造设计

图片来源：http：//www.zhuyouw.com/HTML/201508/33758.

图 6-17　土耳其伊斯坦布尔的 Şişhane 公园

图片来源：http：//sanalarc.prosite.com/58484/484707/practice/sishane-park-sishane-park.

动城市立体化的一个非常可行的方向。

Şışhane 公园是土耳其伊斯坦布尔市中心的一个公共空间（图 6-17，图 6-18），公园地下停车场共有 6 层，通过通道连接地铁、公交车站、小型公交枢纽，形成了多模式交通中转站。停车场的屋顶也就是 Şışhane 公园，它实际上是一个巨大的屋顶花园，顶层停车场设计有 5 个通向公园和引入自然光的开放通风口和通道（图 6-19）。

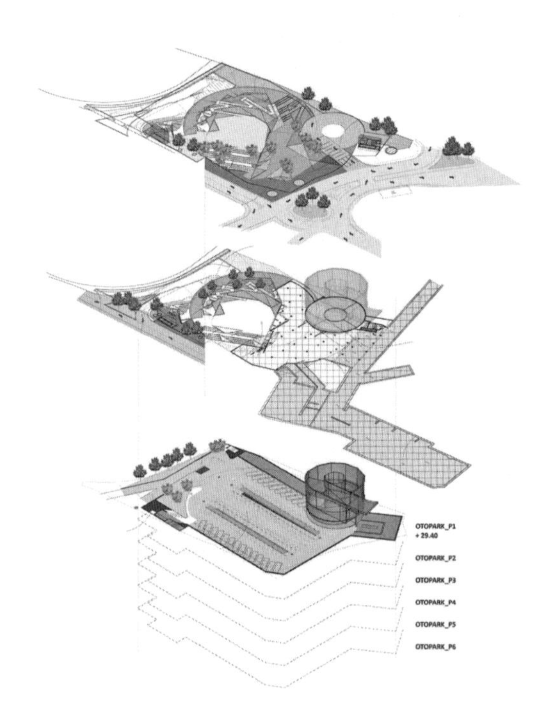

图 6-18　场地的高差变化及地下车库示意

图片来源：http：//sanalarc.prosite.com/58484/484707/practice/sishane-park-sishane-park.

公园通过斜坡、露台和几何式观景台等设计，巧妙解决了场地上 2m 左右的水平高差，设计完成的公园，几何形式统一。为了让居民和游客重新融入自然品质中，方案精心设计自然的材料、宽广的视野、绿意盎然的场所空间，组织了一个高品质、立体化的活动和休闲空间。

3. 街区建筑庭院空间立体化

街区建筑庭院空间立体化，是轨道交通城市公共空间环境立体化的又一个方面。以西安大雁塔区域的下沉空间为例，下沉庭院通过地面广场和地下车库，连通相邻街区，为城市的这一区域营造出了一片适宜步行的场所。庭院设计通过连接城市人行步道的大台阶和自动扶梯，以及地下建筑纯净通透的玻璃立面，围合形成了祥和、静谧的空间场所（图 6-20）。引导人流进入地下一层建筑的庭院空间之中，精致的花坛与银杏、和煦的阳光与微风，不知不觉间消弭了人们对于地下建筑的负面印象，并且由于标高转换隔绝了汽车的噪声，给人们带来了更多的惬意与舒适。

图 6-19　Şışhane 公园引入自然光的地下车库

图片来源：http：//sanalarc.prosite.com/58484/484707/practice/sishane-park-sishane-park.

图 6-20　西安大雁塔区域的下沉庭院空间

6.5 轨道交通提升城市空间的人文意味

6.5.1 设计艺术窗口映射城市人文历史

借助轨道线路以及以轨道站为核心的诸多节点，轨道交通跳跃式心理效应和致盲效应，顺利将人们对大城市的认识浓缩抽象成了简单的点与线的关系，这多少增加了人们对大城市的认同感、归属感以及城市空间全面感知与把控的能力，自主衍生出人们对大城市的点式认知途径。

例如巴黎地铁，通过巧妙的个性化设计与布置，在迥异的风格中追溯着时光的轨迹，隐约透出城市浓厚的文化底蕴来（图 6-21）[1]。乘坐巴黎地铁，就像穿行在一个跨越了时空距离、精心挑选布置的艺术长廊里。卢浮宫站陈列着卢浮宫馆藏艺术品的复制版；巴士底站台上绘制着气势磅礴的法国大革命壁画；瓦雷讷站的巴尔扎克雕像呼应着这里的罗丹博物馆；更有直接用罗斯福、拉法耶特、圣丹尼斯等命名的地铁站。乘坐巴黎地铁，走走停停都是一个个如雷贯耳的名字和一幕幕惊天动地的往事，让人时时处处直观地感受着巴黎的过往。[2]

克吕尼 - 索邦大学站

卢浮 - 里沃利站

巴士底狱站

工艺美术站

图 6-21　巴黎地铁站对区域历史文化渊源的提炼与记忆

图片来源：http：//dy.163.com/v2/article/detail/CIU7SJVD0514 BIA.

[1] 邹婷. 空间 · 城市 · 人 [D]. 西北师范大学，2014.

[2] 石头，唐依敏. 世界上最美的地铁月台除了巴黎伦敦纽约还有我家门口的十四号线 [N/OL]. 北京青年周刊 .http：//www.vccoo.com/a/cy4ns.

6.5.2 跨越时空距离展现城市人文精神

城市轨道是现代城市文明发展形成的一种绿色、环保、节约的快捷公交系统，从诞生之日起就被不间断地注入了文化内涵。借助轨道交通，城市不同时期、不同区域的人文精神将全面渗透在我们的城市里，渗透到生活中，甚至逐渐变成居民生活的一部分。而漫长的建设周期，赋予这一交通建筑体系跨越时空距离、跳跃式展现城市人文历史的特点。

依托轨道系统形成的城市地标建筑、高度洗练的城市认知地图，以及如同列车一样穿越历史前行的轨道建筑空间艺术，往往记录了城市最悠久的历史。依据环境美学“介入模式”的审美思考，我们不难发现艺术品的属性。就如同自然界的气候决定着这种或那种植物的出现，精神方面的气候也决定了这种或那种艺术的出现[1]。

在时间距离上，1863 年首次建成通车的伦敦地铁，无论她有多么慢、多么丑陋和遭人厌弃，但是她承载了工业革命来临时期人们对科技、对城市、对文化、对历史，甚至是对未来、对工业之美的思考。1965 年 7 月 1 日开工建设的北京地铁一期工程，站厅狭小、装修简单，无论从工程、技术、艺术等各个角度来看，都是一个起步和学习的过程。但这个一穷二白时期的“浩大工程”，铭记了我们国家那一段艰难岁月，也透露出一个民族自强复兴的伟大梦想（图 6-22）。

2009 年开通的北京 4 号线地铁站

1971 年开通的北京 2 号线地铁站

2008 年开通的机场快线地铁站

2011 年开通的地铁 9 号线西客站站

图 6-22 中国北京地铁站的历史印记

[1] 丹纳著．艺术哲学 [M]．傅雷译．南京：江苏文艺出版社，2012.

在空间距离上，纽约从历史悠久的布朗克斯区到美食遍地的皇后区，从载满回忆的布鲁克林区到现代气息十足的曼哈顿区和斯泰腾岛，不同的区域侧重不同的特色，这和巴黎新老城区的建设如出一辙。拓展新的区域来满足发展，保留老的区域来留存记忆，城市由此借助轨道交通留住一定区域、一定范围或者是一个站域的城市特色，留住城市精神。

6.6 本章小结

本章在城市空间单元构建的基础上，探讨了城市空间单元组织模式下，轨道交通城市空间优化与精细化设计的五个基本层面，包括生活化、生态化、人文化、立体化、有序化等。并分别结合国内外相关城市空间建设实例，分析了轨道交通城市空间在这五个层面的精细化设计方法，进一步探讨轨道交通城市空间环境与格局的优化。

7 以西安为例的城市空间单元分析模式探析

西安是“丝绸之路”的重要一站，也是中国传统文化的重要展示窗口之一，轨道交通建设将成为进一步提升西安城市品质的重要契机。为缓解城市交通问题、打造绿色、低碳、宜居的城市环境，结合轨道交通建设具有吸引力的公共空间、提供多种绿色出行选择、倡导土地混合利用等，是进一步提升西安城市生活质量和空间品质与形象，推动城市空间系统性优化更新的有效途径。在轨道交通网络化发展及公共自行车网点规模化建设背景下，进行西安城市空间单元组织构建，以及空间系统性优化更新的策略、方法等研究意义重大。

7.1 轨道交通对西安城市空间发展的影响

7.1.1 推动城市空间结构重塑

随着西安经济的快速发展，西安市正在向国际化大都市迈进。西安老城（明城墙范畴内）和二环以内区域属于高强度开发的功能密集区域，整个城市呈强中心“外溢式”发展模式[1]。根据西安市统计局的统计，2016 年西安市常住人口 883.21 万，主城区人口为 497.01 万，主要分布在城市三环路以内和城市东南的高新区域。

西安城市空间以往长期处于单中心发展状态，随着机动车保有量的快速增长，这种单中心扩张模式，造成了西安城区中心交通拥堵严重、人口密度较大、城市发展缓慢等问题。为了适应国家发展战略的部署规划，西安市第四次修编的城市总体规划将城市定位为世界城市、文化之都，西安城市轨道交通线网规划作为重要支撑性基础设施纳入此次修编。借助轨道交通规划建设，西安正式迈入了“一城多心，九宫布局”的城市空间结构重塑阶段。

[1] 洪豆，辛拓．西安市轨道交通线网规划与城市布局的可持续发展研究 [J]．重庆交通大学学报（社会科学版），2017，17（2）：47-50.

7.1.2 推进轨道沿线多中心发展

调研显示，自2006年9月西安第一条地铁线路——地铁2号线开工建设以来，沿地铁2号线的城市区域得到了快速发展。2006年经开区城市建设用地沿主干道延伸格局明显，远处仍是开阔的农田，到2011年，随着地铁2号线的建设，城市建设和更新发展迅速，土地开发强度和范围都发生了明显变化，城市空间由沿主干道线性发展扩展到一定的面状区域（图7-1）。在这里，地铁的“稀缺性公共资源”特性很大程度上引导了城市区域的自主开发，促使城市空间格局从单中心向多中心转变。

村落建筑
农田
已建区域
2004年西安张家堡地区
（用地性质以农田为主，城郊特征明显）

汽车销售业用地
在建区域
已建区域
2009年西安张家堡地区
（随地铁2号线开通，整个区域变成了城建大工地）

汽车销售业用地
在建区域
已建区域
2012年西安张家堡地区
（基本完成由城郊到新的城市中心区的转变）

图7-1 经开区城市建设用地发展演变分析图

西安地铁总体布局，在与大西安总体规划格局相结合的情况下，也已进一步考虑了地铁线网与城市空间的协调设计。以地铁4、5、6号线及临潼线为例，地铁建设与站点地区进行了同步城市设计，以期结合地铁建设引导并促进各类城市次中心的形成及城市空间格局的调整（表7.1）。为吸引城市向站点周边集聚，考虑结合轨道站点规划建设各级各类城市次中心和新的城市发展片区（图7-2）。

7.1.3 缓解交通压力拉大城市框架

自西安轨道交通开通运营以来，部分公共汽车乘客向轨道交通转移，轨道交通客运量比例快速增长。据了解，随着市民出行方式的转变，每年在不开新线路的情况下，地铁客流也以近10%的比例在增长。结合西安地铁运营分公司统计数字，2015年西安地铁日均客流约95万人

次，客流强度居全国第二。❶

2016 年，西安地铁单日客流净增 5 万人次，日均客流已突破 100 万人次❷。仅小寨一站，平均日均客流量就在 10 万人左右，节假日在 13 万到 15 万之间。最高单日客流量超过 17 万人次❸，大大分流和缓解了城市汽车交通压力。

结合西安地铁 4、5、6 号线及临潼线建设而规划的城市次中心 **表 7.1**

线路	商业中心	大型居住区	地下空间连片重点开发区域
4	行政中心站	尚新路站	李家村站区域
	李家村站	凤新路	航创路区域
	航创路站	神舟大道	
5	汉城南路站	长鸣路站	汉城南路站区域
	劳动南路站		长鸣路站区域
	后村站		
	荣家寨站		
6	万寿路站	纬三十二街	黄雁村站区域
	边家村站	西部大道	
	韦斗路站		
临潼线	纺织城站	北二环	纺织城站区域
	华清池站	香王站	华清池区域
总计	12 个	8 个	7 处

资料来源：根据西安市地铁沿线交通组织及土地综合利用规划（4、5、6 号线及临潼市域线）整理绘制。

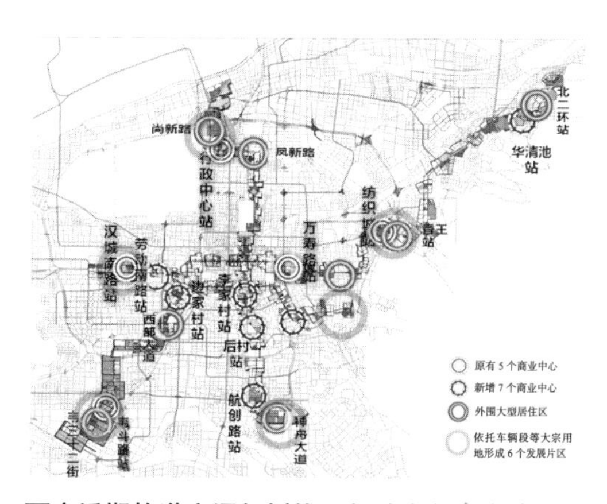

图 7-2 西安近期轨道交通规划线网与城市各中心建设的耦合分析

资料来源：根据西安市地铁沿线交通组织及土地综合利用规划（4、5、6 号线及临潼市域线）整理绘制。

❶ 西安地铁日均客流超 100 万人次 排名居全国第二 [EB/OL]. 西安晚报，2016-08-06. http：//www.xiancn.com.

❷ 西安地铁日均客流超百万人次——二号线增加列车缩短间隔 [EB/OL]. 西安文明网，2016-03-15. http：//www.wmxa.cn.

❸ 西安地铁客流连续多日超百万——小寨站客流创新高 [EB/OL]. 西部网，2016-03-06.http：//www.cnwest.com.

西安地铁线网布局在城市总体规划的基础上，优先考虑了对近期重点建设的城市次中心的支持与联系，为拉大西安城市骨架和空间整体优化提供了巨大的可能（图 7-3）。

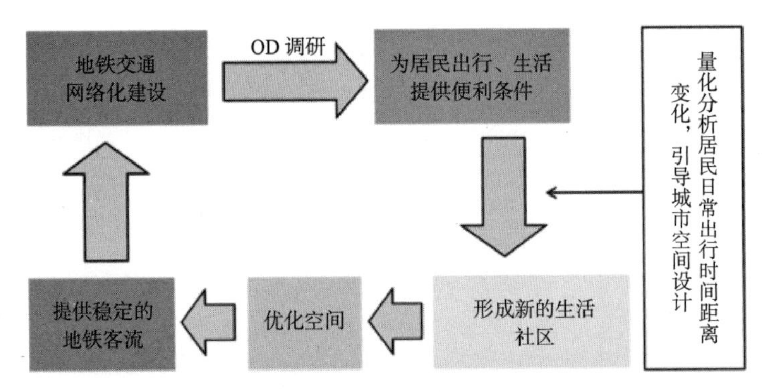

图 7-3　地铁建设与城市空间发展的互动关系

7.2　西安“城市空间单元”式优化的一般性思考

7.2.1　生态宜居城市环境品质建设的思考

城市始终是推动一个国家和地区走向世界前列的尖锋阵地，尤其是那些担负着国家“开放”“共享”等历史使命的大城市及特大城市。结合地铁建设进行城市人文、自然等公共资源合理配置的城市设计，有助于大幅提升与优化大城市空间环境质量和品质，机遇来临时，可助推西安迅速发展成我国内陆和西部地区走向世界的尖锋阵地。

西安地铁线网规划在考虑城市宏观发展的基础上，尽量考虑了串联沿线的重要城市功能空间，以方便城市居民出行。同时结合城市公共自行车建设，有效延伸城市居民的日常生活空间。地铁站点明显的“稀缺性公共资源”特征，是影响西安城市空间发展的重要因素，起着引导城市空间有序建设及公共资源公平配置的重要作用。

TOD 理论为主的地铁站步行影响范围为 500m，而本研究结合轨道交通的绿色出行系统将影响扩展到了 1500m 左右，对比西安轨道线网规划背景下两种影响范围，如图 7-4 所示，500m 的影响范围覆盖面存在较大的覆盖盲区区域，难以全面发挥轨道交通对城市空间建设应有的巨大力量（图 7-4）；1500m 的影响范围则大大减少了这种覆盖空隙，结合轨道交通的城市空间绿色出行环境建设符合西安地铁建设的实际情况（图 7-5 ~ 图 7-7）。

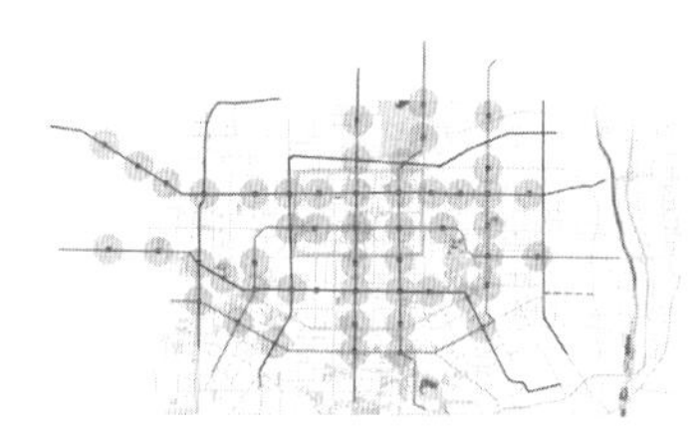

图 7-4　轨道站点 500m 覆盖范围及其覆盖盲区示意

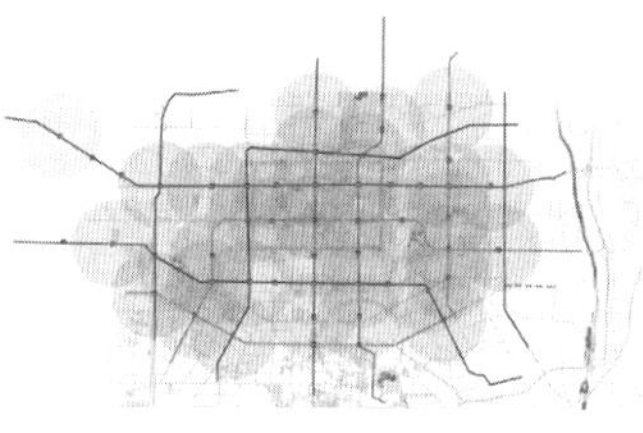

图 7-5　扩大到 1500m 的“核心生活圈”覆盖范围使轨道站点突破串珠式形态呈现实质性带状发展

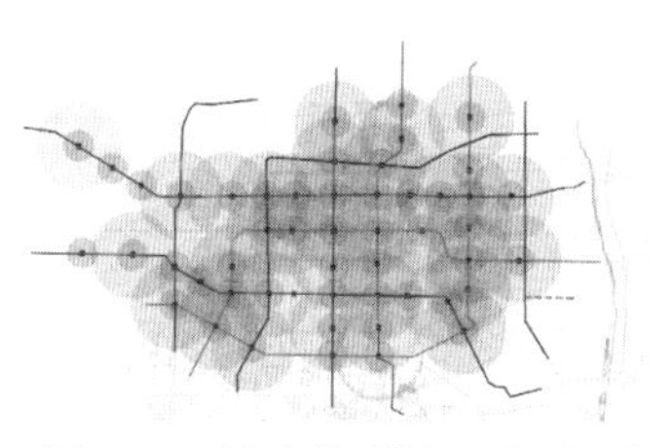

图 7-6　扩大的“核心生活圈”覆盖范围与轨道站点 500m 覆盖范围的对比分析

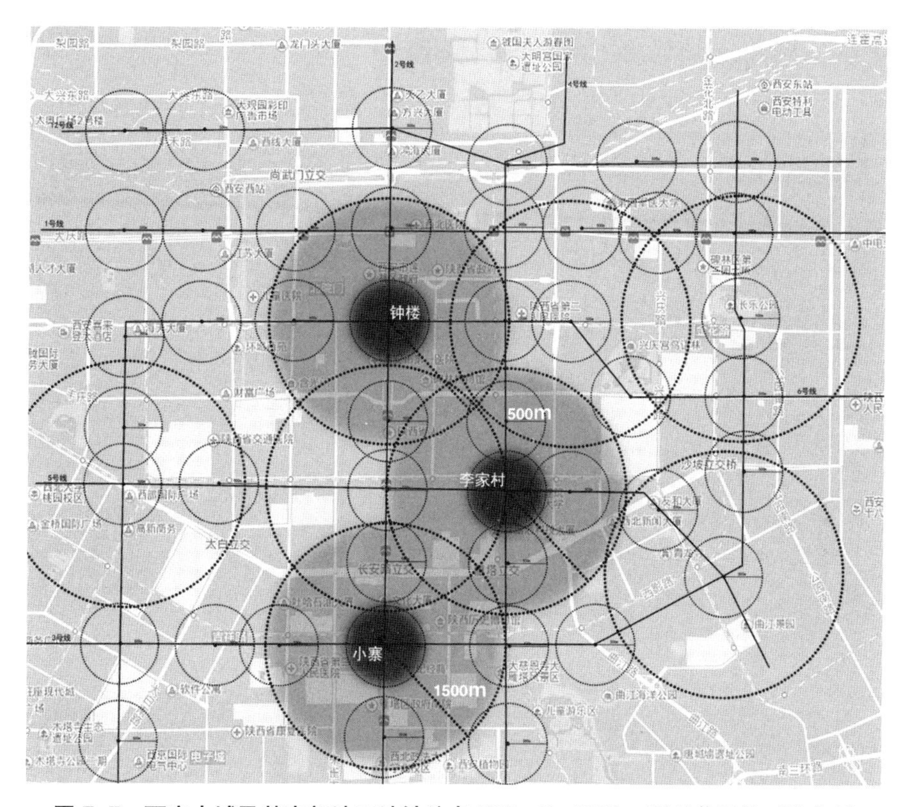

图 7-7　西安古城及其南部地区地铁站点 500m 和 1500m 覆盖范围的对比分析

7.2.2　理想“城市空间单元”模式的对应分析

1. 理想“城市空间单元”组合规律分析

根据轨道交通城市“核心生活圈”和“精神生活圈”的范围和功能界定，结合西安轨道交通运行时速对日常出行时空范围的限制，对西安城市尺度、规模、各级城市中心进行分析，逐一核对轨道交通站点距离、城市空间单元尺度及其与各级城市次中心的一一对应关系，可以发现以 6km 为直径的理想“城市空间单元”组合覆盖，基本与西安目前正在逐渐形成的各个次级中心相吻合。

如图 7-8 所示，西安中心区域理想城市空间单元以相切形式组合，则各城市空间单元的核心，基本都落点在西安目前正在逐渐形成的各个次级中心的范围内。依托轨道交通的西安城市空间单元构建，可以借助步行结合公共自行车的绿色交通体系，扩大轨道站点的有效覆盖范围，为保护古城街巷空间，改善居民日常出行环境提供可能。这不但可以验证轨道交通网络化的城市空间单元，具有在原有空间布局基础上对城市空间进行整合优化的可能性，使得不同尺度规模的轨道交通网络化城市空间，有望通过城市空间单元模式的优化呈现出整体有机的空间特征。同时也充分表明，现代城市规划思想并不是无本之源。现代城市的发展建设潜在地受到普遍存在的日常出行时空距离的约束，现代著名城市研究理论一定程度上传承并延续了古老城市的建设规律和思想。

图 7-8　以 6km 为直径的西安城市空间单元组合分析示意

2. 西安“城市空间单元”的整体性组合分析

目前，建设允许自然的风道、绿地、河道穿过的高品质山水田园城市，已是西安城市空间优化更新和未来建设的目标。出于营建绿色通道、预留自然空间、密切城市与自然关系的目的，借助轨道交通网络化的优势特征，可以在城市空间单元研究的基础上，将城市整体空间依据一定的尺度范围分解为若干个独立而又互补的城市组团，促使我国粗放型发展的大城市进一步精致化、集约化，从而在不断增强城市凝聚力的同时，科学有效地达成建设山水田园城市的美好愿望。具体的空间组织构建层面包括功能布局、道路布局、空间立体化等方面（表 7.2）。

城市空间单元构建与组合层面　　表 7.2

<table>
<tr><td rowspan="6">城市空间单元</td><td colspan="2">空间单元不同层面的组合与构建</td></tr>
<tr><td rowspan="2">精神生活圈</td><td>功能布局——互补式布局，兼顾公共利益保护与公共资源共享</td></tr>
<tr><td>道路布局——轨道交通为主的多模式绿色交通体系</td></tr>
<tr><td rowspan="3">物质生活圈</td><td>功能布局——满足日常生活需求</td></tr>
<tr><td>道路布局——绿色出行环境</td></tr>
<tr><td>城市空间——立体化</td></tr>
</table>

（1）多元组合

市区城市空间单元以相切的形式组合，相邻单元之间形成功能共享区域；在城郊区域，如航空新城、港务新区、高铁站域等新建区域，可以充分发挥轨道交通优势，安排城市空间单元沿轨道线路延展，引导城市空间和功能的集聚与转移，从而建设符合轨道交通时空约束规律、核心功能明确而又关联互补的城市职能单元及全新城市空间，发展相应的新城或次级城市中心。

连接城市空间单元之间的优势出行覆盖盲区，联系公园、绿地、广场等各个公共空间节点，结合城市空间单元建立环状绿色出行系统。通过社区慢行路径，放射和增强绿色出行系统的渗透性和可达性。在绿色出行系统中引入多元的休闲空间，打造各具特色的生活休闲场地，实现绿环从单一属性的城市景观环到城市生活环的转变，进一步为城市打造生态复合、活力智慧的步行环（图 7-9）。

图 7-9　利用城市空间单元覆盖盲区建设环状绿地示意图

（2）功能集聚

同一“精神生活圈”范围内，各个“核心生活圈”在满足居民日常生活功能之外，也需进一步加强其核心功能，既要考虑功能混合，也要考虑其功能侧重及有机联系。空间布局根据实际，需要商业的做商业，需要休闲的设置休闲，需要立体的立体化处理，需要绿化的绿化。

以西安地铁小寨站区域为例，小寨区域一直是西安一个重要商圈，轨道交通网络化背景下，该区域理想出行时间 30min 覆盖范围的直径扩大到 6km 左右，地铁站人流吞吐量单日达 17 万人次[1]，成为西安城南休闲购物的重要场所（图 7-10）。有限的城市空间，高密度的步行人流和过街人流，使小寨局部区域交通情况更加拥挤混乱，因而，小寨区域一方面需要扩大商业面积，这要求该地区要进行一定的功能置换和空间转移；另一方面，该区域在城市立体空间建设上也已刻不容缓，立体化的空间有助于分担地面人流交通压力，优化商业结构和商业环境。

图 7-10 小寨街道人车交通压力

（3）功能互补与共享

以钟楼为核心的内城商业区，基本承担了地铁 1、2 号线上约 6km 长度上的商业人群，小寨商圈基本承担了地铁 2、3 号线上约 6km 长度上的商业人群，这使得钟楼和小寨之间的城市商业功能被大大弱化，如图 7-11 所示。钟楼和小寨之间一处重要城市空间——西安永宁门，是西安古城的南大门，旅游及展示意义重大，其独特的古典入城仪式，目前仍是西安接待贵宾的一项重要活动。但目前永宁门广场被城市机动车交通包围形成孤岛，宽达 30m 的南门盘道以及宽 60 多米的环城路尺度巨大，机动车道紧邻城市商业建筑，人行空间和绿化空间用地逼仄，川流不息的交通环道上，人行交通可达性较差，难以呈现出永宁门作为城市门面的气度形象与平和可亲的大城风尚。

[1] 西安地铁客流连续多日超百万——小寨站客流创新高 [EB/OL]. 西部网，2016-03-06.http：//www.cnwest.com.

从空间优化的层面来讲，永宁门区域应借助城市空间单元功能互补与共享的优点，突出旅游与展示功能，转移并置换与旅游和展示无关的功能空间。也即周边城市空间与永宁门广场之间应有一定的功能呼应，并需改造现有交通状况，形成通达性良好的地面步行交通系统。

图 7-11 西安南门区位和业态关系及出行环境

7.2.3 不同区域城市空间优化侧重方面分析

1. 西安居民日常出行需求调研及其参考性意义

（1）时空可达性调研分析

1）居民出行意愿的抽样调研

根据问卷调查和分析，借助轨道交通，西安城市居民日常生活出行集中在 500 ~ 5000m 的范围，根据活动内容不同，其出行方式、出行所用时间以及出行频次亦会有所不同。数据显示，精神生活出行时间主要集中在 10 ~ 30min 之间（图 7-12），500m 以内步行出行较为集中，出行距离越短出行频率越高，距离超过 5000m 的出行显著较少，出行方式比之刚性出行呈分散趋势。

①非刚需公交车出行情况分析

根据调研数据，目前非刚性需求的公交车出行距离以 4 ~ 7 站为主，占公交车出行为主的受访者比例的 43.2%，通常乘坐公交车出行距离在 11 站以内，也即 5.5km 左右的受访者占到 90.9%（图 7-13）。从出发地点到公交站，以步行和自行车为主的占到 95.3%（图 7-14），80% 以上的居民到达公交站所花时间在 15 min 以内（图 7-15）。

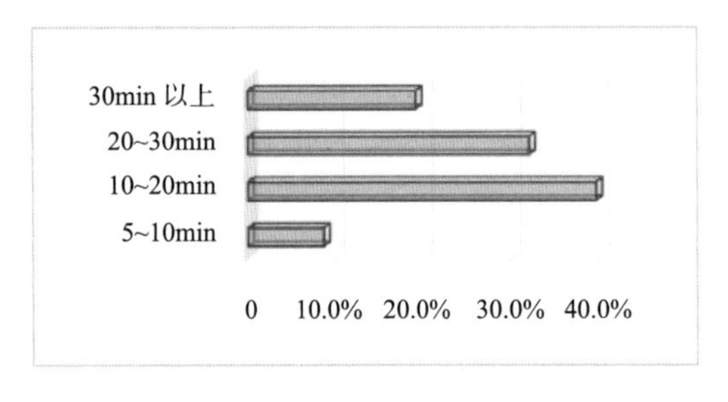

图 7-12　精神生活出行距离与出行时间的比例关系

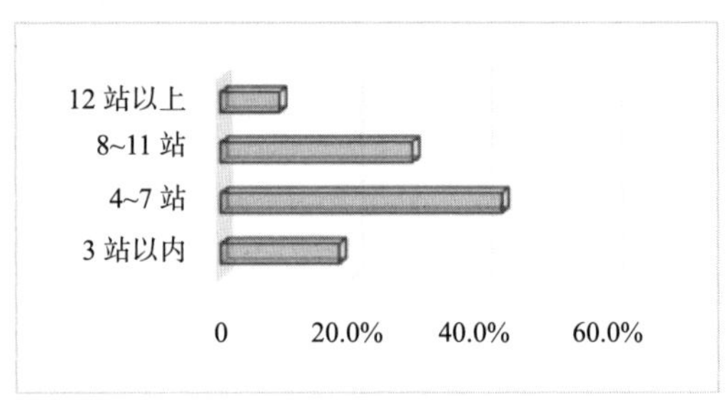

图 7-13　公交车出行距离与出行人数分析

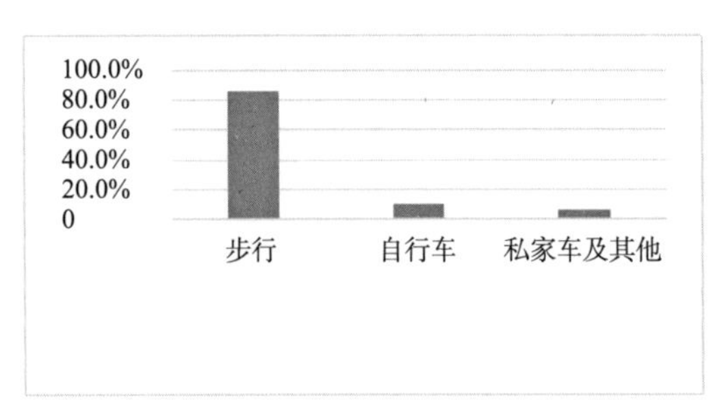

图 7-14　居民去公交站选用的交通方式情况

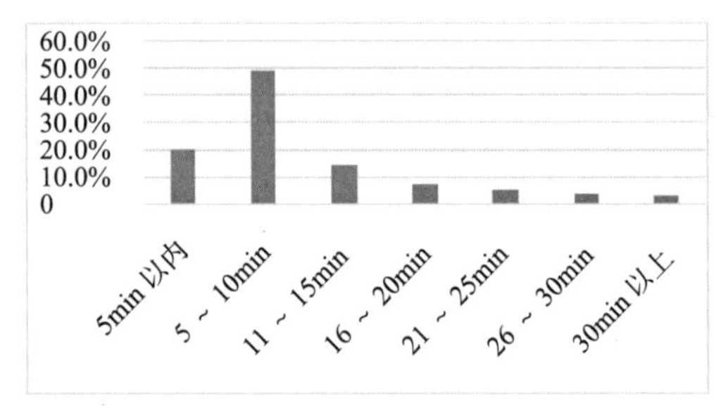

图 7-15　居民到公交站所花时间情况

对于下公交车之后如何到达目的地的调研显示，受访者几乎都选取了步行，以自行车为主的其他方式总计仅占 9.3%。下公交车到达目的地所需时间，10min 以内可以到达目的地的人数占 67.4%，15min 以内的占 86%，而用时达到 20min 以上才能到达目的地的人数仅占 2.3%（图 7-16）。

②非刚需地铁出行情况分析

根据统计数据，乘坐地铁出行的距离以 4 ~ 7 站为主，占受访者比例的 64.1%，乘坐地铁出行 3 站以内的为 16.5%，8 ~ 11 站的为 11.2%，12 ~ 15 站的为 5.2%，15 站以上为 3%（图 7-17）。

从出发地点到地铁站以步行为主的占到 69.4%，乘公交换乘的占 16.4%，骑自行车的占 8.2%，出租车和其他方式到站的人群各自占了大约 3.0%（图 7-18）。到达目的地花费时间在 5min 以内的受访者占 19.4%，花费时间为 5 ~ 10 min 的为 47.2%，花费时间 10 ~ 15min 的占 27.8%，花费时间 15 ~ 20 min 的为 8.3%，几乎没有人花费超过 20min 以上的时间前去乘坐地铁（图 7-19）。

对于下地铁之后如何到达目的地的调研显示，受访者的选择主要为步行、公交车、自行车和出租车，其中步行者占 77.8%，公交车占 16.7%，自行车和出租车各占大约 3% 左右（图 7-20）；到达目的地所需时间分别是 5min 以内占 33.3%，5 ~ 10min 占 47.2%，11 ~ 15min 占 16.7%，15min 以上占 2.8%（图 7-21）。

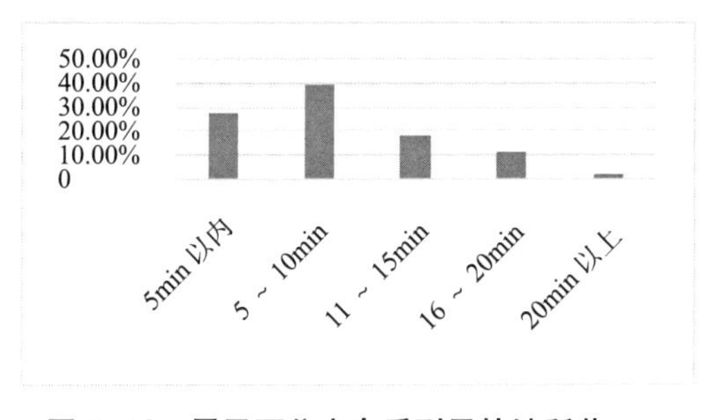

图 7-16 居民下公交车后到目的地所花时间情况

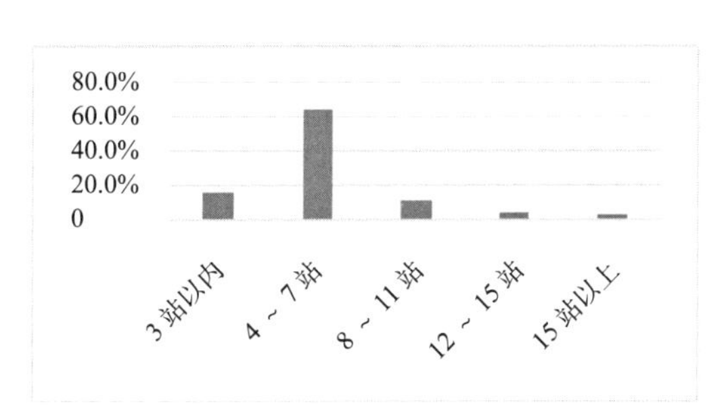

图 7-17 乘坐地铁出行居民的人数与出行距离情况分析

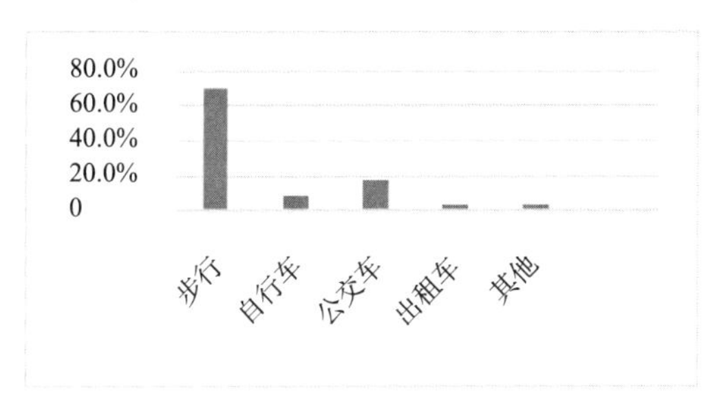

图 7-18 居民由出发点到地铁站选择的交通方式情况

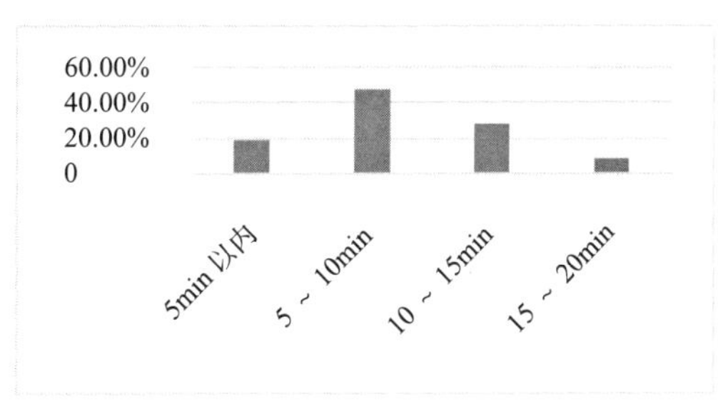

图 7-19 居民到地铁站所花时间情况

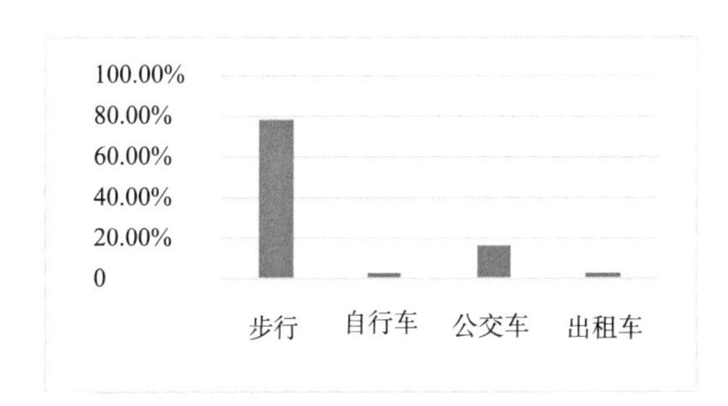

图 7-20 居民由地铁站到达目的地所选择的交通方式情况

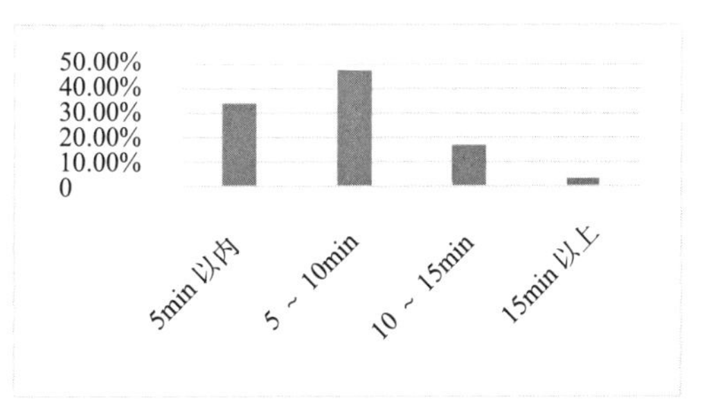

图 7-21 居民由地铁站到目的地所花时间状况

2）居民出行意愿与出行活动的对应关系

根据调研问卷对居民非刚性出行情况的比较分析，可以发现：

①选择公共交通出行的居民，在出发点和目的地的交通站点都以步行出行为主，站点周围步行可达性良好。

②对公共交通出行的调研显示，从出发点到站点，或从站点到目的地，用时在10min以内的人数比例都比较高，用时超过10min时居民出行意愿大幅减弱（图7-22）。

③在不熟悉的环境中，单次出行时间超过15 min，出行意愿迅速下降。下公交车后大于20min的出行仅占2.3%，30min到达目的地的出行意愿下降为零，而进出地铁站前后超过20min的出行意愿全部趋近于零（图7-23）。

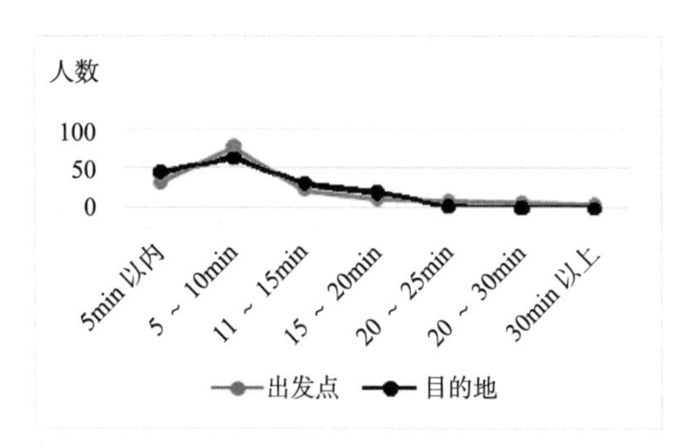

图7-22　居民到达公交站和下公交车后到达目的地的用时情况

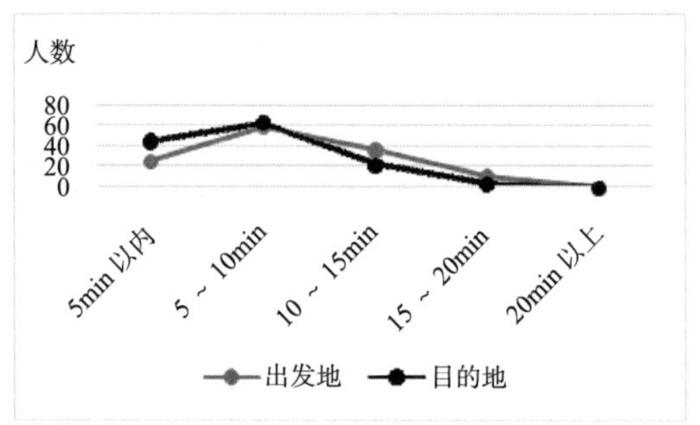

图7-23　居民地铁换乘前后的步行用时情况

可见，越是依赖便捷、快速交通工具出行的居民，认知环境的意愿也会越加淡薄，在缺少良好慢速环境体验的条件下，越会强烈要求缩短慢速行程。

（2）调研分析结果的参考性意义

问卷分析表明，西安城市居民日常精神生活需求主要以“娱乐消费型活动”为主，“休闲运动型活动”为辅，前往图书馆、博物馆、美术馆等的“文化教育型活动”出行率整体相对较低。

如果地铁站点没能便捷有效地与城市公园绿地及广场等公共场所形成无缝链接，即使是居于地铁沿线的居民，日常的生活休闲、散步依然更愿意选择步行可以前往的场所。

目前的调研显示，私家车和地铁的换乘机率非常小，地铁站周围并未给私家车停车准备充足的场地以及限时收费是主要原因，这有可能将一部分潜在的私家车换乘地铁的居民排斥在外。

西安居民日常出行需求与时空可达性关系分析表明，无论从出行意愿、出行目的，还是出行的便捷性和可达性方面，与北京、上海、深圳等我国轨道交通大城市一样，城市空间环境和出行环境建设都还存在一定的弊端。从站域尺度的城市空间优化到“城市空间单元”尺度优化值得探索。

因此轨道交通网络化的城市设计策略，应该着重探讨和构建使出行频率要求高的活动更为便捷的城市环境，同时，要有意识地致力于提高文教类出行活动的频率，轨道交通网络化的城市设计，要为提高城市物质生活水平和环境而努力，更要为提高城市居民的文化素质和人文素养创造适当的引导性和约束性环境。

2. 西安不同区域城市空间优化层面与策略

习近平总书记在十九大报告中强调，新时代中国社会主要矛盾已经转化为人民日益增长的美好生活需要和不平衡不充分的发展之间的矛盾。“十三五”规划提出，要不断提升城市环境质量、居民生活质量和城市竞争力，努力打造和谐宜居、富有活力、各具特色的城市。新的要求表明我国城市环境建设已经从满足基本功能需求，转向生态宜居、质量提升等人本主义层面。

西安作为历史文化名城，既有需要重点保护传承的古城历史街区，又有需要更新和满足城市发展的新建区域，不同区域城市空间优化建设的策略必然有所不同。

（1）城市空间优化层面

①结合城市空间单元建设，探讨中观尺度上城市功能的混合布局，破解现代城市大尺度功能分区造成的交通拥堵、规模不经济、环境污染等城市问题。

②完善城市空间单元规模上的城市功能，合理规划布局图书馆、博物馆、美术馆等“第三空间”，提升居民精神生活需求及其环境质量。

③利用城市空间单元覆盖盲区，建设有机联系的城市绿地公园系统。统筹城市公园绿地的选址和建设，优化居民的实际可达性。

④结合绿地公园系统打造完善的城市绿色出行体系，重现生活性城市街区和街道环境，恢复街巷空间作为居民日常生活场所的空间属性和职能。

（2）不同区域优化策略

①老城区以保护更新为主，借助轨道交通减少地面交通压力，完善绿色出行，为老城区空间环境注入新的活力。

②在西安老城区外围的现代城市发展区域，既是老城区部分职能和人口迁移的承接区域，也是决定城市空间结构与功能进一步优化发展的区域。其更新发展，既要具备城市经济增长极的作用，还需具有较好的城市居住空间、工作空间和第三空间环境品质。

③西安城市现代化发展过程中，从车行尺度出发的空间布局、功能分区，导致绿色出行环境缺乏，城市环境质量不高、整体发展不平衡、城市效率较低等诸多问题。作为国家中心城市，新的区域发展需将城市环境质量和居民生活品质放在首位，结合网络化轨道交通的城市发展建设，从生态宜居和精细化城市设计入手。

7.3 高新文教区为例的城市空间单元优化研究

7.3.1 区域城市空间单元的营建与优化

1. 地区城市空间单元覆盖分析

根据西安理想城市空间单元组合分析，高新文教区和曲江新区两个单元恰好以小寨商圈为共享点，形成两个城市空间单元，如图 7-24 所示。城市空间单元的最大覆盖距离——“精神生活圈”覆盖直径约为轨道交通 5 ~ 6 站的距离，也是长臂距离的极限。空间单元以轨道站作为空间组织的核心，考虑集中布置本单元的核心功能，并考虑各种公共服务业、商务办公及一定数量的住宅的合理配置，形成相对密集且具有凝聚力的单元中心。与其他城市空间单元相切的“核心生活圈”形成城市空间单元的组合核心。具体而言，应遵循以下原则：

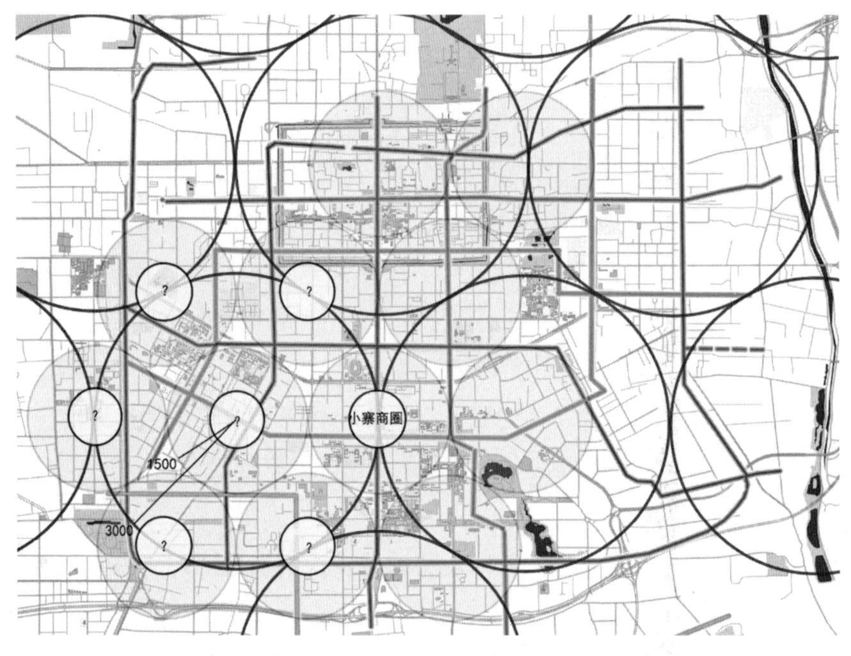

图 7-24　高新文教区和曲江新区相邻城市空间单元覆盖范围分析

第一，“精神生活圈”落点可建设为城市次中心，满足居民日常生活功能之外，也需进一步加强其核心功能；

第二，借助精神生活圈的构建进一步加强区域职能，结合轨道站点综合考虑文教、购物、餐饮、休闲娱乐、大型公园绿地等第三空间的合理布局；

第三，与相邻城市空间单元功能互补与共享，有效放大城市要素的空间辐射能力，节约城市公共资源；

第四，考虑“精神生活圈”内各个“日常核心生活圈”功能混合布局及有机联系，注重功能布局互补与共享；

第五，尚未形成的次中心可借助轨道站点作一定的转移或偏移。

2. 以高新文教区城市空间单元为例的城市空间优化分析

根据第四次西安城市总体规划（2008 ~ 2020 年），除居住空间，高新文教区教育科研类空间比重相对较大，其次为工业和商业，城市文教区特征明显。与西安地铁 2 号线初始建设时期，经开区跟随地铁自发扩张不同，轨道交通开始建设之前，高新文教区就已经是比较成熟的现代城市发展区，轨道交通线网布局深入考虑了与原有城市空间的适应关系，轨道站点在该区域的布局相对均匀、密集，但从 TOD 模式理论的尺度来看，高新文教区轨道交通站点存在大范围的覆盖盲区（图 7-25）。

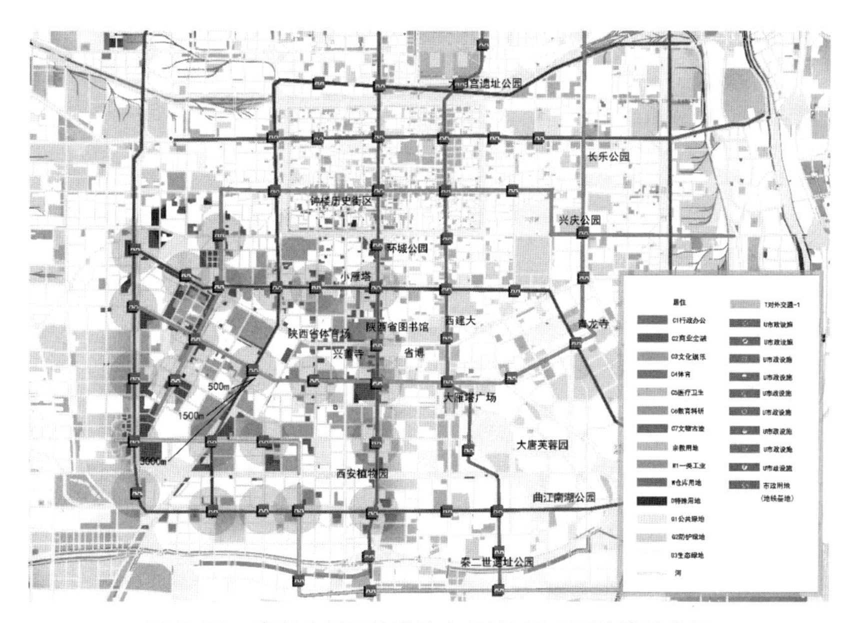

图 7-25　高新文教区轨道站点 TOD 尺度覆盖情况分析

根据《西安城市总体规划（2008 ~ 2020 年）》，高新文教区空间优化已考虑了与轨道交通规划线网的协同设计，但一定程度上仍存在城市功能布局单一，与文教科技功能配套的功能空间及商业之外的第三空间较少，依托轨道站点的功能集聚和轨道站点覆盖盲区的城市公园绿地零散建设、没有形成规模效应等问题。因而，应依据城市空间单元构建的思路，从城市区域而不是轨道站域的尺度，考虑高新文教区的城市空间优化，从而达到有效放大城市要素辐射范围、节约城市资源、保护城市生态环境的目的。

下面从居住、文教、商业、工业、文化娱乐、行政办公、公园绿地、医疗卫生等空间分别加以分析。

（1）居住空间与城市绿化和文化娱乐等第三空间的统筹考虑

①居住空间

高新文教区居住空间分布均匀，能够满足这一城市空间单元的居住需求。然而，从 TOD 的尺度来看，很大一部分居住空间处于轨道站点影响范围之外，并不具备轨道交通出行优势（图 7-26）。对于这种情况，限于 500m 左右半径的 TOD 模式理论与实践，尚不能给出有效的解决方法。然而，依据城市空间单元构建的思路，覆盖盲区的居住空间可向站点和其他绿色出行站点覆盖区域迁移，为居民提供更多公平、共享的轨道交通出行机会，也在覆盖盲区为城市留下面积更大更完整的生态修复空间。

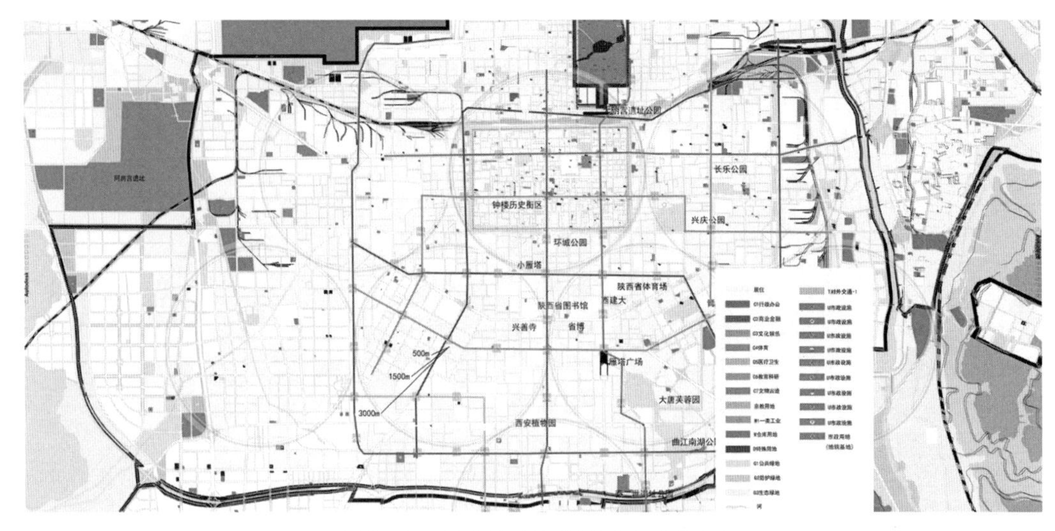

图 7-26　高新文教区居住空间规划图

图片来源：作者提取绘制于《西安城市总体规划（2008 ~ 2020 年）》。

在充分考虑日常出行时空约束的情况下，结合网络化的轨道交通建设，以及步行与自行车为主的绿色道路系统设计，基于城市空间单元的优化，一方面可以通过绿色交通系统扩大站点覆盖范围，减少覆盖盲区，为更多居民提供公平、共享的轨道交通出行机会；另一方面利用轨道站点的“稀缺性资源效应”，在城市发展更新过程中，引导居住空间向站点覆盖区域转移，可在覆盖盲区为城市绿地留下面积更大更完整的生态修复空间。

②绿化空间

高新文教区较大面积的绿地空间，主要分别在外围区域，存在与其他城市空间单元共享的优势，但本单元内部缺少便捷可达的生态休闲环境。如图 7-27 所示，不具备轨道交通出行优势的“核心生活圈”覆盖盲区，即应为留给居民的生态休闲空间，但目前大部分规划为居住空间。其优化方式，应在未来的城市更新过程中，合理考虑居住、工作和除此之外的第三空间向轨道站点的集聚和转移，利用“核心生活圈”覆盖盲区，建设连通性、生态性良好的休闲绿地空间，助力生态山水城市建设（图 7-27）。

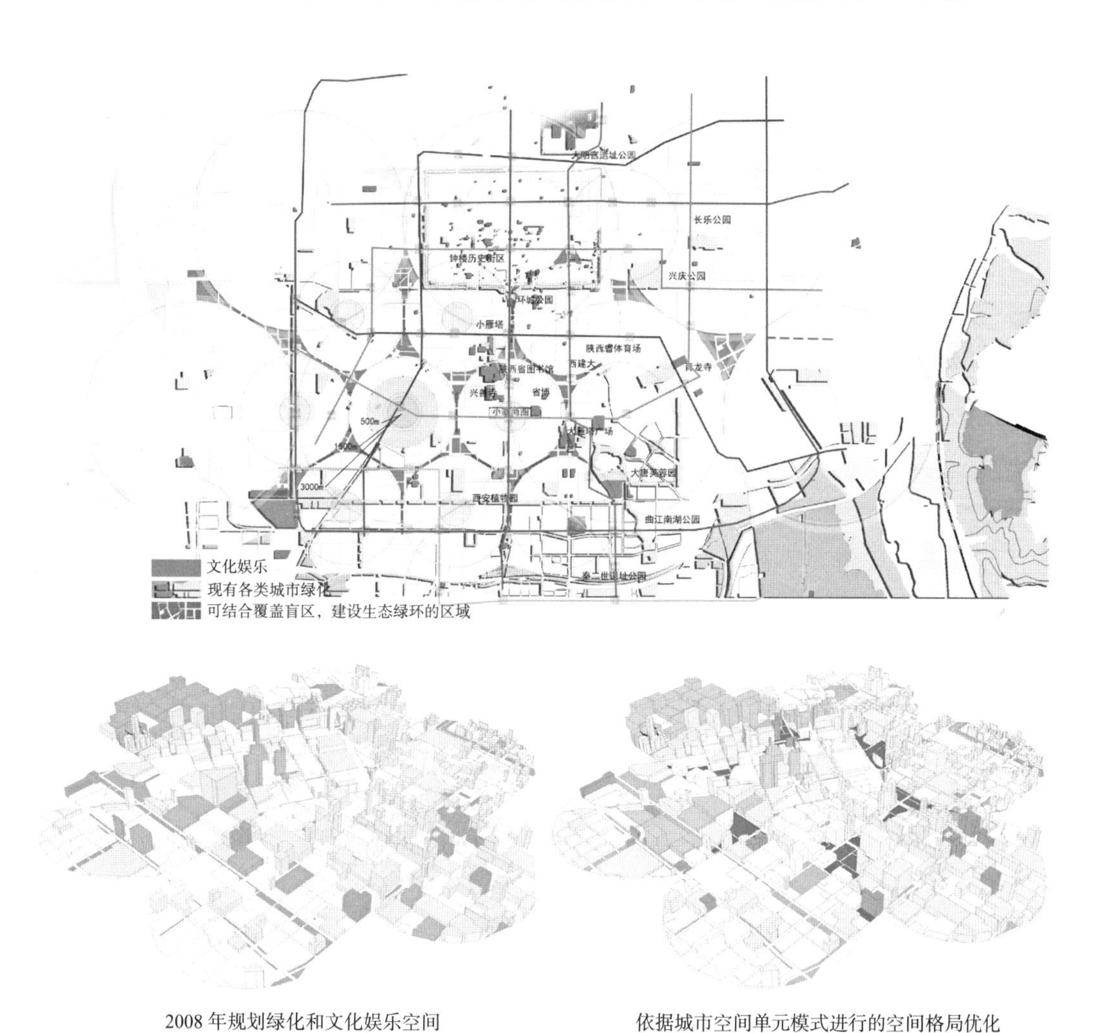

2008 年规划绿化和文化娱乐空间　　依据城市空间单元模式进行的空间格局优化

图 7-27　高新文教区城市空间单元尺度的居住与绿化和文化娱乐空间优化趋势分析

③城市文化娱乐等第三空间

文化娱乐归属最能展现城市文化特色与积淀的第三空间，包括图书馆、书店、展览馆、美术馆、博物馆、区域性城市记忆档案馆、影剧院以及其他各类社会文化娱乐活动空间等，应结合地铁站点，步行和自行车等绿色出行系统，以及环境优雅的生活街巷空间、城市绿地空间加以考虑，构建理想出行时间可达的城市精神文化生活体系。分析可见，西安高新文教区文化娱乐空间相对缺乏，为避免重复浪费开发、扩大城市功能辐射范围，可考虑与教育科研空间结合设置，并考虑借助轨道交通，形成部分“核心生活圈”的核

心职能，与商业空间所在“核心生活圈”形成共享、互补的格局，如图 7-27 所示。

（2）教育科研空间

教育科研为高新文教区的核心职能，因而，教育科研空间是这一区域除了居住空间之外最为主要的城市空间（图 7-28）。

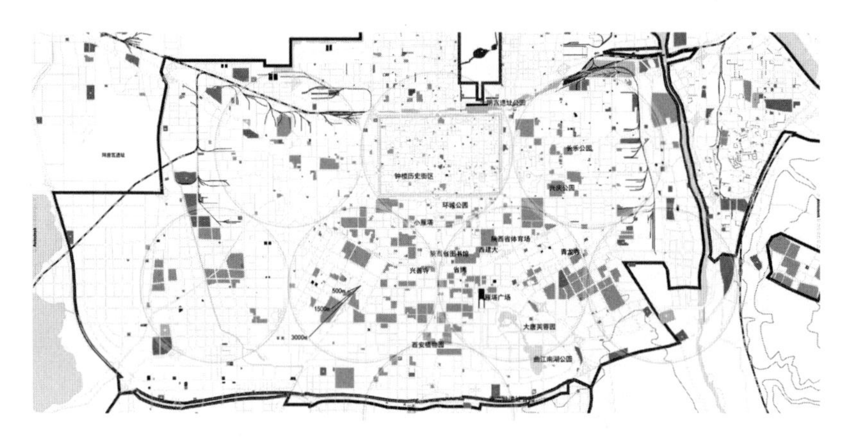

图 7-28　高新文教区教育科研空间规划图

图片来源：西安城市总体规划（2008 ~ 2020 年）.

从理想城市空间单元分析的角度来看，教育科研空间分布相对零散，且主要集中在靠近城市中心的区域。因而，应借助轨道交通网络化建设，持续深化发展这一核心职能，依托地铁站点和城市空间单元主要核心及次要核心，充分发挥高新文教区的集聚效应和优势，具体措施包括：第一，结合轨道线路，结合单个或多个轨道站点，引导教育科研空间串珠状或线状集聚发展；第二，吸引周边教育科研空间向可达性良好地区转移和加强；第三，注意补充和加强与教育科研相关的图书馆、展览馆、博物馆、展销场所等第三空间的混合布局（图 7-29）。

（3）工业空间

如图 7-30 ~ 图 7-32 所示，高科技园区为主的工业空间，主要集中在这一城市空间单元的西侧。与主要布局在文教区东北方向的教育科研空间存在紧密的互相依存关系，体现了传统城市规划功能分区的特点（图 7-30）。但分区布局的交通需求，无疑会增加地面交通的压力。然而，轨道交通线网的规划布局，使两者的空间分布和空间距离具有了日常出行尺度的合理性。

目前，产业园类工业空间主要集中在一个“核心生活圈”尺度范围内，进一步的优化可以以此为基础，结合各类功能的实际要求，依托轨道站点进行局部集聚或转移，并兼顾必要的日常便利设施的混合配置，以及与其他次核心的相互支撑与共享关系（图 7-31）。

2008 年规划教育科研空间　　　　结合地铁站和城市空间单元模式的空间格局优化

图 7-29　高新文教区城市空间单元尺度的教育科研空间优化趋势分析

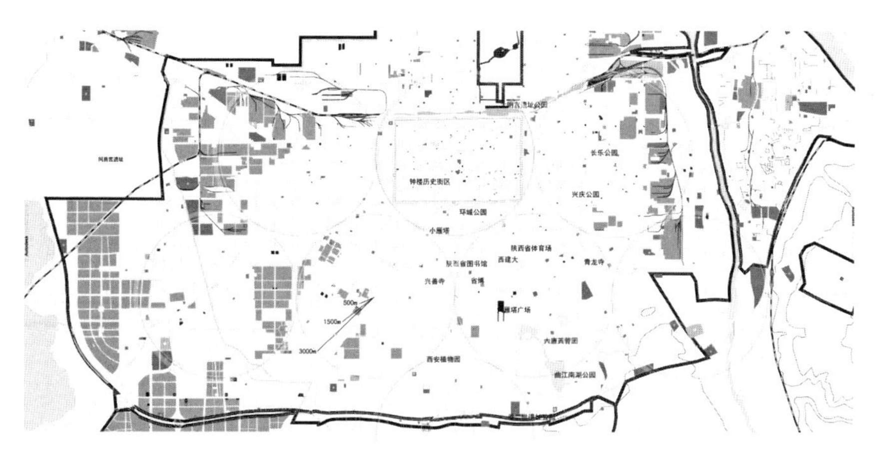

图 7-30　高新文教区工业空间规划图

图片来源：西安城市总体规划（2008 ~ 2020 年）.

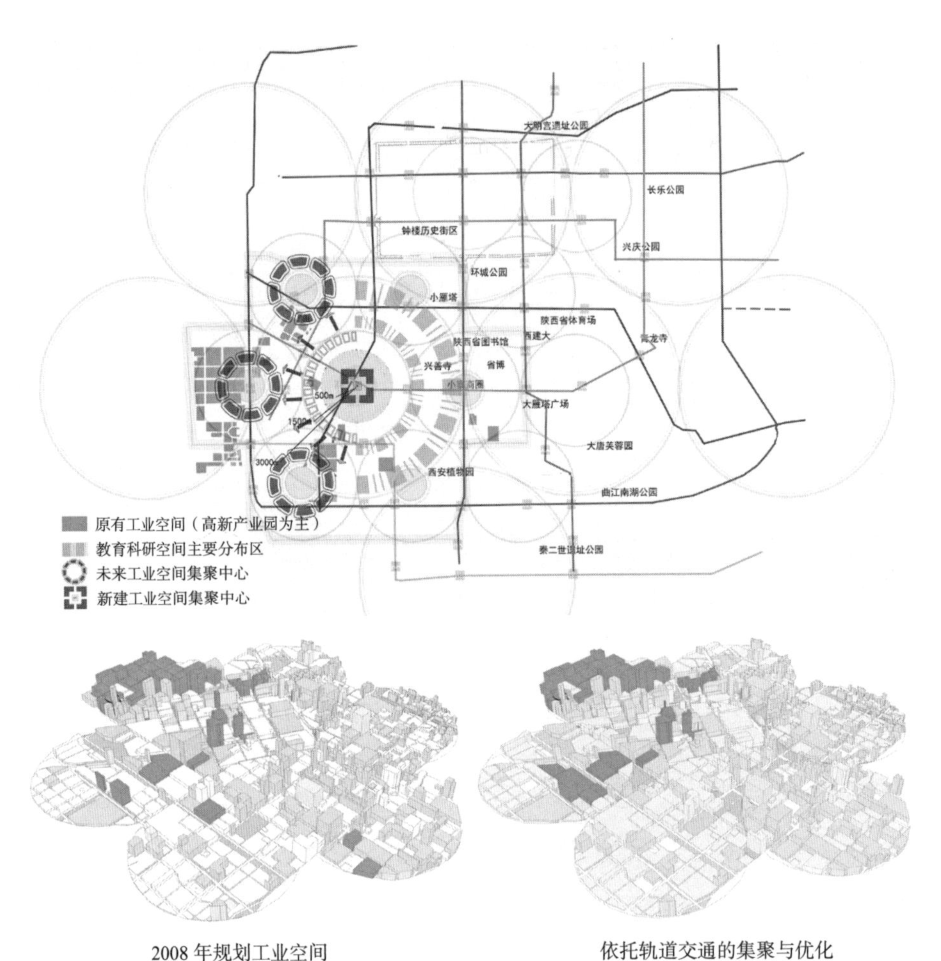

图 7-31　高新文教区城市空间单元尺度的工业空间优化趋势分析

（4）商业金融空间

高新文教区的商业空间不是本单元的核心职能，不必像古城区域一样，形成旅游消费为主、密集均匀的规模商业。目前的集中 + 分散的布局，借助轨道交通，反而形成了一种能够满足居民商业购物需求和日常生活需求的合理模式。轨道交通网络建成之后，可允许其受轨道站点吸引进行自发调整。未来需要增加的商业空间，可结合城市空间单元核心和商业空间不足的其他次核心考虑（图 7-32、图 7-33）。

唯一不同的是，小寨商圈作为功能共享区域之一，不仅是西安的“潮流地标”，城市南北主轴线上的重要节点，也是该地区城市空间单元的一个关键共享商业核心。随着轨道交通的建设，甚至辐射到更远的城市区域，其商业空间布局及空间环境优化，需要重点考虑客流量的空间容纳情况。

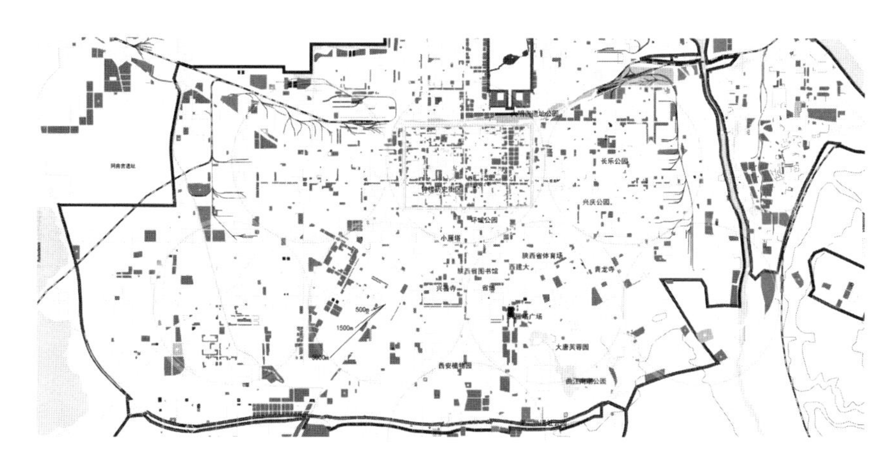

图 7-32 高新文教区商业金融空间规划图

图片来源：西安城市总体规划（2008 ~ 2020 年）.

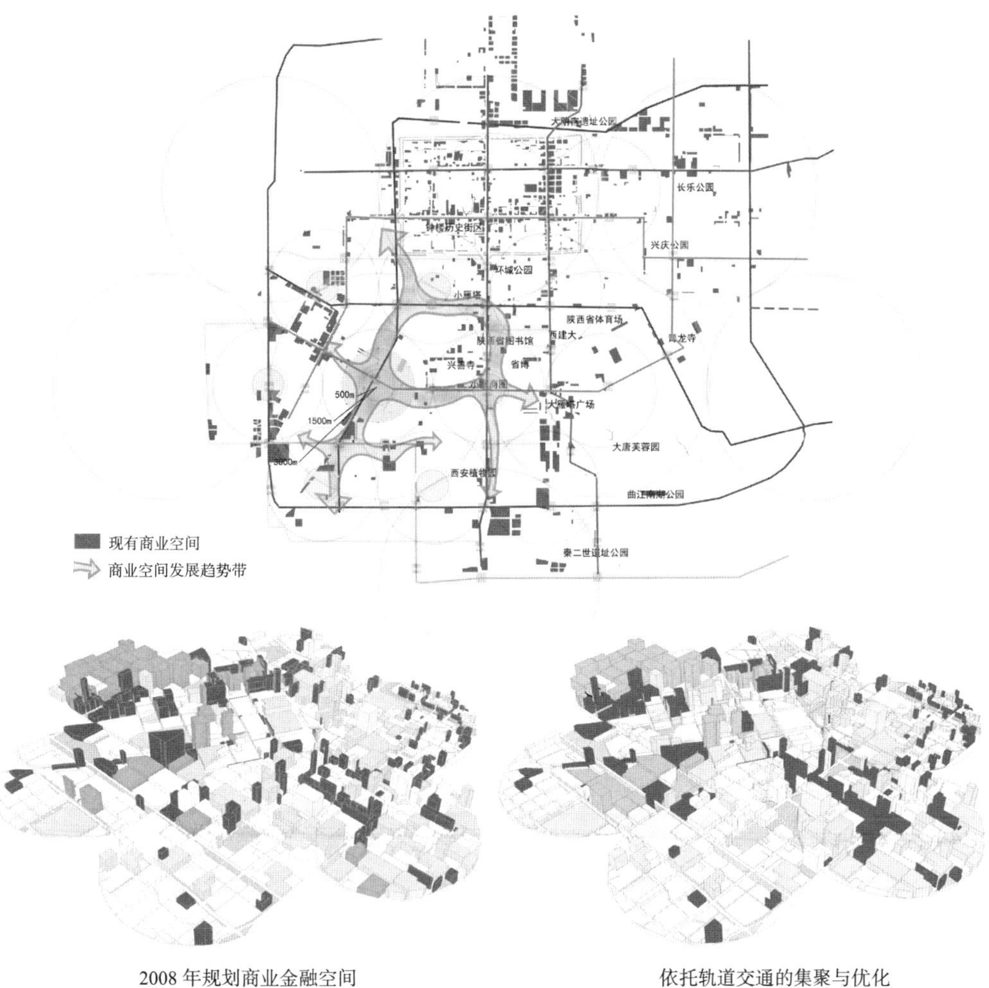

图 7-33 高新文教区城市空间单元尺度的商业金融空间优化趋势分析

（5）行政办公与医疗卫生空间

根据图 7-34、图 7-35，高新文教区的行政办公和医疗卫生空间主要分布在靠近市中心方向，其不平衡的布局特点带有明显的城市发展扩张的痕迹。

毫无疑问，未来这两类城市空间的优化布局，应优先考虑缺少这一职能的城市空间单元区域。行政办公空间主要应结合地铁站点和职能需求，考虑空间转移与增加；医疗卫生空间的优化，则应或考虑相邻“核心生活圈”的互补共享，或考虑结合轨道交通站点扩大其辐射范围（图 7-34、图 7-35）。

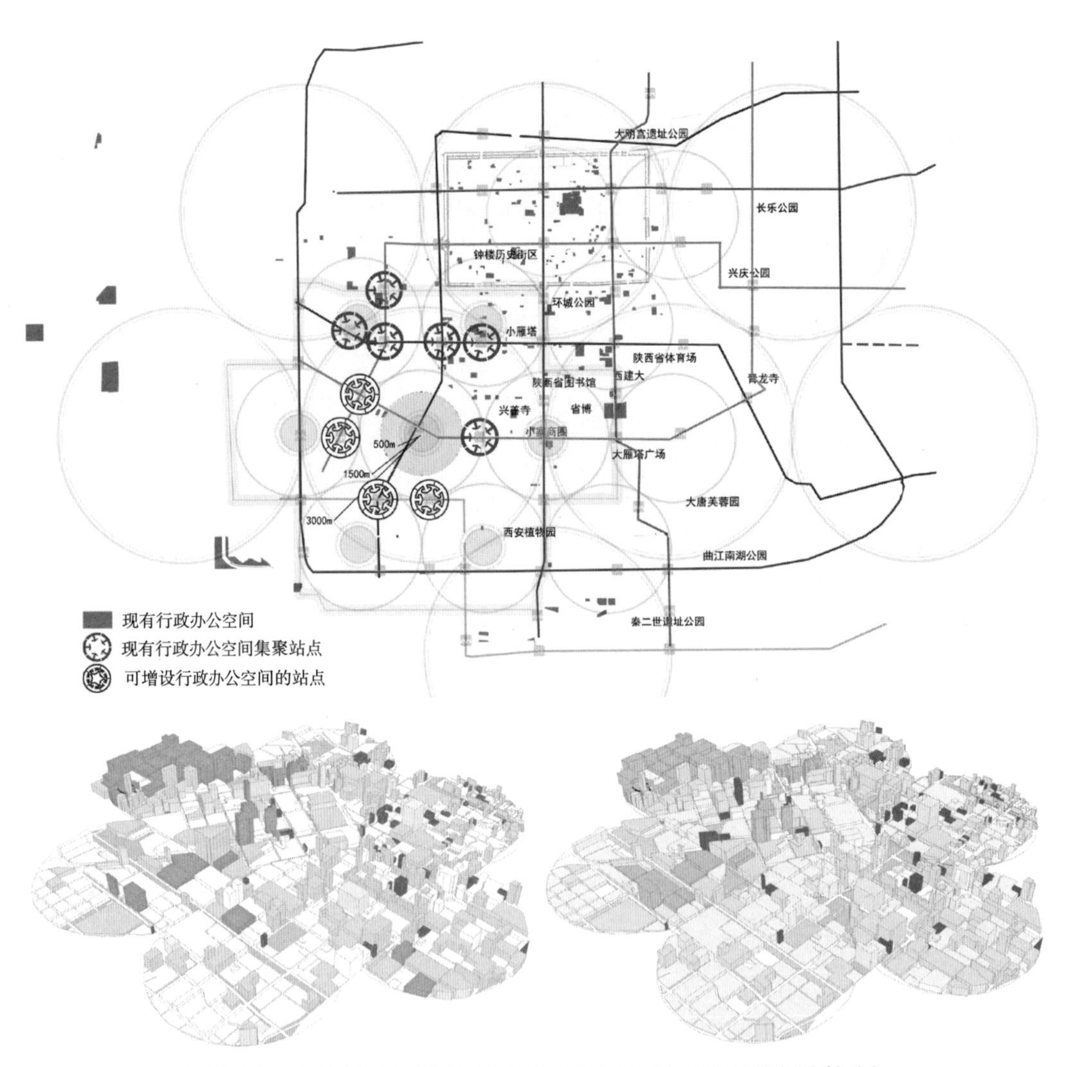

图 7-34　高新文教区城市空间单元尺度的行政办公空间优化趋势分析

图 7-35　高新文教区城市空间单元尺度的医疗卫生空间优化趋势分析

7.3.2　单元共享节点小寨站域城市更新

在高新文教区域城市空间单元中，小寨商圈作为相邻城市空间单元的共享节点，是人流量最大、最具有更新要求的区域，结合轨道交通的空间更新优化探讨具有一定的现实意义。

1. 区域现状简介

西安地铁 2 号线小寨站区域的小寨商圈，曾有西安“潮流地标”之誉。其目标顾客长期以周边高校大学生及工作时间不长的年轻白领为主，由于紧邻大雁塔旅游区，来自各地的游客也会到此购买时尚经济便捷的商品，使小寨有着“黄金位置”的美誉。然而，西安经历城市版图扩张、旧城改造、新城崛起的过程中，新兴商圈虎视眈眈，传统商圈遭遇了“围城”。

虽然坐拥“黄金区位”，却因功能布局不够合理和城市空间环境质量不高，在城市多中心制衡发展的过程中，不仅对其他城市次中心消费者的吸引力大幅降低，同时流失了有效影响范围内的大量中高端顾客。

由于居民“两重性”身份的发展，无论是高端消费者，还是年轻人，购物的目的和过程已经更多的偏向于休闲与文化享受，成为一种排解压力的休闲消遣过程。然而，小寨商圈街区基础设施陈旧、交通混乱，城市空间尚未发展出休闲、游乐等场所，单一的中低端业态布局既排斥着有效影响范围内的潜在顾客，也拒绝了影响范围之外的购买力，历经繁荣的小寨风光渐失。打破了“核心生活圈”和“精神生活圈”对居民日常出行应有的调节作用，成为促使居民远距离出行的重要原因。

2. 区域更新分析

据统计，小寨区域日平均人流量达到 30 万 ~ 50 万人，超过雁塔区人口总数的四分之一，消费潜力巨大。随着地铁 2 号线和 3 号线的开通运营，更是成为人流密集区域。但目前小寨商业主要集中在沿小寨十字展开的主干道上，总体规模小，分布零散。依托地铁加步行加自行车的绿色交通系统及与之相应的城市空间体系建设，小寨商圈的破壁发展及环境质量提升，已然迎来了新的契机。

根据轨道交通城市“核心生活圈”和“精神生活圈”的范围和功能界定，小寨站需进一步结合轨道交通扩大传统辐射半径，进行城市区域优化更新和城市空间品质提升，建设更为舒适、宜人、绿色低碳的城市空间环境场所，提升城市区域环境质量和商业品质，从而唤醒城市活力。

通过调研可见，随着西安地铁 2 号线、地铁 3 号线的建成运营，小寨区域的影响半径和城市生活半径都会得到进一步扩展。

图 7-36 小寨站点 1500m 范围内城市空间及建筑属性

方格网形式布局的城市中，城市空间单元结合城市道路形成的实际影响范围并不会是正圆形，城市空间单元的各个节点需随实际影响范围调整。以小寨站点区域为例，借助绿色出行系统扩展的轨道站影响范围，以 1500m 为半径覆盖的圆形区域是其理想模式（图 7-36）。根据城市空间单元组合及其异化特征分析，小寨站点影响范围的正圆形理想模式，实践中受“时空距离”约束，

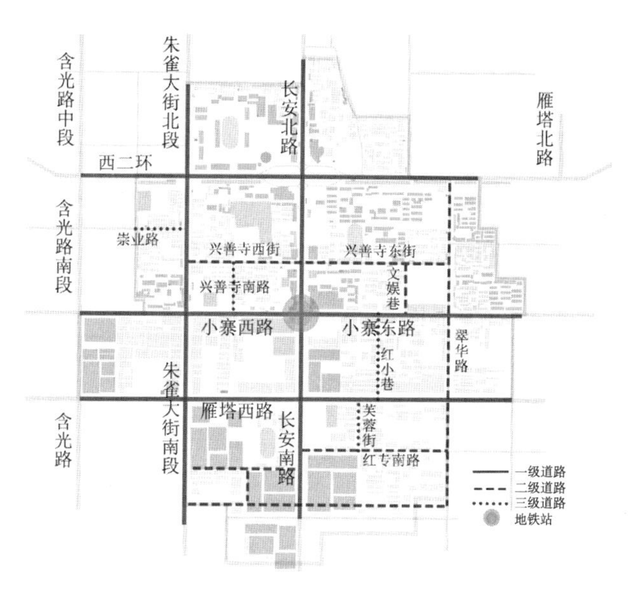

图 7-37 西安小寨站 1500m 半径实际影响范围及现状道路分析

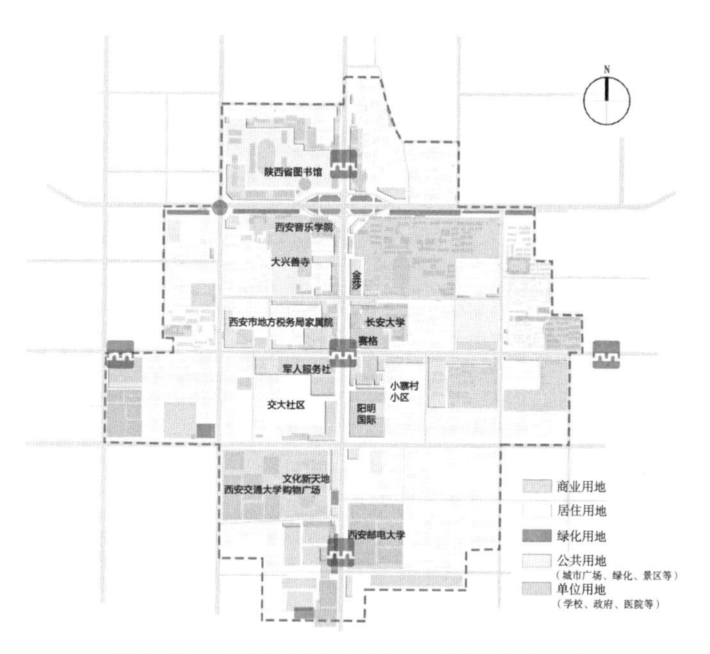

图 7-38 小寨站域城市空间布局圈层优化示意

异化为不规则的实际模式，如图 7-37 所示。

轨道站点与周边地区的协同发展需以“步行者导向”为核心，建立生活化、生态化、人文化、立体化、有序化的绿色城市空间环境。轨道交通辐射半径的扩大，需以步行为基础，以自行车相联系，促使商业、办公、居住以及校园、公园等空间围绕地铁站快速完成站域分层及转移（图 7-38）。

3. 结合地铁交通的小寨区域绿色流动空间系统优化

（1）完善“小街区、密路网”建设

整理小寨区域影响范围的实际模式，区域内，主干道、次级城市道路明确、贯通，但街巷道路多断头路、与城市道路联系不够通畅。街区路网密度明显不足，支持汽车出行、挤压步行等绿色出行的道路特征明显。

因此，小寨区域绿色出行环境建设，应尽量以城市支路对地块进行划分，公共建筑尽量开放边界、增加步行通道（图 7-39）。通过完善站点区域道路系统，营造便捷的联系，对站点核心区域尺度的控制能有效减小其绕路距离，越靠近站点、越处于核心的街区尺度应越小（图 7-40、图 7-41）。

图 7-39　小寨站域绿色出行道路系统交通流分析

图 7-40　西安小寨站 1500m 半径范围内绿色出行系统构建示意

大院形式是中国传统和历史遗留问题，在轨道交通网络化背景下，为使站域各点与轨道站有最为便捷的联系，可建设空中绿色景观通道，供步行或自行车通行（图 7-42、图 7-43）。

（2）加强步行联系，集中突出区域职能

通过空间环境来弥补难以缩短的实际路径，从而缩短乘客出行的心理距离，加强站点有效覆盖范围内商业布局建设，及其与轨道站点的便捷联系，支持区域职能的集中与突显。具体可依据窄马路、密路网、开放街区等城市设计理念。

图 7-41　小寨站域 500m 范围城市步道系统优化示意

加强站点核心区域 150m 内与周边地区较为便捷的步行联系，加强站点和物业间的联系。例如，加强绿色流动系统的立体化营建，增加立体化、多层次的公共庭院和园林道路景观，根据城市空间单元功能布局模式进行公共自行车网点、公园绿地、核心功能和主要功能中心等的功能布置。

（3）扩大圈层范围，向 500 ~ 1500m 区域破壁发展

由于历史遗留下来的功能布局不够合理，以及城市空间环境质量不高等问题，寸土寸金的小寨站域人流吞吐量巨大，但人行空间相对狭窄逼仄，地面停车空间较少，小寨地区核心生活圈绿色交通体系构建，可以首先完善步行和自行车等绿色出行道路系统，综合考虑公共自行车站点的设置及有效覆盖范围；其次，根据使用人群特征及

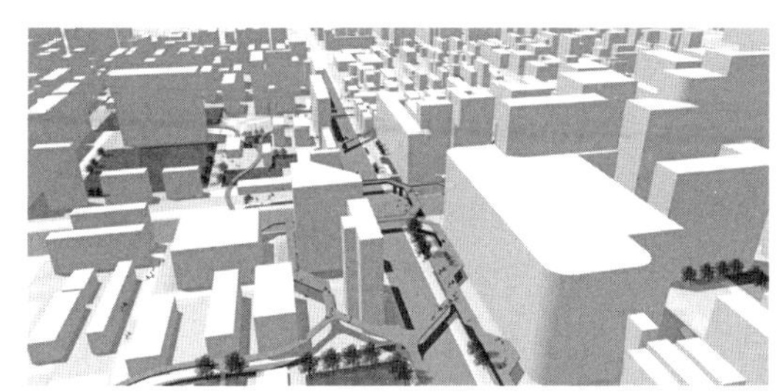
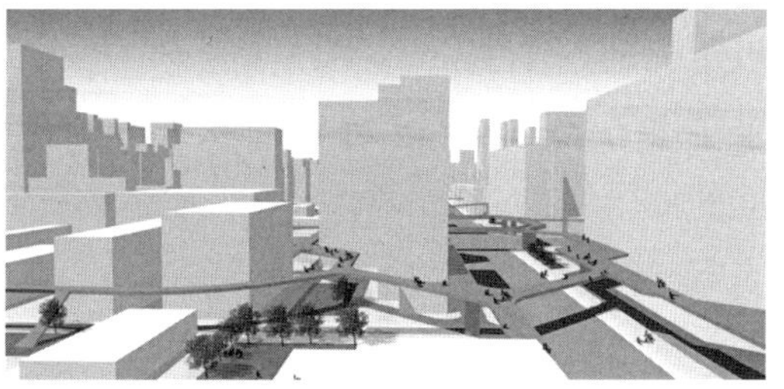

图 7-42　小寨站域城市步道立体化示意

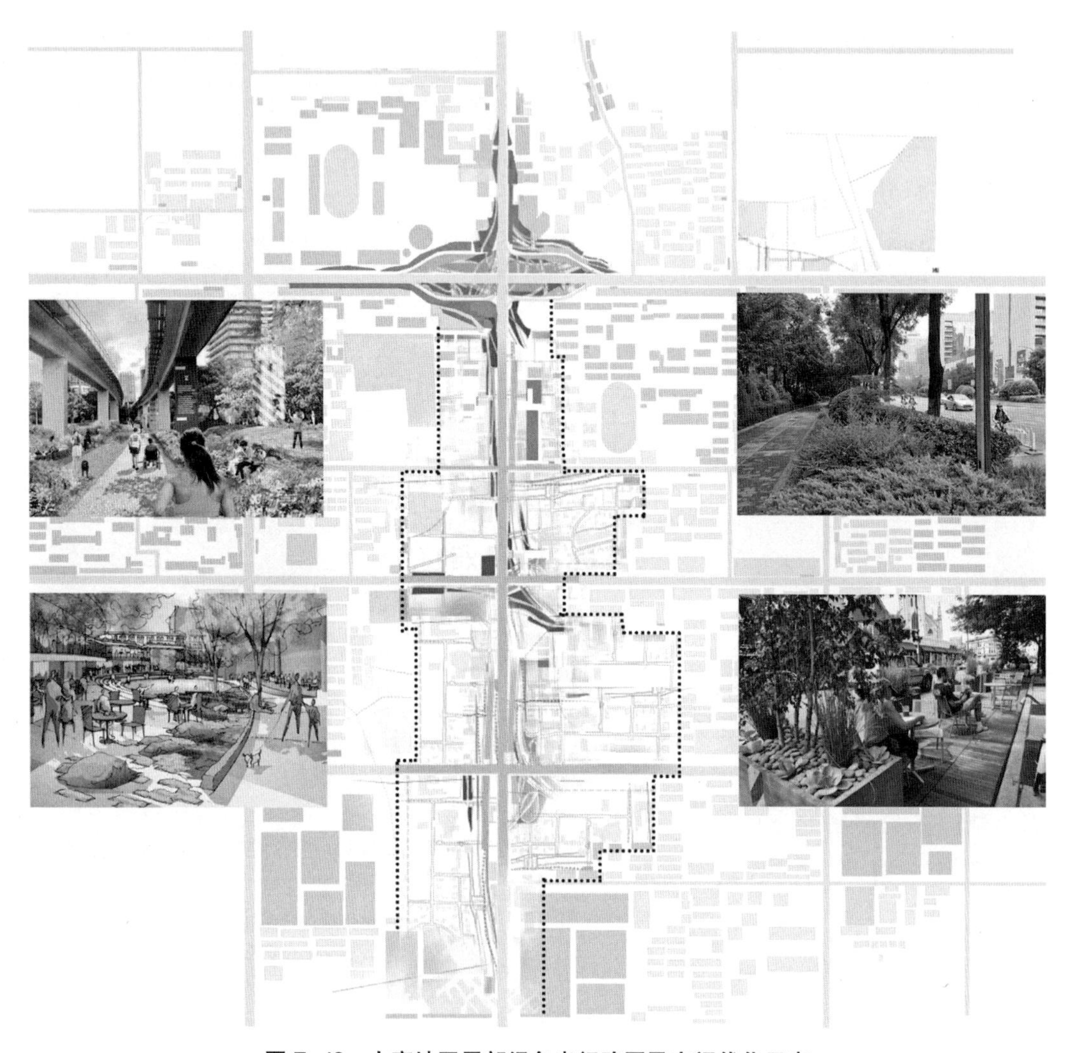

图 7-43　小寨地区局部绿色出行路网及空间优化示意

其活动性质，综合考虑核心生活圈各部分公共中心及公共空间建设，营造活力宜人的城市慢行及交往空间网络。

汽车主导的交通出行对其他交通挤压明显。一个汽车停车位可以停 20 辆自行车，汽车交通与绿色出行，正在要求市寸土寸金的大城市做出合理的权衡与抉择。巴黎取消了市区 4000 个汽车停车位，改造了 1451 个公共自行车停车点；台北在无法修建独立的自行车道的繁忙路段，把人行道辟一部分出来涂上颜色（但并不完全隔离），成为自行车行车区域。在拥挤的伦敦市中心，交通局（TFL）积极研究建设自行车道，更充分利用信息技术帮助骑车人充分利用小路、支路和单行道规划出行。一个更支持绿色出行的城市，自然也是一个更加绿色健康、开放便捷的城市。

（4）探索多元的城市步道立体化建设方法

小寨原有城市空间以机动车为导向，步行空间单调或缺少。实践中，有条件应保留提供步行和自行车等绿色出行环境的传统街道，全面完善形成步行空间的核心节点。在空间不足 500m 区域范围内，探索“地面不足空中补”，以及地下空间开发的方法，通过立体化方式进行城市步行空间建构，增加站点核心区域的商业密度，优化绿色出行环境（图 7-44、图 7-45）。

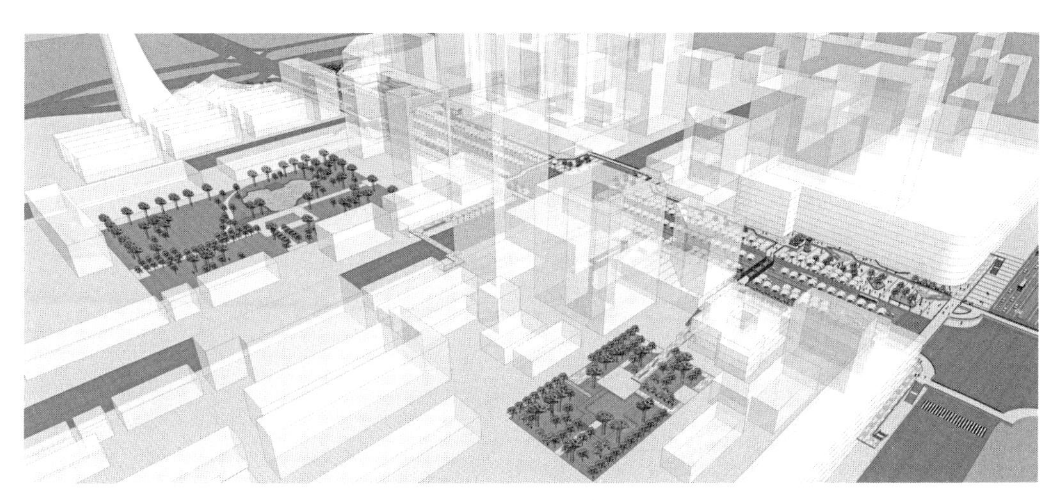

图 7-44 长安中路二层步道优化设计示意

图 7-45 长安中路立体步行空间设计示意

7.4 本章小结

在城市发展史上，城市最早的起源归因于战争防卫，然而归纳起来，人们建造城市的目标始终在于更好地满足日常生活的需求。在交通拥堵、机械枯燥的现代城市环境中，满足人们日常生活出行需求的因素，不仅取决于速度优势，更重要的在于特定出行时间范围内所通过的最大距离，以及这一时间距离范围之内城市公共资源的配置情况，包括满足日常生活需求的各类城市功能，适宜的慢行空间尺度、舒适有趣的街道空间形态及生活形态等。

现代城市规划思想，并不是无本之源。现代城市的发展建设，潜在地受到普遍存在的日常出行时空距离规律约束。轨道交通网络化的城市空间单元，具有在原有空间布局基础上对城市空间进行整合优化的可能性，也存在着由站到城，将城市空间进行单元式划分与修复的可行性。

在国家中心城市建设和轨道交通网络化发展的背景下，为提高西安城市环境和生活质量，基于居民日常出行时空距离约束关系，立足中观城市空间及精细化城市设计研究，探讨满足人们日常出行需求的城市空间演化模式与方向，具有一定的可能性和迫切性。

8 结论

研究通过交通方式与日常出行时空距离之间的相互制约与呼应关系分析，探讨了城市居民日常出行时间和空间本质性存在的值域范围与“时空约束规律”，揭示了整个城市发展演变过程中潜意识一直存在的“城市空间单元”思想,指出城市居民的“预期出行时间”是影响“城市空间单元”规模尺度及城市空间格局演化的“时间基因”。进而研究界定了轨道交通城市居民日常出行时空距离的新变化及其值域范围,并以“时间规划”为入手点，探讨了轨道交通网络化背景下理想“城市空间单元”构建的基本模式。

现代城市作为防御工具的价值已经永久消退，但其孕育文明并守护美好生活的意义却更加突出。城市居民对宜居幸福生活的向往，以及伴随技术进步的新的交通体系、新的城市空间发展特征与趋势，带来了城市空间建设的新目标和可能（图 8-1）。希望轨道交通网络化时代的“城市空间单元”及其组合模式的研究，能够为城市的管理者和建设者提供一个助力城市空间优化的新的思路与工具，为更多居民拥有“触手可及”的品质生活打开一个新的城市设计视角。

研究提出的理想“城市空间单元”，作为理论上的基础研究，并不存在一成不变的固定模式，而是一种时空距离约束规律下的有机形态，对应在现实的城市空间中则可能存在千差万别的变化。因而“城市空间单元”构建及组合存在着一定的竞争和调整，即存在着一个从理想到现实的优化演进过程。尤其是需要保护的历史名城老城区，必然与其现代发展区域及轨道交通引导下的新城或新区建设有所区别。实践中应秉承保护活化历史城市中心区域、优化调整现代发展区域、新建区域充分发挥轨道交通优势的基本原则，结合轨道交通站点，建设符合轨道交通时空约束规律、核心功能明确而又关联互补的城市职能单元及城市空间。这种中观尺度城市空间单元合理规模的理论探讨，有利于推动网络化轨道交通的规划建设与具有空间单元概念的城市空间格局之间的主动相互适应，从而有助于从系统性层面进行城市空间的整体性优化设计，有助于诊断并精细化考虑相对独立的城市空间单元内部的宜居化设计及相邻空间单元之间的功能共享与互补。

8.1 研究结论

无论城市如何发展演进，满足城市居民日常生活需求的某些本质性因素仍将永恒不变。因此，满足居民生活需求的“城市空间单元”构建，及其有机组合将是轨道交通网络化城市整体优化的可行性理论依据与实践方法。研究的主要结论如下：

8.1.1 城市空间单元尺度受特定时空距离的动态约束

根据城市发展史、现代城市研究理论，以及多个国家出行情况的调查分析，可知人们的日常生活出行范围受到出行时间与交通方式的深刻影响，存在着普遍的“时空距离约束规律”。受限于人们稳定的生理和心理需求，时间约束具有较为明确的值域范围，从而以一种稳定的“时间基因”状态存在，其值域范围依据交通速度的变化，动态地限定了居民日常出行的可达范围,也即动态地限定了满足人们日常出行需求的“城市空间单元”尺度规模。因而，轨道交通网络化背景下的“城市空间单元”构建，不同于以往“城市空间单元”的静态研究，是建立在居民日常出行时空距离约束规律研究基础上的动态研究。

（1）现代城市交通条件下，使用主要交通方式 30min 通过的距离，一般就是居民日常生活愿意到达的空间范围，这基本决定了城市空间单元的规模。例如，步行时代，步行 30min 左右，限定了城市直径基本不超过 2 ～ 3km 的空间距离。因而，中世纪之前生活性的城市，一个城市即可看作一个满足人们日常生活需求的完整空间单元。

（2）根据出行距离、速度与时间关系，建立轨道交通网络化城市日常出行时空距离模型：

$$L=\sum_{n=1}^{\infty}(V_n \times S_n)$$

式中：L 为出行距离，V_n 为交通运行速度，S_n 为运行时间。S_n 包括步行所用时间，自行车所用时间，轨道交通所用时间，以及候车、换乘、垂直交通等完成一次出行的必要时间。其中，步行速度：1.03 ～ 1.28m/s，自行车速度：11 ～ 14km/h，轨道交通宜保障其正常平均速度：约为 35 ～ 40km/h。

当“轨道交通”所用时间 $S=0$ 时，代表轨道交通背景下轨道站点周围地区的短臂出行行为。当“轨道交通”所用时间 $S>0$ 时，代表借助轨道交通、步行、自行车相结合的绿色交通体系发生的长臂出行行为。当轨道交通运行速度在 35 ～ 40km/h 时，轨道交通理想城市空间单元应为直径 6 ～ 9km 的中观空间结构。

当轨道交通运行速度较小时，表明轨道站点密度较大，其他出行减少的时间反而可以用来延长轨道交通出行的距离。当轨道交通运行速度较大时，例如，50km/h 以上的速度，基本属于运行在市郊的单线轨道交通线路，轨道站距较大，结合绿色交通体系建设，可形成类似于马恩拉瓦莱新城、多摩田园都市等主要沿轨道线路展开的“带状”城市空间单元。

8.1.2 轨道交通引发“城市空间单元”形成分层特性

在轨道交通网络化城市中，快捷方便的交通形式，使居民具有了“居住者”和“观光客”的两重身份，居民日常出行具有了短臂距离和长臂距离两个特征，导致满足居民日常出行和生活的“城市空间单元”产生了分层设计要求。

长臂距离上的“精神生活圈”承担城市空间单元尺度界定、中观空间布局整合，以及通过单元有机组合优化城市空间的作用；短臂距离上的“核心生活圈”结合站域绿色交通体系建设，起到扩大轨道站点有效覆盖和影响范围，优化城市空间单元内部空间结构，详细考虑居民日常出行需求的作用。

由长臂距离上的“精神生活圈”和短臂距离上的“核心生活圈”分层叠合的城市空间单元，具有多向度、不等臂、立体化的空间形态特征与发展趋向，其构建研究需充分考虑以下方面：

（1）一个城市空间单元包含多个轨道交通站点，空间单元的中心应结合轨道交通换乘点，侧重布置该单元的核心功能；其他重要城市功能结合轨道站点和“核心生活圈”布置，以达到借助轨道站点实现城市要素辐射范围有效放大及公共资源公平共享的目的。

（2）城市空间单元应以轨道交通为主的绿色交通体系出行 30min 左右所通过的距离为直径加以限定。受到日常出行时空距离的限制，城市空间单元的最大尺度范围由“精神生活圈”的范围决定，包含数个以轨道交通站点为核心的“核心生活圈”。

（3）交通小区与城市空间单元对应，城市空间单元中需建设立体化的绿色交通系统。

（4）随着轨道线网布线密度的变化，长臂距离上的精神生活圈呈现不等臂现象。市区城市空间单元呈现全覆盖特征，市郊城市空间单元沿轨道线呈带状或独立的单元式覆盖。

（5）城市不同区域的保护、更新以及发展优化策略，因侧重方面不同而不尽相同。

8.1.3 网络空间单元组合可实现城市空间整体优化

轨道交通网络化发展的城市整体空间可以通过“城市空间单元”的组合形式来描述和分析，考虑到城市功能最大化，其分形大小的变化受到轨道交通城市时空距离约束规律的束缚。即日常出行时间30min左右限定的空间规模，存在有限的组合关系。其有机组合形式一般性地存在理想、竞争及权变等典型形式。

（1）在城市空间单元组合的思路上，考察城市整体空间优化应注重如下策略：

①交通小区与城市空间单元呼应建设；

②交通秩序与城市空间呼应匹配；

③轨道站点与公共中心有机耦合；

④分层组合限定城市空间合理边界；

⑤突破零界面认知促进立体化发展。

（2）在运用本研究提出的城市空间单元理念和方法，对轨道交通网络化发展的城市进行城市空间优化设计时，应注意考虑如下原则：

①流动空间的秩序化设计；

②生态绿地的系统性布置；

③空间环境的高品质优化；

④推动城市空间的立体化利用；

⑤轨道交通提升城市空间的人文品位。

8.2 预期与展望

8.2.1 预期

轨道交通缩短了时空距离，扩大了人们日常活动的范围，对城市空间设计的影响远远超越了其他任何一种要素。因而轨道交通网络化的城市设计与空间组织方法的研究探索，具有以下两个方面的预期：

1. 尝试建立轨道交通网络化城市空间宜居建设的宏观调控及干预依据

由于“时空距离约束规律”依据人们的生理和心理尺度自发存在，并必然引导城市空间在长期发展过程中自动调适，如果能够提前掌握并运用这一规律，主动引导城市空间遵循时空约束规律发展，或可有助于优化或避免大型城市目前面临的诸多城市问题。轨道交通网络化背景下的城市空间单元研究，通过中观城市空间单元的研究，建立了城市微观与宏观的联系，为轨道交通城市空间的发展优化，提供了一种具有可行性的逻辑分析工具和手段。在我国大城市轨道交通网络化快速发展的背景下，或可为政府相关部门提供调控与决策可行依据。

2. 通过“城市空间单元”建立城市宏观与微观研究的桥梁

通过城市空间单元分层组合研究，探讨了空间单元之间的功能互补与优化组合、城市空间要素辐射能力有效放大和各要素有机联系的基本方法，明确了城市空间单元可以作为城市空间宏观与微观研究相结合的桥梁的作用。

8.2.2 不足与展望

由于研究领域、知识范围以及研究能力的有限，研究还存在诸多不足之处，寄望未来在以下方面有所完善和拓展：

（1）作为主体研究及模型构建依据的时空距离约束研究可进一步夯实。L.贝纳沃罗在撰写《世界城市史》时，曾指出“还很少有人想到要准确地为后人保留传统城市道路体系和建筑结构的基础资料，因而为研究提供的文献资料有限，而且也不尽详尽和准确”。本研究对于时空距离约束规律的研究，主要基于城市发展历史资料，以及城市可达性相关研究成果和轨道城市空间实践分析等，相关史料和研究成果收集和比较研究，可进一步跨专业、跨学科进行加强，相关城市空间优化建设的实践研究及分析也可进一步梳理增加。

（2）本研究探讨的城市空间单元组合，主要集中于理想模式论证，实际上，受到不同城市空间条件的制约限制，以分形形式存在的多种相似“城市空间单元”形态广泛存在，未来随着轨道交通“站间运行速度”的提升，对应的城市空间单元半径抑或有所突破。因此，本书在满足居民日常出行需求的有效时空距离上、在城市“时间规划”和预期出行时间约束层面上的城市空间单元探索，重点在于从宜居城市建设视角，探讨一种可行性的研究思路和分析途径。目前的理想模式研究尚处于初期阶段，期待引起同行专家更为广泛的关注与探讨。

（3）具体的空间设计方法需结合实践进一步研究与完善。研究根据西安上位规划，从理想层面进行了西安旧城保护区、城市发展区和新建区域的城市空间单元模式分析，并在“核心生活圈”层面进行了初步的绿色出行环境与空间立体化探索，更深入的研究仍需结合一定的城市设计实践加以展开。

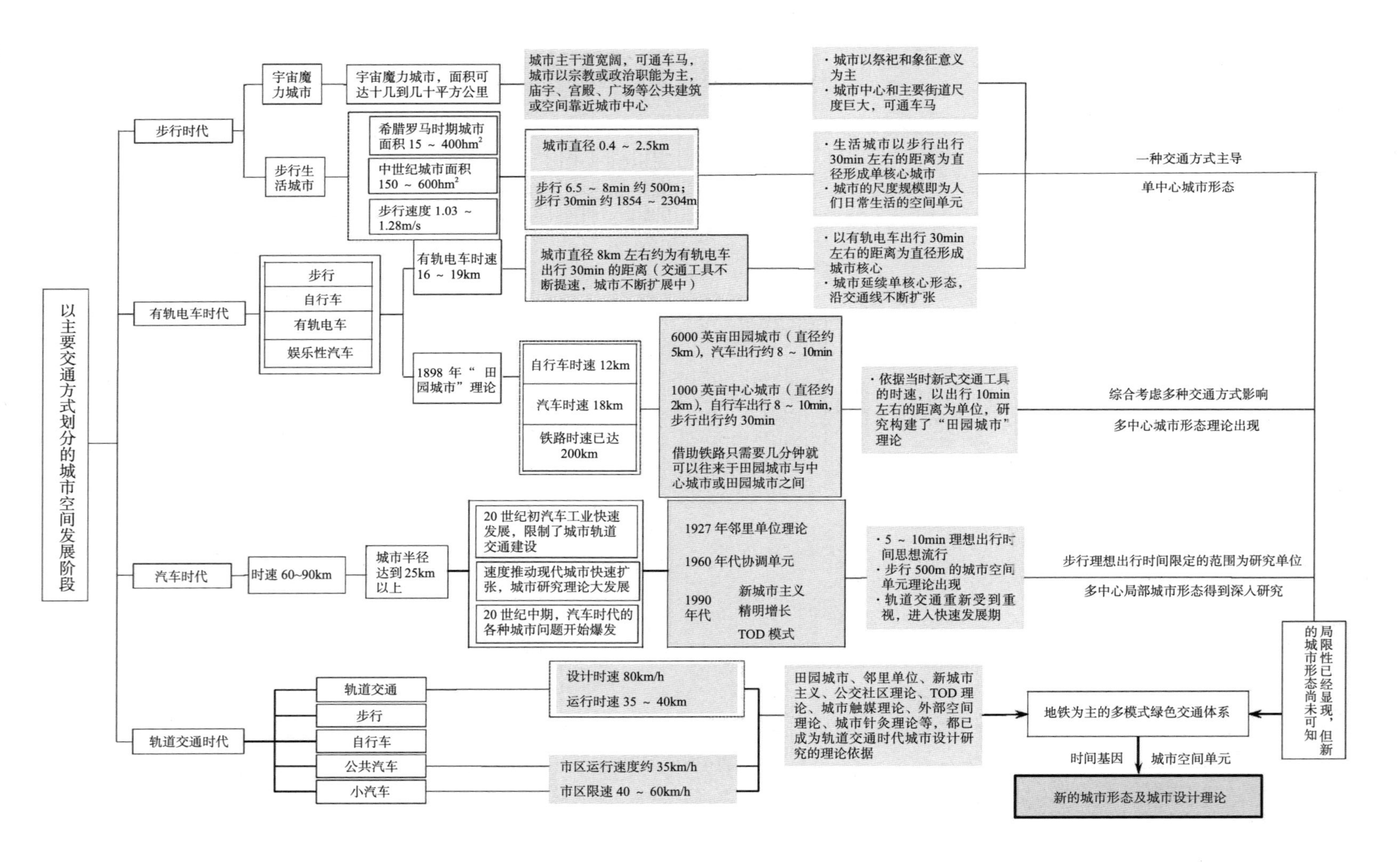

图 8.1　基于交通维度的城市空间演进分析

附录1　古代不同历史时期宇宙魔力城市的规模

城市名称	主要城市特征	城市面积 / hm^2
乌尔城	· 城邦城市，苏美尔人于公元前3000年到公元前2000年建造的城市； · 城市有围墙，面积达100hm^2，庙宇、寺院及其附属的工场、仓库、商店等都被放置在靠近城市中心的位置	面积约100hm^2
哈拉帕城	· 公元前3000年至公元前1500年，印度河谷文明时期的城市； · 主要大街长800m，宽11m，车辙清晰，当时可并行9辆马车； · 街道下有整套的排水系统，街道上已有灯柱，晚上有路灯照明，为世界所罕见； · 近代考古发现这种布局整齐划一、有条不紊的城市几乎遍布整个印度河文明区，城市秩序主要依靠宗教而非军事	
古巴比伦	· 建设时间为公元前612年至公元前320年，是当时世界上最大的城市； · 城邦城市，城墙内面积约400hm^2（约1.5km × 2.5km），外围面积约800hm^2	内城约400hm^2 外城约800hm^2
雅典卫城	· 城邦国家，卫城选址最初出于防御目的，后转变为宗教场所，公元前493年修建特米斯托克勒斯（Themistokles）城墙，城墙内面积约250hm^2； · 至公元前405年，帕提农神庙、雅典娜神庙、伊瑞克提翁神庙全部建成，随后城市超越城墙向外发展； · 城乡公民拥有同等的社会权利	内城约250hm^2
亚历山大城	· 约于公元前334年建立，古希腊文化中最大的城市，面积约900hm^2，并被巨大的郊区所包围； · 港口城市，水运发达，城市街道尺度很大，主街道宽度可达30m； · 城市经济职能得到发展，成为欧洲与阿拉伯和印度之间贸易的中心	面积约900hm^2
罗马城	· 公元前454年，罗马城占地285hm^2；公元前387年罗马城所占面积为426hm^2； · 公元2世纪，城市发展鼎盛时期，罗马城的面积约2000hm^2；奥理安墙只包围了罗马城的核心部分（约1386hm^2）； · 城市一再向外扩张，具有代表帝国甚至世界的“宇宙魔力城市”的象征意义	面积1386hm^2
君士坦丁堡	· 公元4世纪，君士坦丁大帝修建了新的城墙，公元5世纪进一步向外扩大，达到1400hm^2； · 一直到15世纪都是东罗马的首都，是东方最重要和繁荣的城市之一	面积1400hm^2
特奥蒂瓦坎	· 南美洲的城市，全盛时期（约公元8世纪）面积达1900hm^2； · 典型的宗教性宇宙魔力城市，是举行仪式的中心，而不是居住地、要塞或行政首都； · 城市从一开始就有细致的规划，布局规整，宽阔笔直的街道纵横交错； · 被称为“亡灵大道”城市主轴长达6km，宽40m，两旁有百余座神庙	面积1900hm^2

续表

城市名称	主要城市特征	城市面积 / hm^2
唐长安城	· 隋唐长安公元 6 ~ 9 世纪面积扩展到 $83km^2$，是当时世界上规模最大的城市； · 城市中街道纵横交错，主要街道宽度从 20m 到 150m 不等，经济中心等主要街道预留了车马停靠的位置，呈现一派车水马龙、熙来攘往的热闹景象； · 中国封建城市一般是首先作为政治中心出现，以后才发展了经济职能，有些城市甚至没有明确的经济职能； · 《周礼 · 考工记》规定都城"方九里，旁三门，九经九纬，经涂九轨"，城市建造体现了宗教功能和严格的世俗礼仪规定	面积 $8300hm^2$

资料来源：作者根据《世界城市史》《全球城市史》《亚洲城市建筑史》等相关内容研究整理。

附录 2　中国主要大城市轨道交通信息统计分析

根据各城市轨道交通信息的统计，分析 6 个网络化规划轨道交通的城市，其城市外围延伸线路站距较大，通常从 1.5km 至几公里不等，主要集中在 2km 左右；市区线路的平均站距约为 1.34km，各城市的平均站距在 1.3 ~ 1.4km。因此，对轨道交通城市空间单元尺度进行进一步分析如下：

轨道站点布局较密，轨道站域覆盖范围绿色出行用时减少，轨道交通运行速度较小，平均站距较小，每站平均用时约 2 ~ 2.5min。乘坐轨道交通出行时间 10min，可以通过 5 ~ 7km，大约 4 ~ 5 站的距离。乘坐轨道交通出行时间 15min，可以通过 8 ~ 11km，大约 6 ~ 8 站的距离。

轨道站点平均间距较大时，平均站距较大，站间耗时长，轨道站域覆盖范围绿色出行用时增加，则在 30min 左右日常生活出行时间范围内，轨道交通出行时间大约以 10min 为上限。计算得到依靠轨道交通出行的最大距离约为 3 ~ 4 站的距离，大约 6 ~ 8km。

北京轨道交通信息统计表　　附表 2.1

线路名称	开通时间 / 年	设站数量 / 站	运营里程 /km	全程运行时间 /min	平均站距 /km	每站平均用时 /min	运行时速 /（km/h）	备注
地铁 1 号线	1971	23	31.04	56	1.41	2.55	33.26	站距较均匀，仅有个别站站距较大，达到 3 ~ 5km
地铁 2 号环线	1987	18	23.10	38	1.36	2.24	36.47	
地铁 4 号线	2009	35	50.00	82	1.47	2.44	32.59	
地铁 5 号线	2007	23	27.60	49	1.25	2.23	33.66	
地铁 7 号线	2014	20	23.70	42	1.25	2.21	33.86	
地铁 10 号环线	2008	45	57.10	81	1.30	1.84	42.3	
地铁 6 号线	2012	33	52.90	82	1.65	2.56	38.71	部分线路远郊延伸，站点站距较大
地铁 8 号线	2008	19	45.60	47	2.53	2.61	58.46	
地铁 13 号线	2002	16	40.85	55	2.72	3.67	44.40	
地铁 14 号线（西段）	2013	7	12.40	18	2.07	3.00	41.33	

续表

线路名称	开通时间 / 年	设站数量 / 站	运营里程 /km	全程运行时间 /min	平均站距 /km	每站平均用时 /min	运行时速 /（km/h）	备注
地铁 14 号线（东段）	2014	20	31.40	52	1.65	2.74	36.10	部分线路远郊延伸，站点站距较大
地铁 15 号线	2010	20	41.40	60	2.18	3.16	41.4	
地铁 16 号线	2016	10	19.10	31	2.12	3.44	37	
地铁八通线	2003	13	18.96	31	1.58	2.58	36.46	远郊，单线延伸
地铁昌平线	2010	12	31.24	37	2.84	3.36	55.39	
地铁房山线	2010	11	24.79	34	2.48	3.40	43.49	
地铁机场线	2008	4	28.10	41	9.37	13.67	41.32	
地铁燕房线	2017	9	16.60	19	2.08	2.38	51.88	
地铁亦庄线	2017	14	23.23	32	1.79	2.46	43.83	
香山线	2017	6	9.4	30	1.8	6	18.8	轻轨西郊单线延伸
地铁 S1 号线	2017	7	10.2	14	1.7	2.33	44.35	远郊中低速磁浮线

资料来源：作者参考以下网址信息计算并绘制

1．https：//dt.8684.cn/xa，8684 地铁 > 北京地铁查询，数据更新时间：2019-07-09，查询时间：2019-07-10.

2．http：//www.mtr.bj.cn/xljj/shx.html，京港地铁，查询时间：2019-07-10.

3．https：//ditu.so.com/?t=map&src=onebox&new=1&unfold=1&k=%E5%8C%97%E4%BA%AC%E5%9C%B0%E9%93%814%E5%8F%B7%E7%BA%BF&c=%E5%8C%97%E4%BA%AC%E5%B8%82&new=1，360 度地图 .

4．北京地铁各线路百度百科词条，https：//baike.so.com/doc/1260933-1333477.html，查询时间：2019-07-10.

上海轨道交通信息统计表 **表 2.2**

线路名称	开通时间 / 年	设站数量 / 站	运营里程 /km	全程运行时间 /min	平均站距 /km	每站平均用时 /min	运行时速 /（km/h）	备注
地铁 1 号线	1993	28	36.9	65	1.37	2.41	34.06	站距较均匀，部分线路远郊延伸，站点站距较大
地铁 4 号线	2005	26	33.6	55	1.34	2.2	36.65	
地铁 6 号线	2007	28	33.5	65	1.24	2.41	30.92	
地铁 7 号线	2009	33	44.4	78	1.39	2.44	34.15	
地铁 8 号线	2007	30	37.5	66	1.29	2.28	34.09	
地铁 10 号线 - 主	2010	28	31.3	57	1.16	2.11	32.95	
地铁 10 号线 - 支	2010	27	28.3	61	1.09	2.35	27.75	
地铁 12 号线	2013	32	40.4	77	1.30	2.48	31.56	
地铁 13 号线	2012	31	38.8	75	1.29	2.50	31.04	
地铁浦江线	2018	6	6.6	12	1.32	2.40	33.00	

续表

线路名称	开通时间/年	设站数量/站	运营里程/km	全程运行时间/min	平均站距/km	每站平均用时/min	运行时速/（km/h）	备注
地铁 2 号线	2000	30	64.0	92	2.21	3.17	41.83	站距较大，大部分站点间距大于 1.5km
地铁 3 号线	2000	29	40.3	67	1.44	2.39	35.98	
地铁 5 号线 - 主	2018	15	27.4	45	1.96	3.21	36.53	
地铁 5 号线 - 支	2013	11	17.2	27	1.72	2.70	38.22	
地铁 9 号线	2007	35	64	105	1.88	3.09	36.57	
地铁 11 号线	2009	31	57.3	90	1.91	3	38.2	
地铁 17 号线	2017	13	35.3	38	2.94	3.17	56.03	高速轨道交通，站距较大
地铁磁悬浮	2006	2	30	8	30	8	230.77	
地铁 16 号线	2013	13	59.3	72	4.94	6	49.42	

资料来源：作者参考以下网址信息计算并绘制

1．https：//dt.8684.cn/xa，8684 地铁 > 上海地铁查询，数据更新时间：2019-07-05，查询时间：2019-07-10.

2．https：//ditu.so.com/?t=map&src=onebox&new=1&unfold=1&k=%E5%8C%97%E4%BA%AC%E5%9C%B0%E9%93%814%E5%8F%B7%E7%BA%BF&c=%E5%8C%97%E4%BA%AC%E5%B8%82&new=1，360 度地图 .

3．上海地铁各线路百度百科词条，https：//baike.so.com/doc/1260933-1333477.html，查询时间：2019-07-10.

广州轨道交通信息统计表　　**表 2.3**

线路名称	开通时间/年	设站数量/站	运营里程/km	全程运行时间/min	平均站距/km	每站平均用时/min	运行时速/（km/h）	备注
地铁 1 号线	1999	16	18.49	30	1.23	2	36.99	运行时速较高，个别站距达到 5km 以上
地铁 2 号线	2002	24	31.8	48	1.38	2.09	39.75	
地铁 8 号线	2010	13	14.8	22	1.23	1.83	40	
地铁 5 号线	2009	24	31.9	49	1.39	2.13	39.06	
地铁 6 号线	2013	31	41.94	66	1.4	2.2	38.13	
地铁 3 号线北延段	2010	15	30.9	37	2.21	2.64	50.11	
地铁 3 号线	2005	16	33.51	33	2.23	2.2	60.93	
地铁 4 号线	2005	23	60.03	67	2.73	3.05	53.76	
地铁 7 号线	2016	9	17.41	23	2.18	2.88	45.42	站距较均匀，个别线路个别站点间距较大
地铁 9 号线	2017	10	20.1	19	2.23	2.11	63.47	
地铁 13 号线	2017	11	27.03	29	2.7	2.9	56.31	
地铁 14 号线 - 支	2017	10	21.9	20	2.43	2.22	65.70	
地铁 14 号线 - 主	2018	13	54.4	48	4.53	4	68	站距较大，运行时速较高

续表

线路名称	开通时间 / 年	设站数量 / 站	运营里程 /km	全程运行时间 /min	平均站距 /km	每站平均用时 /min	运行时速 /（km/h）	备注

资料来源：作者参考以下网址信息计算并绘制

1．https：//dt.8684.cn/xa，8684 地铁 > 广州地铁查询，数据更新时间：2019-07-29，查询时间：2019-08-10.

2．https：//ditu.so.com/?t=map&src=onebox&new=1&unfold=1&k=%E5%8C%97%E4%BA%AC%E5%9C%B0%E9%93%814%E5%8F%B7%E7%BA%BF&c=%E5%8C%97%E4%BA%AC%E5%B8%82&new=1，360 度地图，

3．http：//gz.bendibao.com/ditie/time.shtml，本地宝 > 广州地铁查询，数据更新时间：2019-02-20，查询时间：2019-07-10.

4．广州地铁官网 > 广州地铁查询，http：//www.gzmtr.com/，数据更新时间：2019-07-8，查询时间：2019-07-10.

5．广州地铁各线路百度百科词条，https：//baike.so.com/doc/1260933-1333477.html，查询时间：2019-08-10.

成都轨道交通信息统计表 **表 2.4**

线路名称	开通时间 / 年	设站数量 / 站	运营里程 /km	全程运行时间 /min	平均站距 /km	每站平均用时 /min	运行时速 /（km/h）	备注
地铁 1 号线（五棵松方向）	2010	24	25.23	47	1.09	2.04	32.22	
地铁 1 号线（科技城分支）	2010	12	14.33	23	1.30	2.09	37.71	
地铁 2 号线	2012	32	42.3	72	1.36	2.32	35.25	
地铁 3 号线	2016	37	49.9	81	1.39	2.25	36.96	
地铁 4 号线	2016	30	43.3	67	1.49	2.31	38.66	
地铁 7 号线	2017	31	38.61	62	1.29	2.07	37.05	
地铁 10 号线	2017	6	10.94	11	2.19	2.2	60.78	

资料来源：作者参考以下网址信息计算并绘制

1．https：//dt.8684.cn/xa，8684 地铁 > 成都地铁查询，数据更新时间：2019-05-16，查询时间：2019-07-10.

2．http：//www.chengdurail.com/stroke/Inquire.html#anchor4，成都地铁官网，数据更新时间：2019-04-30.

武汉轨道交通信息统计表 **表 2.5**

线路名称	开通时间 / 年	设站数量 / 站	运营里程 /km	全程运行时间 /min	平均站距 /km	每站平均用时 /min	运行时速 /（km/h）	备注
地铁 1 号线	2004	32	38.54	62	1.24	2	37.42	
地铁 2 号线	2012	38	60.8	102	1.64	2.76	35.76	
地铁 3 号线	2015	24	30	56	1.3	2.43	32.14	
地铁 4 号线	2014	28	33.4	63	1.24	2.33	31.8	
地铁 6 号线	2016	27	35.95	64	1.38	2.46	33.6	
地铁 7 号线	2018	26	47.9	70	1.91	2.8	40.94	
地铁 8 号线	2017	12	16.5	27	1.5	2.54	36.67	
地铁 11 号线	2018	13	19.69	28	1.64	2.33	41.89	
地铁阳逻线	2017	16	35.02	45	2.34	3	46.69	

资料来源：作者参考以下网址信息计算并绘制

1．https：//dt.8684.cn/xa，8684 地铁 > 武汉地铁查询，数据更新时间：2019-04-30，查询时间：2019-07-10.

2．http：//www.wuhanrt.com/public_forward.aspx，武汉地铁官网 > 武汉地铁查询，数据更新时间：2019-04-30，查询时间：2019-07-10.

西安轨道交通信息统计表　　表 2.6

线路名称	开通时间 / 年	设站数量 / 站	运营里程 /km	全程运行时间 /min	平均站距 /km	每站平均用时 /min	运行时速 /（km/h）	备注
地铁 1 号线	2013	19	23.90	44	1.33	2.4	32.59	
地铁 2 号线	2011	21	26.80	46	1.28	2.3	34.96	
地铁 3 号线	2016	26	39.15	65	1.56	2.6	36.14	
地铁 4 号线	2018	29	35.2	52	1.26	1.86	40.61	

资料来源：作者参考以下网址信息计算并绘制

1．https：//dt.8684.cn/xa，8684 地铁 > 武汉地铁查询，数据更新时间：2019-04-19，查询时间：2019-07-10.

2．西安地铁各线路百度百科词条，https：//baike.so.com/doc/1002913-1060334.html h，查询时间：2019-08-10.

参考文献

一、中文文献

1. 著作

L. 贝纳沃罗．世界城市史 [M]．薛钟灵等译．北京：科学出版社，2000.

Lance Jay Brown，David Dixon，Oliver Gillham．城市化时代的城市设计：营造人性化场所 [M]．奚雪松，陈琳，许立言译．北京：电子工业出版社，2012.

P. 霍尔．城市与区域规划 [M]．邹德慈，金经元译．北京：中国建筑工业出版社，1985.

Serge Salat．城市与形态 [M]．北京：中国建筑工业出版社，2012.

北京市城市规划设计研究院．城市土地使用与规划交通协调发展 [M]．北京：中国建筑工业出版社，2009.

边经卫．大城市空间发展与轨道交通 [M]．北京：中国建筑工业出版社，2006.

高鸿业．西方经济学 [M]．北京：中国人民大学出版社，2006.

何宁．城市轨道交通规划系统分析 [M]. 上海：同济大学出版社，1996.

吉迪恩・S. 格兰尼，尾岛俊雄．城市地下空间设计 [M]. 许芳，于海漪译．北京：中国建筑工业出版社，2005.

李兆友，王键主编．地铁与城市 [M]．沈阳：东北大学出版社，2009.

林平．汽车史话・汽车发展史 [M]. 北京：电子工业出版社，2005.

刘皆宜．城市立体化视角：地下街设计及其理论 [M]．南京：东南大学出版社，2009.

刘易斯・芒福德．城市发展史 [M]．宋俊岭，倪文彦译．北京：中国建筑工业出版社，2005.

罗伯特・瑟夫洛．公交都市 [M]．恒宇可持续交通研究中心译．北京：中国建筑工业出版社，2007.

世联地产．轨道黄金链：轨道交通与沿线土地开发 [M]．北京：机械工业出版社，2009.

孙玉．集约化的城市土地利用与交通发展模式 [M]．上海：同济大学出版社，2010.

王炜，过秀成．交通工程学 [M]．南京：东南大学出版社，2001.

韦恩・奥图，唐・洛干 . 美国都市建筑：城市设计的触媒 [M]．王劭方译．台北：创兴出版社有限公司，1984.

闫小培，周素红，毛蒋兴．高密度开发城市的交通系统与土地利用：以广州为例 [M]．北京，科学出版社，2006.
叶霭云．汽车发展史 [M]．北京：北京工业大学出版社，1998.
詹姆斯·米德．效率、公平与产权 [M]．北京：北京经济学院出版社，1992.
赵民，赵蔚．社区发展规划：理论与实践 [M]. 北京：中国建筑工业出版社，2003.
郑明远．轨道交通时代的城市开发 [M]．北京：中国铁道出版社，2006.

2. 期刊文章

边经卫．城市轨道交通与城市空间形态模式选择 [J]．城市交通，2009，7（5）.
边经卫．城市轨道交通与土地控制规划研究 [J]. 城市轨道交通研究，2003（1）.
蔡少燕，陶伟．身体：一个研究和解决城市问题的重要视角 [J]．国际城市规划，2018（6）.
曹国华，张露．轨道交通对城市空间有序增长相关研究 [J]. 城市轨道交通研究，2003（1）.
柴彦威，张雪，孙道胜．基于时空间行为的城市生活圈规划研究 [J]．城市规划学刊，2015：233（3）.
陈秉钊．城市，紧凑而生态 [J]. 城市规划学刊，2008（3）.
陈骁．城市轨道交通与城市空间协调发展研究 [J]．科技经济导刊，2018（10）.
褚冬竹，魏书祥．轨道交通与城市空间一体化发展战略评述 [J]．宏观经济管理，2017（11）.
褚冬竹，魏书祥．轨道交通站点影响域的界定与应用：兼议城市设计发展及其空间基础 [J]．建筑学报，2017（2）.
崔冬初，乞胜倩．城市轨道交通与城市空间发展的经验与启示 [J]．现代城市轨道交通，2019（1）.
冯俊，徐康明．哥本哈根 TOD 模式研究 [J]．城市交通，2006（2）.
冯越，陈忠暖．国内外公共交通对城市空间结构影响研究进展比较 [J]．世界地理研究，2012，21（4）：39-47.
冈田宏．东京城市轨道交通系统的规划、建设和管理 [J]．城市轨道交通研究，2003（3）.
胡继华，钟广鹏．地铁出行模式下的城市时空可达性研究 [J]．规划师，2012，28（1）.
蒋谦．国外公交导向开发研究的启示 [J]．城市规划，2002（8）.
李文翎，谢轶．广州地铁沿线的居民出行与城市空间结构分析 [J]．现代城市研究，2004（4）.
李文翎，阎小培．基于轨道交通网的地下空间开发规划探析：以广州市为例 [J]. 城市规划汇刊，2002（5）.
刘伦，龙瀛，麦克·巴蒂．城市模型的回顾与展望：访谈麦克·巴蒂之后的新思考 [J]．城市规划，2014（8）.
刘贤腾．空间可达性研究综述 [J]．城市交通，2007，5（6）.
刘正莹，杨东峰．为健康而规划：环境健康的复杂性挑战与规划应对 [J]．城市规划学刊，2016（2）.
卢济威，王一，陆晓．城市交通体系化和空间一体化：深圳地铁老街站城市设计 [J]．城市规划汇刊，2001（4）.

陆化普,王继峰,张永波．城市交通规划中交通可达性模型及其应用 [J]．清华大学学报(自然科学版)，2009，49（6）．

马强．近年来北美关于“TOD”的研究进展 [J]．国外城市规划，2003（5）．

马亚西．东京、巴黎打造城市副中心为北京建设世界城市提供的借鉴 [J]．北京规划建设，2010（6）．

迈克尔・索斯沃斯著．设计步行城市 [J]．许俊萍译．国际城市规划，2012，27（5）．

潘海啸，任春洋，杨眺晕．上海轨道交通对站点地区土地使用影响的实证研究 [J]. 城市规划学刊，2007（4）．

潘海啸，任春洋．轨道交通与城市公共活动中心体系的空间耦合关系：以上海市为例 [J]. 城市规划学刊，2005（4）．

潘海啸．多模式城市交通体系与方式间的转换 [J]．城市规划学刊，2013，211（6）．

潘海啸．快速交通系统对形成可持续发展的都市区的作用研究 [J]．城市规划汇刊，2001（4）．

彭曦．基于城市轨道交通网络构建智能城市空间结构 [J]．智能建筑与智慧城市，2018（11）．

秦应兵，杜文．城市轨道交通对城市结构的影响因素分析 [J]．西南交通大学学报，2000，35（3）．

沈振江，林心怡，马妍．考察近年日本城市总体规划与生活圈概念的结合 [J]．城乡规划，2018（6）．

孙道胜，柴彦威．日本的生活圈研究回顾与启示 [J]．城市建筑，2018（12）．

孙倩，李文，胡仲军．公共中心引导的城市针灸 [J]．中外建筑，2010（12）．

孙施文，邓永成．开展具有中国特色的社区规划：以上海市为例 [J]．城市规划汇刊，2001（6）．

田海芳，田莉．论城市立体开发 [J]．城市问题，2007（7）．

王琼，梁青槐．城市轨道交通合理站间距的研究 [J]．铁道运输与经济，2012，34（6）．

王瑞珠．国外历史名城总体规划中的几个问题（二）:名城传统格局及空间形态的保护 [J]．城市规划，1992（12）．

王瑞珠．国外历史名城总体规划中的几个问题（一）: 老城和新城的关系 [J]．城市规划，1992（6）．

王锡福，徐建刚，李杨帆．基于 GIS 的城市轨道交通与土地复合利用研究：以南京为例 [J]. 城市发展研究，2005（4）．

王旋，束昱．关于地铁整合建设之探索 [J]. 地下空间，1999（3）．

王治，叶霞飞．国内外典型城市基于轨道交通的“交通引导发展”模式研究 [J]．城市轨道交通研究，2009（5）．

徐永健，闫小培．西方国家城市交通系统与土地利用关系研究 [J]．城市规划，1999（11）．

薛求理，孙聪．香港轨交站与周边发展 [J]．建筑学报，2020（1）．

闫小培，周素红．信息技术对城市职能的影响：兼论信息化下广州城市职能转变与城市发展政策应对 [J]. 城市规划，2003（8）．

易华，诸大建，刘东华．城市转型：从线性增长到精明增长 [J]．价格理论与实践，2006（7）．

于东飞，乔征．适应轨道交通网络化发展的城市设计方法研究 [J]．城市发展研究，2015（3）．

于东飞，乔征．轨道交通网络化的城市空间单元构建研究 [J]．建筑学报，2018（6）.

俞泳，卢继威．城市触媒与地铁车站综合开发 [J]．时代建筑，1998（4）.

张昊，张国忠．美国阿灵顿城市轨道交通发展模式的分析与借鉴 [J]．国际城市规划，2011（2）.

张晓．浅谈“城市针灸”[J]．华中建筑，2012（10）.

张艳，辜智慧，周维．大城市职住空间匹配及其与轨道交通的协调发展研究：以深圳市为例 [J]．城市规划学刊，2018（1）.

赵景伟，宋敏，付厚利．城市三维空间的整合研究 [J]．地形空间与工程学报，2011（6）.

赵学彬．巴黎新城规划建设及其发展历程 [J]．规划师，2006（11）.

郑捷奋，刘洪玉．香港轨道交通与土地资源的综合开发 [J]．中国铁道科学，2002，23（5）.

郑文含．不同类型轨道交通站点地区开发强度探讨 [J]. 城市发展研究，2008（S1）.

郑贤，庄焰．轨道交通对站点周边商业地价的影响 [J]．中国土地科学，2007（4）.

3. 论文及其他

郝记秀．城市公共交通与土地利用一体化发展（IPTLU）研究 [D]. 长安大学，2009.

黄丽彬．大城市轨道交通站点对地区发展的影响评价研究 [D]．同济大学，2006.

姜翠梅．基于空间耦合的轨道交通站点与城市区域中心的规划探索：以西安土门为例 [D]．西安建筑科技大学，2012.

王成芳．广州轨道交通站区用地优化策略研究 [D]．华南理工大学，2013.

于文波．城市社区理论与方法研究：探寻符合社会原则的社区空间 [D]. 浙江大学，2005.

汪娟，陈学武，王庆．出行者心理需求对城市公共交通发展的影响分析 [C]．第一届中国智能交通年会论文集，2005.

孟永平．考虑出行者心理的城市公共交通发展策略分析 [C]．上海：第三届中国・同舟交通论坛——公共交通与城市发展学术研讨会，2006.

西安地铁日均客流超百万人次——二号线增加列车缩短间隔 [R]．西安文明网：http：//www.wmxa.cn/，2016-03-15.

中共中央国务院关于进一步加强城市规划建设管理工作的若干意见 [R]．人民日报，2016-2-22（6）.

中华人民共和国国家发展和改革委员会综合运输研究所．2012 ~ 2013 年中国城市轨道交通发展报告 [R].2013.

西安市轨道交通线网规划修编领导小组办公室．西安市城市轨道交通线网规划修编中期报告 [R]. 2010.

北京轨道站点专题研究 [R]. 世联顾问，2008.

报告称北京平均通勤时间达 97min，为全国最长 [R]．2014.11.http：//www.ce.cn/xwzx/gnsz/gdxw/201411/24/t20141124_3972077.shtml.

马鋐．上海市第五次综合交通调查报告 [R]．青年报，2015-9-9（A04-05）.

张际达．轨道交通启示城市有序发展 [N]．中国建设报，2007-11-19（3）.

北京通勤时间全国第一平均达 1.32 小时 [N]．工人日报，2012-05-13（03）.

调查称中国人上班路上花费时间世界第一 [N]．法制晚报，2009-12-17.

东京都政府．东京都市规划 100 年 [EB/OL]．http//www.metro tokyojp/．2006-04-20.

二、外文文献

[1] Wei Q，ShenY G. A naive Bayes algorithm for tissue origin diagnosis of synchronous multifocal tumors in the hepatobiliary and pancreatic system[J]. International Journal of Cancer，2018，142（2）.

[2] Lee D J. Embodied bicycle commuters in a car world [J].Social& Cultural Geography，2016，17：3，401-422.

[3] Desai R，Mcfarlane C，Graham S. The politics of open defecation：informality，body，and infrastructure in Mumbai [J]. Antipode，2015，47：98-120.

[4] Francisco Calvo，Juan de Oña，Fernando Arán．Impact of the Madrid subway on population settlement and land use [J]．Land Use Policy，Volume 31，March 2013：627-639.

[5] A Roukouni，S Basbas，A Kokkalis．Impacts of a Metro Station to the land use and transport system：The Thessaloniki Metro Case[J]．Procedia - Social and Behavioral Sciences，Volume 48，2012，Pages 1155-11635.

[6] Paolo La Greca，Luca Barbarossa，Matteo Ignaccolo，Giuseppe Inturri，Francesco Martinico．The density dilemma：A proposal for introducing smart growth principles in a sprawling settlement within Catania Metropolitan Area[J]．Cities，2011.28（6）：527-535.

[7] Vasile Dragu，Cristina ŞTEFĂNICĂ，Ştefan Burciu.The influence of Bucharest's metro network development on urban area accessibility[J].Theoretical and Empirical Researches in Urban Management 2011. 6（1）：5-18.

[8] Middleton J. Sense and the city：exploring the embodied geographies of urban walking [J]. Social & Cultural Geography，2010，11：6，575-596.

[9] Mairie de Paris．Note：100 ha.=1 km2. Paris.fr. 2007-11-15 [2009-05-05].

[10] Cervero R M J. Rail+property development：a model of sustainable transit finance and urbanism[R]. Institute of Urban and Regional Development，University of California at Berkeley，2008.

[11] Cervero R.The Transit Metropolis ：a Global Inquiry[M].Island Press is a trademark of The Center for Resource Economics，2007.

[12] Ludovic Halbert.The Polycentric City Region that Never Was：The Paris Agglomeration，Bassin Parisen and Spatial Planning Strategy in France. Built Environment，2006，32（2）：185-193.

[13] Ronnie Donaldson. Mass rapid rail development in South Africa's metropolitan core: Towards a new urban form? [J]. Land Use Policy, Volume 23, Issue 3, July 2006: 344-352.

[14] Sumeeta Srinivasan. Linking land use and transportation in a rapidly urbanizing context: A study in Delhi, India[J]. Transportation, 2005.32 (1): 87-104.

[15] L. Bertolini, F. le Clercq, L. Kapoen. Sustainable accessibility: a conceptual framework to integrate transport and land use plan-making. Two test applications in the Netherlands and a reflection on the way forward[J]. Transport Policy, 2005 (3).

[16] Jungyul Sohn. Are commuting patterns a good indicator of urban spatial structure?[J]. Journal of Transport Geography, 2004 (4).

[17] Randal O’ Toole.A Portlander′s view of smart growth[J] .The Review of Austrian Economics, 17: 2/3, 2004 (2): 203-212.

[18] Ross W. Personal mobility or community accessibility: A planning choice with social. economic and environmental consequences[R]. Perth: Murdoch University, 2003.

[19] Oliver Gillham. The limitless city: A primer on the urban sprawl debate[M], Island Press; 2nd, 2002. 3.

[20] Wendell Cox, “Coping with Traffic Congestion,” in A Guide to Smart Growth, ed. Jane Shaw and Roger Utt. Washington, D.C.: The Heritage Foundation, 2000, 39.

[21] Donald Chen. Greetings from Smart Growth America (Washington, D.C.: Smart Growth America, 2000), 7.

[22] Nathaniel Baum-Snow, Matthew E Kahn. The effects of new public projects to expand urban rail trasit[J]. Journal of Public Economics, 2000 (77): 421-263.

[23] Robert Cervero. The Transit Metropolis: A Global Inquiry[M]. Island press, 1998.

[24] Cervero R, Kockelman K. Travel demand and the 3Ds: density, diversity, and design[J]. Transportation Research Part D: Transport and Environment, 1997, 2 (3): 199-219.

[25] Newman P W G,Kenworthy J R. The land use-transport connection[J]. Land Use Policy,1996(1): 1-22.

[26] Tang A Y, Adams T, Usery E L. A spatial data model design for feature-based geographical information systems[J]. Geographical Information Systems, 1996, 10 (5): 643-659.

[27] Bernard. A view of Paris′ météor project: Forging a new relationship between city and metro[J]. Tunnelling and Underground Space Technology, 1995, 10 (3): 343-352.

[28] Pooler J A. The use of spatial separation in the measurement of transportation accessibility[J]. Transporiation Research Part A, 1995, 29 (3): 421-427.

[29] Semmett R. Flesh and stone: the body and the city in We stern civilization [M]. London: W W Norton

& Company，1994.

[30] Peter Calthorpe.The Next American Metropolis-Ecology，community，and the American Dream[M]. P.rinceton Architectural Press，1993.

[31] Allport R J，Thomson J M. Study of Mass Rapid Transit in developing Countries[R]. TRL Report，UlO.，1990.

[32] Mills E S. Studies in the structure of the Urban Economy[M]. Johns Hopkins University Press，1972.

[33] Paule Hohenberg. Change in rural France in the period of industrialization. 1830-1914. The Journal of Economic History[J]. Vol. 32，No.l（Mar，1972）：219-240.

[34] Adams J S. Residential structure of midwestern cities[J]. Annals of the Association of American Geographers，1970（01）：37-62.

[35] Alonso W. Location and land user：Toward a general theroy of land rent[M]. Cambridge：Harvard University Press，1964.